科研人员工作投入的影响机理与激励研究

李　妍　著

中国财经出版传媒集团
中国财政经济出版社
北京

图书在版编目（CIP）数据

科研人员工作投入的影响机理与激励研究／李妍著
．--北京：中国财政经济出版社，2024. 1
ISBN 978 -7 -5223 -2707 -5

Ⅰ. ①科…　Ⅱ. ①李…　Ⅲ. ①科研人员－科学研究工作－研究－中国　Ⅳ. ①G316

中国国家版本馆 CIP 数据核字（2024）第 034319 号

责任编辑：彭　波　　　　责任印制：史大鹏
封面设计：卜建辰　　　　责任校对：徐艳丽

科研人员工作投入的影响机理与激励研究
KEYAN RENYUAN GONGZUO TOURU DE YINGXIANG JILI YU JILI YANJIU

中国财政经济出版社 出版
URL：http：//www. cfeph. cn
E - mail：cfeph@ cfeph. cn

社址：北京市海淀区阜成路甲 28 号　邮政编码：100142
营销中心电话：010 -88191522
天猫网店：中国财政经济出版社旗舰店
网址：https：//zgczjjcbs. tmall. com
中煤（北京）印务有限公司印刷　各地新华书店经销
成品尺寸：170mm×240mm　16 开　16. 75 印张　236 000 字
2024 年 1 月第 1 版　2024 年 1 月北京第 1 次印刷
定价：68. 00 元
ISBN 978 -7 -5223 -2707 -5
（图书出现印装问题，本社负责调换，电话：010 -88190548）
本社图书质量投诉电话：010 -88190744
打击盗版举报热线：010 -88191661　QQ：2242791300

前　　言

促进精神共同富裕、科技进步与创新，是引领新时代发展的动力源泉。数字经济的发展，带动了科技成果的转化和技术水平的更新。习近平同志指出："人才是第一资源"的理念。创新之道，唯在得人。硬实力、软实力，归根到底要依靠人才实力。而强烈的外部需求和研发的风险感知，给肩负重任的创新主体——科研人员带来极大的心理压力和角色压力。信息不对称、知识管理共享平台不完善、严苛的考核等管理模式，让科研人员产生了厌倦、懈怠等负面情绪，体现为"躺平"的工作状态，形成"低愿望"社会，导致从业人员的消极被动、社会激进化程度加深，从而造成科研行业创造活力下降，形成滞留的不进则退状态。近年来，组织行为学对员工情绪的研究逐渐深化，但对科研人员情绪状态的关注仍处于探索阶段。工作倦怠被列入 PTSD——创伤后压力心理障碍症，生理和心理上的压迫久久无法释怀，从而导致压力感、倦怠感、懈怠感等消极情绪不断重复，若不及时干预，这种被动的情绪随着时间的流逝反而会逐渐加重。长此以往，必然给科研事业的进程与发展带来阻碍，给科研行业管理带来挑战。科研领域已经开始逐渐关注知识型员工、科技人才这类人群的心理压力，对个体职业健康以及科研行业发展的影响。但是，忽略了外部环境的作用效果以及个体心理状态在科研工作中的重要影响，缺乏对多因素之间的关联性进行影响路径的探究，对如何管控科研人员工作倦怠的研究不够深入。开展对科研人员的工作倦怠诱发机理研究，对表征因素进行探索并建立深入的框架构建和实证检验，必然为科研行业的高质量发展提供良好的理论支撑和实践指导。

想要管控科研人员的工作投入，需要解决三个核心问题：首先，哪些因素能够表征科研人员的工作投入状况，如何对工作资源—要求的双路径进行影响因素之间复杂相关性的探讨；其次，如何对科研人员的工作投入进行量化和测量，厘清各影响因素与工作投入之间的作用效果；最后，对科研人员工作投入情绪如何演化、行为怎样传播进行仿真，如何贯彻落实精神共同富裕，设计工作投入的激励策略。针对上述问题，本书从工作倦怠的相关理论、测量方法、管控手段的理论基础着手，通过深度访谈和问卷调研对科研人员的工作投入影响因素进行剖析，基于结构方程模型的静态验证和仿真建模的动态检验相结合，设计管控科研人员工作投入的激励策略。研究成果有助于充实组织行为学、职业健康心理学以及企业人力资源管理的理论和工具，为科研行业的高质量发展提供系统的参考。

综上所述，本书的主要工作和成果主要有四个方面：

第一，厘清了科研人员工作投入的相关概念和内涵、成因机理以及管控手段，分析了工作投入的测量工具，根据科研人员的工作性质和职业特征，二次开发修订了科研人员工作倦怠的相关量表，设计出基于工作资源—要求视角下具有科研人员工作性质和职业特征的机理理论模型。确定影响科研人员工作投入的因素，将社会因素和心理因素嵌入科研人员工作倦怠的理论框架，形成科研人员工作投入的作用路径，为工作投入成因机理的理论框架提供科学的研究范式。

第二，静态构建了科研人员工作投入各影响因素复杂关联性的结构方程模型，验证了以组织公平为主效应、以心理资本与压力知觉为链式中介、以社会支持为有调节的中介下各作用机制的假设检验。通过深度访谈和专家访谈的方式，对一线科研人员在工作过程中引发消极倦怠情绪反应的状态和影响因素进行调研，以结构方程的研究方法验证研究假设的合理性，丰富了科研行业组织行为管理理论。

第三，动态构建了科研人员为多主体下的工作投入演化过程及社会网络行为传播的仿真模型。基于实证分析的结果，通过 BP 人工神经网络训练数据得到所生成的参数，建立了科研人员工作投入行为的多主体仿真模型；对调整情绪和行为传播进行了模拟，客观验证了理论框架并加以补充，弥补了静态分析的不足。

第四，构建科研人员与企业策略选择的演化博弈模型，对个体干预进行评估，优化管控科研人员工作投入的策略。首先，基于现有的研究设计建模思路，从个体干预工作投入着手，根据干预路径进行评估；其次，采用演化博弈的方法对科研人员与企业之间的选择构建博弈模型，求解优化模型，优化科研人员工作投入情绪监管与投入行为激励的优化策略。

本书构建了科研人员工作投入的理论模型，对各影响因素之间的相关性进行梳理，形成系统的主效应、中介效应和有调节的中介效应。通过结构方程模型系统的实证研究，动态分析科研人员工作投入情绪演化和行为传播，通过 BP 神经网络训练参数后构建 Netlogo 仿真模型。最后进行科研人员工作投入个体干预，通过科研人员与企业策略选择的博弈模型，优化组织管控策略。本书为科研人员工作投入的研究提供了新思路，为科研人员职业心理健康以及企业管理科研人员领域提供了理论参考，有助于改善当前“躺平”的科研工作倦怠管理难的现状，有助于凝聚科研人员形成以科研行业广泛共识的社会主义核心价值观为源泉的创新力量，促进科研人员尽快实现精神共同富裕，拒绝“躺平”的工作状态，增强创新的生机与活力，提升科研效率，促进我国科研行业的高质量发展。

作者

2023 年 1 月

目　录

第 1 章

绪 论

1.1 研究背景

1.1.1 现实背景

(1) 科研人员工作投入的研究是提高科研绩效的动力源泉。

科研人员工作投入的研究是以人为本思想的传承和发展，也是保障科研水平，加快研发创新的保障。现代经济的发展越来越依赖于智力、知识等无形资本的增长，社会信息化水平不断提高，共享信息、区块链模式的背景下形成了知识快速更新、组织环境不断变革的局面，科研人员面对这些外部环境的迅速变化就自身知识面的扩充提出了新的要求，这无疑会增强行业之间的竞争力。并且，不断创新发展的科研项目也给予科研工作者工作和社会需求的双重压力，强压工作环境下的科研工作使科研人员对其工作可能产生工作倦怠。习近平总书记在多个重要场合上反复强调千秋基业，人才为本，做好新时代的组织工作，要用好人才这个第一资源。在人才强国战略的发展背景下，勇于创新创造的优秀人才队伍是高质量发展的动力之一，因此对科研人员的关注程度越来越高。科研工作者与委托方所达成的契约关系要求科研自由、选题自由等受到掌握和分配资源主题的干预。科研工作者作为社会人不仅承受来自政策、学术上的压力，还承受着工作、家庭、个人情绪智力的影响，集多重角色压力于一身，科研团队内一线工作人员的职业健康心理问题独特、复杂、显著，不仅会对个人身心健康及家庭和谐产生危害，还会引起科研成果缺乏、创新能力不够、企业发展迟缓等科研绩效产出质量效果不佳的问题，对行业的稳定发展带来一定程度的负面影响，但目前我国科研工作者这类职业人群特性的倦怠成因机理研究还很缺乏。

（2）工作倦怠仍是我国科研行业高质量发展道路上亟待解决的关键问题。

目前国内外所研究的工作倦怠在医疗、物流运输等行业提及较多，针对科研人员的关注较少。美国的一项调查显示，临床心理学界定的焦虑症标准下应用在工作倦怠中上升到创伤后应急障碍（PTSD）级别成为一种心理疾病，并且根据盖洛普调查也显示，美国每年因心理综合疾病而导致的精神损失高达3500亿元。中国人力资源开发网公布的我国首份“工作倦怠指数”调查报告中指出排名前三的工作倦怠行业分别是：政府、公共事业（52%），通信、电信业（44.90%）以及教育、培训机构（43.98%）。2018年的数据显示，70%的受调查者出现了轻微工作倦怠，39.22%的被试人员表现出中度工作倦怠，13%的被试人员显示工作倦怠的重度危机。也就是说，每8个受调查者中就有1个重度工作倦怠人员。作为情感、态度、衰竭行为的工作倦怠问题，是工作长期重压情况下人际应激源做出的心理反应，在群体性工作中很容易产生相互影响，从科研人员综合素质高、学习能力强、专业性强、成就取向高、工作自主性强等特征来看，其工作倦怠与工作投入之间的关系决定了科研绩效的产出，科研项目的目的在于实践应用，这就要求科研人员之间的相互依存、相互协作、相互配合一起完成任务，因此在外部环境和个人情绪智力的双重作用下可能会对科研人员的工作倦怠心理产生一定的影响。加快推进创新型国家的建设，对产业现代化水平的推进，为各主体科研的创新和发展提供了强有力的政策支持，通过鼓励与引导信息技术等高科技产业的技术攻关，保障应用创新类产业的发展；家庭环境的影响，家庭教育对个体工作者的职业规划引导不同，可能会让科研工作者对自身的职业生涯规划产生不同见解，家庭支持对其个人情绪智力的影响会直接表现在工作之中，若是科研人员的工作得不到家人的理解和认可，那么科研工作者则无法全身心投入科学研究中，容易对其工作产生倦怠。

（3）结合时代背景，我国对科研人员工作倦怠的管控面临新的挑战。

针对科研行业对科研人员的实证研究，中国学者研究仍处于探索阶段，需要开展更为深入和系统的研究。一方面，不同行业的员工工作倦怠有显著差别，受调对象的不同，工作倦怠影响因素具有差异化，因此科研人员的工作倦怠具有自身特点，更易受到工作资源及工作环境的影响。显而易见的是，不同工作目标、任务范围都会给科研人员带来不同程度的责任与权利分工，导致受调人工作倦怠水平的差异及成因机理的不同，所以对从事科研工作的从业人员开展有针对性的调研，解决实际工作中的倦怠问题是必不可少的途径。由此可见，针对中国科研领域从业人员的工作倦怠问题需要进行系统和深入的研究，厘清工作倦怠影响因素，通过科学合理地分析探索影响机理，并采取有效严谨的措施，围绕基本实现社会主义现代化的科技需求，践行“以人为本”的要求，关注科研人员的工作倦怠并进行有针对性的分析，并找寻管控的措施，成为当前研究的迫切期望。

1.1.2 理论背景

针对现实背景中所表述的现状，国内外学者从不同行业背景和不同视角对工作投入不足的问题进行研究。已有文献中，对服务业领域从业人员以及施工类领域从业人员的工作倦怠研究较多，对科研领域从业人员的工作投入不足的研究相对较少，但其对本书的研究有一定的借鉴意义。

Maslach 认为，个体—环境相适应模型认为，工作资源和个体需求的匹配不一致，是导致工作投入不足的重要因素[1]。工作压力模型（Job Demand - Control，JD - C）强调在工作要求过高的状态下，社会支持不足会导致个体工作压力的激增，进而导致工作倦怠的发生。Demerouti 等基于资源保存理论，提出 JD - R 模型（工作要求—资源模型），认为高工作要求与匮乏的资源是导致员工产生压力知觉的重要因素，从而引发劳动损伤、情绪耗竭等心理不健康状态，是工作倦怠产生的重要导火索[2]。而工作资源被认为是组织所提供的物质、心理、社会或者组织资源，可以有效缓解个体的工作投入不足的问题。

随着个体资源的耗竭，工作压力也随之增加，出于员工个体资源保护的角度，往往会下调工作绩效的目标。一方面，如果资源长期性、持续性的损耗，则会导致个体情绪耗竭，形成健康损耗路径；另一方面，缺乏工作资源的个体往往会使员工从心理和生理上远离工作，从而影响工作动机，造成低职业成就感，形成动机损害路径。这一研究结论在教师[3]、警察[4]、煤矿工人[5]等不同职业领域得到了验证。虽然 JD－R 模型中提及组织工作环境对工作倦怠可能带来的影响，但忽视了个体认知、心理等因素的作用效果。李永鑫等认为自尊和心理健康是影响工作倦怠的重要变量[6]；李晓艳等[7]认为心理资本是个体调节工作倦怠的重要因素。

综上所述，工作倦怠的相关研究已取得了一定的研究成果，但相关成果还不能清晰地解释科研人员的工作投入不足下的工作倦怠问题，尚存在的不足主要体现在以下三个方面：

第一，基于 JD－R 模型，分析以科研人员为受调对象的工作投入不足的问题鲜有涉及。通过对比发现，不同职业类型面对的工作要求、工作资源对工作倦怠具体维度的影响存在显著差异，如矿山救护队队员的工作要求对工作倦怠的三个维度均产生显著影响[7]，但教师的工作要求却与情感耗竭和去人格化两个维度显著相关[9]。对于科研人员这类职业性、技术性、专业性的高学历队伍，科研人员在工作资源、工作需求上与其他行业存在较多差异，并不能将已有结论完全应用于此，因此具体的影响机理还需要进一步理论分析和实证验证。

第二，忽略了个人情绪管理的重要作用效果。过高的工作要求和缺失的工作资源是导致个体情绪压力的重要因素，而压力知觉是导致工作倦怠的直接原因，因此，员工情绪表现规范机制和情绪调节行为是组织关注的重要内容。当员工在工作过程中自身情绪体验与来自组织的要求规范不相符时，可以通过自身心理的感知对行为进行调节，从而达到适应情绪规范的要求[10]。长期对自身负面情绪的压抑会使个体产生职业紧张感、工作挫败感等消极状态感知，从而促使工作倦怠的形成与深化。由此可见，通过对个体情绪的管理可以解释工作倦怠的形成过程，但现有理论并没有将情绪管理与工作投入不足下的工作倦怠的作用关系加以明确地描述。

第三，忽视了主体异质性下个体心理资源充裕程度的差异导致的工作倦怠，从而影响科研人员的工作投入程度。虽然许多学者认可心理资本对工作投入不足的间接作用效果，但心理资本差异的影响并没有在 JD－R 模型中体现。仅从职业类型的角度分析对工作倦怠的作用路径并不完善，心理资源对工作倦怠带来怎样的影响，需要结合科研人员的行业背景和自身心理状态进行进一步研究。

1.2 研究问题、目标与内容

1.2.1 研究问题

调研结果显示，我国尖端人才的数量和质量已不能满足当前国家智能化发展的需求，人工智能人才需求量远多于 100 万人，但实际人才储备量较为缺乏，不及美国的 6%，在信息化场景和政策导向的作用下对科研创新的发展蓝图是科学研究工作的发展势在必行的方向，科研工作的目的是解决中国的实际问题，满足政府和企业的需要为最终评判标准。然而作为创新主体的科研人员工作消极倦怠、效率低下、创新项目进程缓慢等现象，是造成行业内发展的“绊脚石”。2021 年我国以 100 万职场人进行工作倦怠调研的数据显示，约 70% 的从业人员工作中出现轻微工作倦怠，13% 出现重度工作倦怠，若不及时管控，会对个人身心健康和行业发展带来严重危害。

基于上述分析可以看出，分析科研人员工作倦怠具有重要的理论意义和现实意义。将工作需求和工作资源作为影响工作倦怠的双路径：工作需求导致压力的增加形成了损耗路径，工作资源导致动机的变化形成增益路径。相比其他行业而言，科研领域的工作者具有一定的职业特色，也就是说，科研人员的工作需求和工作资源对工作倦怠的影响路径与其他行业相比具有差异性。因此，科研人员的工作投入不足是如何诱发的，具体作用路径如何，需要进一步剖析和解释。

科研人员往往作业于工作负荷较大、心理压力较重的工作环境中，面对社会、组织、家庭和个体带来的多重负性应激源，导致科研人员的情绪压力起伏较大，时常伴随烦躁、紧张等消极工作情绪。如果这些负面情绪得不到缓解，会对处于消极状态下的科研人员决策行为产生影响，如方案选择、行为风险偏好、项目决策质量、科研绩效等。因此，控制和干预科研人员的情绪是影响其工作投入和职业幸福感知的重要手段，也是调节个体工作倦怠状态的重要措施。国内的科研机构和部分企业将心理培训和情绪管理作为人文关怀的组成部分，如定期对员工进行心理疏导、普及心理知识等，以期帮助科研人员能够有效控制自身负面情绪，避免消极情绪扩散带来的过度应激反应和影响科研进展行为的发生。据此本书推测，不同调节方式可能在 JD－R 模型中双重路径存在一定的作用关系，在 JD－R 模型的基础上加入个人心理与外部支持的干预后，会产生怎样的作用效果，其中是否存在中介效应，哪些因素可以作为中介进行调节，缺少相关实证数据的证实。并且，动态上如何控制某个变量从而观测其他变量对工作倦怠的影响效果，如何对工作倦怠行为的传播加以管控，都有待进行更深层次的研究。

此外，一些学者针对工作倦怠的管控进行研究和讨论，认为将心理资源作用于情绪调节能够影响员工的应激反应，但仍然有一系列重要问题未得到解决，如工作倦怠管理中如何评估预防的效果、激励措施在何种情况下不能调动科研人员的工作投入、工作倦怠行为决策带来风险后如何规避等。虽然取得一定进展，但对于科研领域的探索仍处于发展阶段。一方面，科研领域的从业人员大多拥有高学历、文化层次较高、对自身期望较高等特点，单纯的物质奖励或定量的金钱激励并不一定能够达到提升创新绩效的效果；另一方面，虽然近年来科研行业的发展受到国家的政策支持和引导，但基于国情和行业内卷状况，迫切需要知识共享和技术创新的合作平台，以约束科研人员的倦怠行为，并上升至精神共同富裕的层面，才能提升创新绩效。但迄今为止，对工作倦怠管控的激励与约束机制的系统研究还不够深入，需要进一步深化。

因此，针对现实问题和理论局限提出本书要解决的三个核心研究问题：

（1）哪些因素会影响科研人员的工作倦怠，如何将科研人员工作倦怠的相关因素进行量化，并对工作投入不足的程度进行统计分析；

（2）如何构建理论框架，并对科研人员工作倦怠的影响因素之间复杂相关性进行静态验证，如何动态仿真科研人员工作投入不足的情绪演化及行为传播；

（3）如何在理论框架下明确个体干预路径并进行工作倦怠个体干预的预估设计，构建科研人员与企业策略选择的博弈模型，如何管控工作倦怠并进行优化策略。

1.2.2 研究目标

针对于上述研究问题，本书的主要研究目标是：（1）从中国文化背景下科研人员工作特点出发，理论上从环境、组织、感知、心理角度引入对探究工作倦怠“黑箱”关键作用的要素，推理各要素与工作倦怠的路径及作用效果，构建科研人员工作投入不足的理论模型；（2）通过对量表进行二次开发和修订，设计适用于科研人员的工作倦怠的相关心理学测量量表；（3）利用来自科研人员的深度访谈和问卷调研的一手数据，静态验证个体压力感知状况下组织公平、心理资本、社会支持在影响工作倦怠路径的作用效果，并进行深入分析；（4）从动态的仿真模拟角度出发，衡量差异化情境下科研人员工作倦怠情绪演化以及状态的变化过程，并对倦怠行为传播的过程进行仿真并分析；（5）分别从个体和管理者角度出发，个体干预工作倦怠进行预估设计，通过双方博弈提出相关的倦怠情绪监管与工作投入的优化策略建议。

1.2.3 研究内容

基于研究目标，将主要研究内容分为五个方面，如图1-1所示。

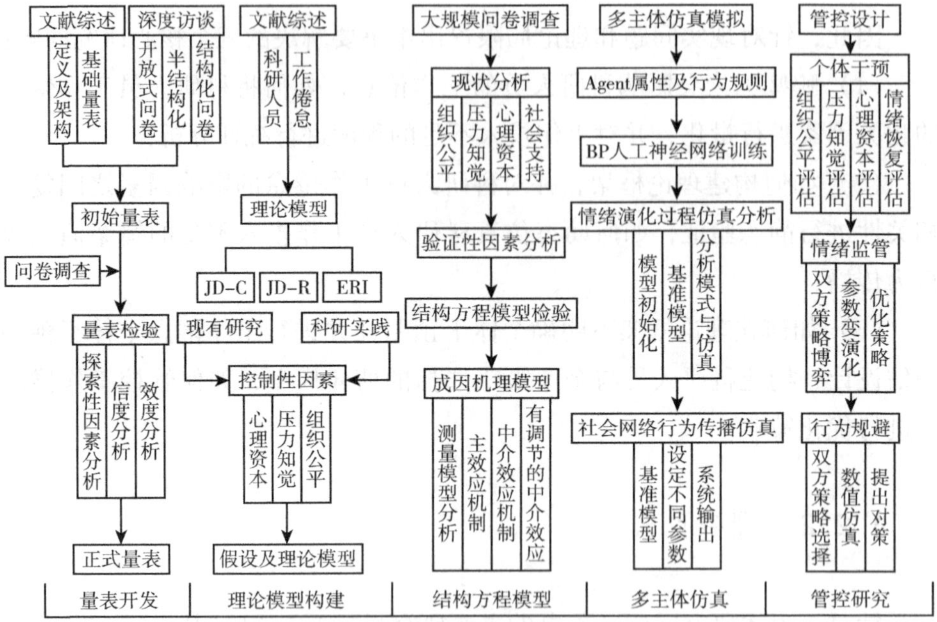

图1-1 本书的主要研究内容

（1）量表二次开发与修订。

通过文献综述和深度访谈，梳理工作倦怠的相关影响因素，初步选择成熟量表作为初始量表。根据科研行业特征和科研人员的职业特色，进行科研人员工作倦怠的问卷调研，并对预调研中初始问卷进行修订与验证，经过信效度测试后将初始量表加以修订，形成科研人员工作倦怠的正式量表，包括工作倦怠量表、组织公平感量表，以及引起工作投入不足影响因素的压力知觉、心理资本和社会支持的测量量表。

（2）科研人员工作倦怠的理论模型。

基于JD-R模型的理论框架，从工作需求、工作资源两个方面明确科研人员工作倦怠的动机与形成路径。通过现实背景和文献梳理，归纳出科研人员所有可能包含的内在构成维度。进一步通过对科研人员的深度访谈，了解科研人员对工作倦怠维度的评价与补充，并结合修订后的调查问卷获取调研数据，探讨影响工作倦怠的表征性因素，过高的工作需求是否是造成工作倦怠的原因，工作资源的增加能否降低工作倦怠，以及工作倦怠的内在维度有无差异化表现。结合工作压力的现实背景，进一步考虑工作要求损耗路径与工作资源增益路径的差异化影响。

（3）结构方程模型的实证检验。

通过实证分析验证组织公平的外部环境刺激下科研人员压力知觉感知与工作倦怠之间认知表达及抑制评价的过程。将组织公平的直接影响与心理资本作为中介调节科研人员的工作倦怠状态进一步验证，并考虑加入社会支持的有调节的中介作用，以期明晰组织公平环境下科研人员对压力知觉的感知和心理资本为中介、社会支持为有调节的中介下工作倦怠各影响因素的作用路径，从而解决科研人员不同调节策略对工作倦怠差异化影响问题。

（4）科研人员工作倦怠的多主体行为仿真。

构建科研人员工作倦怠的多主体仿真模型，采用 Netlogo 仿真平台进行试探，通过 BP 人工神经网络训练数据，动态模拟组织公平、心理资本、压力知觉、社会支持各影响因素对科研人员工作倦怠的交互作用效果，从动态仿真的角度出发，探索各影响因素对科研人员工作倦怠的作用效果，通过差异化情景的对比，探索各影响因素对工作倦怠带来影响程度的大小。根据社会网络传播状态，仿真科研人员工作倦怠行为在不同参数设定下的社会网络传播路径，探索行为传播的动态变化，以期为企业了解和管理科研人员心理及生理情绪变化制定合理的管控策略提供依据。

（5）科研人员工作倦怠的管控。

管控科研人员工作倦怠从个体情绪的干预入手，弥补科研人员自身资源让其进行自我调节，通过识别压力知觉、组织公平感、心理资本、社会支持后得到评估结果，关注科研人员个体对外界刺激的认知，从负面情绪埋伏期开始进行个体的自我干预。组织管理上进行科研人员工作倦怠的情绪监管与行为规避，通过科研人员和企业策略选择的双方演化博弈进行数理建模，倦怠情绪进行监管转型，倦怠行为进行调整规避，最终对组织管理者优化激励与约束策略提供切实可行的建议。

1.3 研究方法与研究意义

1.3.1 研究方法

（1）文献分析法。

在明确研究问题的基础上，析出本书研究涉及的核心概念和关键问题，利用 Web of Science、Engineering Village、EBSCO、Emerald、Springer、Science - Direct、中国知网、万方、谷歌学术等中外文献数据库检索系统，搜集与本书研究相关的高质量文献资料，对其进行归纳整理。通过对文献资料的深度研读，明晰当前国内外关于本书研究问题所涉及理论的演进脉络和最新研究进展，分析既有研究取得的贡献和存在的不足，为本书研究理论模型和研究假设的提出奠定理论基础。

（2）深度访谈法。

针对科研人员工作倦怠的具体内涵，在已有研究的基础上，归纳工作要求、工作资源可能存在的内在维度。通过对科研人员进行深度访谈（面对面、电话、视频等），辨析出最能反映其工作特征的衡量维度。最后，对问卷中量表题项的语言表述进行校对和修正，使其更加符合科研人员的实际工作情境。

（3）问卷调查法。

结合本书所提出的理论概念模型，明确模型中所涉及的研究变量。借鉴国内外相关成熟量表，并根据科研人员的工作情境，对经典测量量表的题项表述进行相应的修订，据此形成本书所使用的调研问卷。全国范围内选择高校科研岗教师、企业研发部门工作人员、科学研究所工作人员等作为问卷发放对象，获取一手数据来源。

（4）统计分析法。

使用样本数据对研究假设进行实证分析，检验问卷量表的信度、效度，自变量对因变量的影响作用，以及中介变量、调节变量的作用效应是否达到显著性。采用 SPSS 20.0、AMOS 17.0 软件进行统计分析，包括均值和标准差计算、信度分析、相关分析、因子分析、多元回归分析等。

（5）多主体仿真法。

构建科研人员工作倦怠的多主体仿真模型，根据调查问卷法确定初始参数，并对差异化情景对科研人员的工作倦怠情绪心理变化进行仿真实验，观察各因素对科研人员工作倦怠的影响作用，分析社会网络传播下科研人员工作倦怠行为的传播演化过程。

（6）演化博弈法。

通过对企业和科研人员双方的损益状况进行分类，考虑不同策略组合情况下所获利润及损失的概率变化，应用演化博弈的分析方法构建数理模型，对科研人员工作倦怠的管控策略进行优化，提出相关对策建议。

1.3.2 研究意义

科研人员在整个研发过程中具有举足轻重的地位，是科技研发项目中从业人员的骨干核心力量，是技术创新建设的中坚技术职业群体。若长期处于工作倦怠的心理状态，不仅会对其个人的生理和心理健康带来威胁，还会对组织管理带来障碍，如引发科研项目进度迟缓、人员消极怠工导致科研水平质量难以保证，无法权衡家庭与工作的比例，加剧跳槽意愿等。随着经济社会的发展和择业意识的转变，对知识型人才的关注度越来越高，科研团队内各人员对工作的满意度也正在由较为单纯的关注薪酬等经济回报向更多考虑与组织公平、组织认同、组织支持、工作倦怠相关的职业幸福感转变。在高质量发展的大背景下，关注科研项目中骨干群体的职业心理健康问题以及组织管理的议题研究，不仅是对从业人员个体层面诉求转变和项目践行“以人为本”理念的积极响应，也是切实提升科研绩效产出的关键。

鉴于此，为深化对科研人员职业心理健康内涵的认识，推动行业内科研人员心理健康管理理论的发展，提升职业心理健康防护、控制等措施制定的针对性和有效性，将情绪心理学、组织行为学、人力资源学以及职业健康心理学等学科进行综合应用，合理运用科学的方法分析阐明科研人员工作倦怠诱发机理。该研究的意义如下。

1.3.2.1 理论意义

（1）将结构方程模型引入科研人员工作倦怠的机理分析中，运用多重嵌套单元深入对受调对象进行探讨。通过问卷调查分析科研人员工作倦怠带来个人层、团队层、组织层、环境层的不同程度的认知。目前针对工作倦怠的定义大多以个体差异化的感知为基础，考虑工作需求与资源之间的失衡导致的耗竭，是造成个体工作倦怠等负面情绪和行为的主要原因。随着职业特性的凸显，“工作需求与个体性资源不匹配”的理论模型已不能完全解释在特定人群行业科研人员所共有的与个体特质差异无关的普遍倦怠问题。而其中职业心理健康的科学问题要与其所在企业文化氛围、社会保障等条件紧密相关。

（2）组织行为学、情绪心理科学、行为心理学、组织管理研究的拓展和补充，深化职业心理健康学在科研项目上的应用，管控科研人员工作倦怠的角度上提供科学依据。本书在以人为本的思想指导下对科研人员工作路径的演化进行剖析，洞察影响情绪心理行为的多维度因素，找出影响科研人员工作倦怠行为的主要因素及因素间的关系，有助于深入剖析科研人员工作倦怠的演化，引导科研项目中各团队科研工作者努力创新，摆脱情绪化工作的锁定效应，促进组织绩效，加快科研工作进程，从根本上保障科学研究领域的高质量发展。

（3）探索科研人员的工作倦怠，有利于扩大我国工作倦怠的研究主体。科研团队在社会进步和组织发展中的作用日益关键，世界经济由传统的劳动密集型向知识密集型转变，而在科研项目中科研质量、科研绩效保障的前提就是科研人员对知识的创造、利用和增值，资源的合理配置和高效经营都要依靠科研型人才。工作倦怠表现为情绪耗竭、玩世不恭和低成就感，探究科研人员的工作倦怠，找出不同的认知模式，是解决特定行业下科研项目内人员工作倦怠的主要方向，本书对人口学特征、压力源和工作倦怠各维度进行研究，弥补先前缺乏对影响因素和工作倦怠各维度的研究，扩展理论研究视野，丰富对科研工作的研究内容。

1.3.2.2 现实意义

（1）纵向与横向相结合深入探索科研人员工作倦怠的成因机理，弥补了以往实证研究中对于不同层面、不同维度的工作倦怠认知模式缺乏整体性、动态性形成过程的缺陷，为研究异质性主体的科研人员工作倦怠提供分析方法。因地制宜、因材施教、有针对性地对待不同行业的倦怠问题，强化科研团队内知识人员管理，确保科研质量、项目进度、科研成果，保障科研团队内人员心理健康和生理健康，促进工作投入在群体同化中的良性循环，减少工作倦怠情绪的产生和传播。本书研究中以科研人员作为实验对象，并结合市场需求和时代发展的需要将行业发展嵌入其中，结合实际动态环境中的机理，开展实证分析，得出优化策略与建议的结论，解决创新主体的管理问题有一定的现实意义。

（2）增强业界对科研人员诉求与态度、行为的重视，提升科研水平，增加科研绩效产出。目前以 WHO 及 ILO 为代表的国际组织，以及以欧盟、英国、日本为首的国家和地区开始重视职业心理健康，并针对一般从业者发布心理健康指南，为各行业提供了基本的工作压力监控和干预手段。2017 年 1 月，英国政府调查研究指出，由于心理健康而失业的工人已超过 30 万余人，对此造成经济损失高达 990 亿英镑。此外，为解决约 15% 的在职工作人员存在的心理健康问题，公司需要额外支出约 400 亿英镑。因此，英国心理健康急救协会（MHFA）表示，确保对心理健康的急救和支持很重要，对身体健康急救的培训已经列入了劳动法。相比之下，我国科研人员心理健康问题仍缺乏关注，对职业心理压力现状、影响因素以及作用机理还缺乏了解，从而也就缺乏有力的职业心理健康管控手段为行业提供支持。本书针对科研人员工作倦怠形成的过程机理和验证性研究，可为企业和项目制定针对性强的干预方案和管理措施，从职业健康心理学和组织行为学的视角科学推动组织管理的落实以及工程管理、组织管理等管理理论和实践的创新。

（3）完善人性化管理、组织管理的机制，为科研项目内部层级分工协作的实践作出指导，改善科研人员的成长和发展环境，激发深层动机有较强的现实意义。科研项目开发的过程是一个长期的协作过程，往往从行业自身发展需求、自身利益出发，存在一定的偶然性、探索性。本书研究中将科研人员工作倦怠的工作路径作为出发点，结合工作过程中组织、个体、工作环境等多维视角，探究科研人员工作倦怠的影响因素及作用机制等，并结合科研行业的特点开展实证分析，探究问题，有针对性地提出相关促进机制与建议，形成科学发展经验，对现实管理具有一定的参考意义。

1.4 技术路线与结构

1.4.1 技术路线

本书的技术路线如图 1-2 所示。

（1）如何处理工作倦怠的表征因素，开发适用于科研人员工作投入相关的测量量表，成为最基础的环节，是十分有必要的。

工作投入作为工作倦怠心理应激反应的后果，可以进行主观测量和客观测量。现有研究中的主观测量包括自评和他评量表。通常来说，主观的心理感受并不一定得到较为准确的判断，比如说科研人员在外部压力和自身压力的打击下，在领导面前务必保持积极的工作状态，但内心的焦虑与煎熬无法感同身受地与人分享。客观测量可以通过皮质醇类激素，如肾上腺素的分泌作为标准，比如说人体在精神高度集中的状态下，会持续释放皮质醇类激素。但此类测量方式测试的是短期生理指标的变化，长期来看，现有研究并未寻找到更为准确的相关生理指标。因此，心理学量表是目前较为认可的工作投入测量方式。为了更客观、精准地表征我国科研人员的工作投入及其影响因素，本书基于职业特点和工作特征，开发量化科研人员工作投入相关的各个测量量表。

（2）对科研人员工作投入诱发机理的架构和解析是本书不可缺少的环节，在梳理文献和理论后，构建理论假设模型，并通过结构方程模型的方

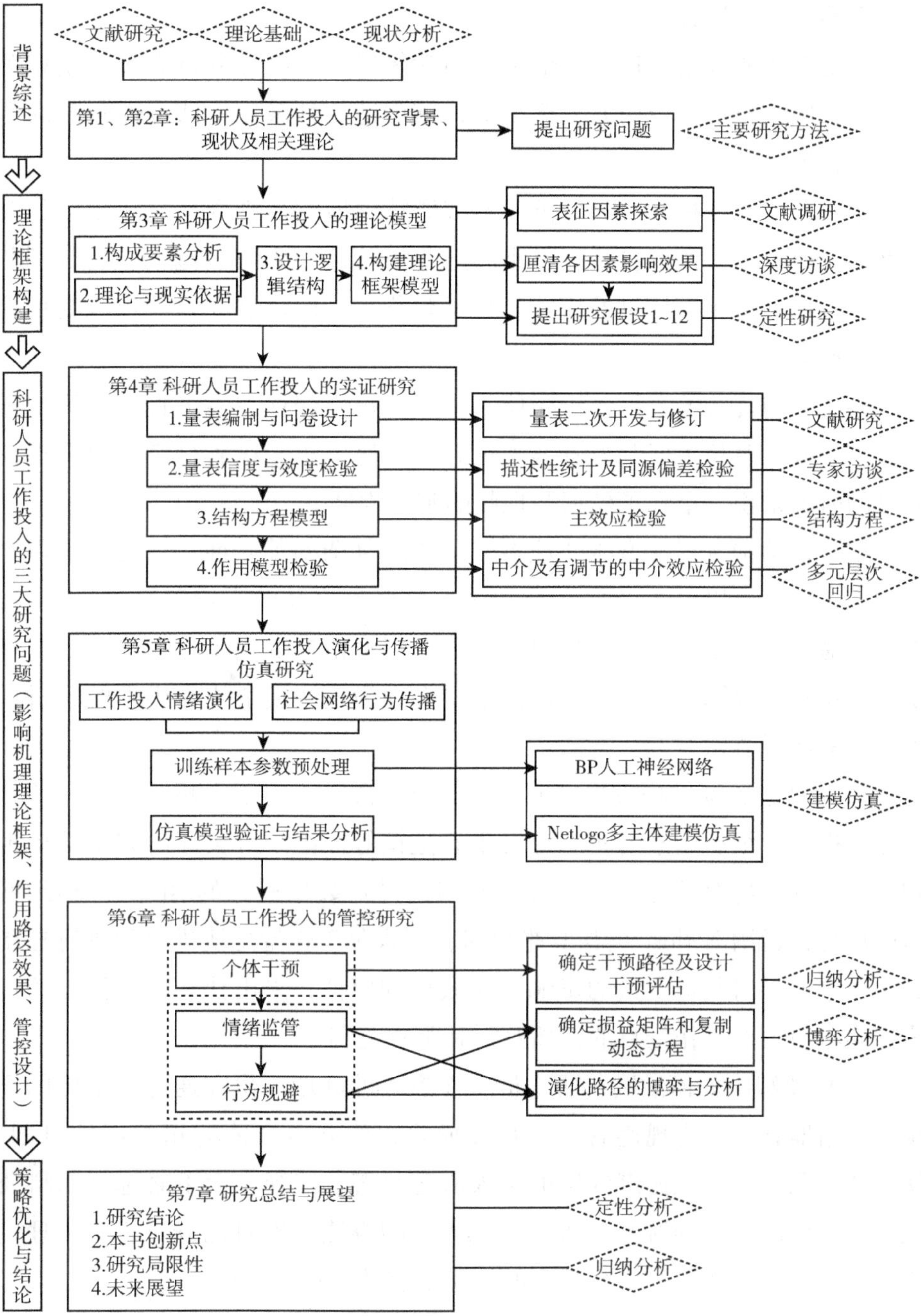
背景综述
文献研究
理论基础
现状分析
第1、第2章：科研人员工作投入的研究背景、现状及相关理论
提出研究问题
主要研究方法
理论框架构建
第3章 科研人员工作投入的理论模型
1.构成要素分析
2.理论与现实依据
3.设计逻辑结构
4.构建理论框架模型
表征因素探索
厘清各因素影响效果
提出研究假设1~12
文献调研
深度访谈
定性研究
科研人员工作投入的三大研究问题（影响机理理论框架、作用路径效果、管控设计）
第4章 科研人员工作投入的实证研究
1.量表编制与问卷设计
2.量表信度与效度检验
3.结构方程模型
4.作用模型检验
量表二次开发与修订
描述性统计及同源偏差检验
主效应检验
中介及有调节的中介效应检验
文献研究
专家访谈
结构方程
多元层次回归
第5章 科研人员工作投入演化与传播仿真研究
工作投入情绪演化
社会网络行为传播
训练样本参数预处理
仿真模型验证与结果分析
BP人工神经网络
Netlogo多主体建模仿真
建模仿真
第6章 科研人员工作投入的管控研究
个体干预
情绪监管
行为规避
确定干预路径及设计干预评估
确定损益矩阵和复制动态方程
演化路径的博弈与分析
归纳分析
博弈分析
策略优化与结论
第7章 研究总结与展望
1.研究结论
2.本书创新点
3.研究局限性
4.未来展望
定性分析
归纳分析

图1－2 本书的技术路线

法进行静态的实证分析。

通常对职业健康心理学、组织行为学等研究的统计分析大多采用相关性分析、回归分析、结构方程模型等，其中适用性较广、认可性较高的是结构方程模型。

第一，相关分析、回归分析并不都能精确地对多维变量之间复杂的关联性进行研究，工作倦怠等并不能进行直接观测的因素研究就会受到限制。结构方程模型运用潜变量的模式构建测量模型，验证潜变量与观测变量间的非线性关系。

第二，与传统的统计分析相比，结构方程允许存在不可直接观测变量的测量误差，避免了回归方程残差的存在。这对于组织管理学、组织行为领域的研究来说，增强了模型与现状的契合程度。

第三，结构方程模型能处理多变量之间复杂的关联性。结构方程模型的特点在于，可以对单个自变量和多个自变量之间的影响关系进行解析，也可以对不同变量之间的传导进行处理。工作倦怠受到工作特征、社会环境、组织管理等因素的影响，选择结构方程为这些复杂传导机理的解析提供高效的剖析方法。

（3）动态验证结构方程模型分析的研究假设。由于影响工作投入的变量很难操纵、组织因素的实际运行不易把握等原因，对实证研究中的机理和规律验证不易对照处理。因此，本书通过对数据进行的 BP 人工神经网络的训练，运用 Netlogo 的仿真平台对科研人员工作倦怠演进过程进行控制其中一个变量对其他变量的影响作用效果的模拟，采用社会网络传播的形式预测科研人员工作倦怠的传播路径和影响范围。

（4）要解决如何激励科研人员工作投入的问题，研究通过对个体的干预、情绪监管、行为规避着手。具体而言，建立对个体的相关评估机制，从个体干预出发，把握潜伏期的个人心理状态；演绎企业策略选择与科研人员工作倦怠选择的博弈，通过演化博弈的方法开展对比分析，验证理论模型并提出对情绪的监管与行为的规避下有效的策略建议。

1.4.2　本书的结构安排

以研究问题和研究内容为核心，结合技术路线图，将本书划分为七章内容，具体框架如下。

第1章，绪论。本章介绍本书的研究背景，明确研究问题。在此基础上，进一步将研究问题划分为具体研究内容，并对研究意义进行阐述。最后，介绍本书的研究方法、技术路线和架构，并对技术路线进行绘图。

第2章，文献综述与理论基础。本章围绕工作倦怠的研究问题所涉及的相关研究进行了文献梳理和述评，回顾了近年来国内外的相关研究进展，并对既有研究取得的贡献和存在的不足进行了分析，为后续研究奠定了翔实的理论基础。

第3章，科研人员工作投入诱发机理理论框架与研究假设。在JD－R模型理论框架的基础上，本章结合相关文献和科研人员的工作现状，通过深度访谈法明确了包括工作要求、工作资源下组织公平、压力知觉、社会支持、心理资本对工作投入的作用效果，提出研究假设并构建多因素在内的理论模型。

第4章，科研人员工作投入影响机理实证研究。根据第3章所提出的理论概念模型，本章利用问卷调查方法搜集了研究数据，详细阐述了问卷发放、收集过程及样本的选择依据，对样本数据进行初步的描述性统计，并通过信度和效度检验，验证了各量表的有效性。根据所提出研究假设，本章运用相关分析、层级多元回归分析和Bootstrapping法检验各研究假设。

第5章，科研人员工作投入演化与传播仿真研究。根据第3章提出的理论概念模型，结合第4章实证检验结果，本章构建科研人员工作投入情绪诱发机理多主体仿真模型，BP人工神经网络数据的训练后，通过Netlogo仿真平台进行动态模拟，仿真实验各影响因素对科研人员工作投入的交互作用效果，模拟差异化情景下的倦怠行为传播状态。

第6章，科研人员工作投入的激励研究。本章基于科研人员工作投入的影响机理，通过个体激励路径的选择与评估设计、组织对工作投入情绪监管与行为规避的博弈，展开工作投入管控研究。首先，从个体角度出发，设计组织公平感评估、压力知觉评估、心理资本评估，全面及时了解科研人员心理压力状况和负性情绪发生风险；设计情绪干预并对情绪干预效果进行评估，将评估结果显示的预警人群进行情绪的干预，并对干预后的结果进行二次评估，根据结果进行策略的调整。此外，为督促科研人员工作倦怠情绪的转型、倦怠行为的规避，构建企业与科研人员的两方演化博弈模型，为科研人员工作倦怠的管控进行策略的优化。

第 7 章，总结与展望。对本书的研究结论进行归纳总结，凝练本书的创新点，并对研究中存在的不足和未来研究的目标作出描述。

第 2 章

文献综述与理论基础

本章从相关概念界定、工作倦怠测量、工作倦怠的成因机理梳理以及工作倦怠的管控四个方面对理论和现有研究进行综述和评论，为后续研究奠定理论基础，提炼现有研究的局限性，探索可提升的空间。

2.1 相关概念界定

2.1.1 工作投入的内涵

工作倦怠作为工作投入不足的反向概念，于 1974 年由美国临床心理学家 Freudenberger[11]初次提出。随着研究的深入，越来越多的学者不断丰富其内涵及作用机理，并且对不同行业从业人员之间开展实证研究。学术界较为认可、引用较多的是美国学者 Maslach 对工作倦怠的定义内涵，早期通过对服务业从业人员长期心理学临床观察研究，将工作倦怠从静态角度进行定义，表现为情感衰竭（Emotional Exhaustion）、去人格化（Depersonalization）和低个人成就感（Reduced Personal Accomplishment）[12]三个维度。工作倦怠的核心指标是情感耗竭，表现为个体情感的枯竭后产生的麻木、缺乏工作投入的工作状态；去人格化表现为人格解体，反映出服务人员对客户的冷酷、非人格化的工作态度，最为明显的表现就是在工作中看到顾客的到来感到麻烦；低职业效能感表现为自身的消极评价，认为自己工作意义的缺失。Maslach 及其合作学者将工作倦怠的时滞性演进过程视为以情感耗竭为先驱，去人格化和低职业效能感紧随其后发生。继而开发出的 MBI－HSS（Maslach Burnout Inventory－Human Services Survey）量表，为服务业工作倦怠测量提供了依据[13]。经过深入研究，Maslach 将研究范围扩大为一般行业，并发现工作任务是长期工作中压力源，因此将量表进行了修订，形成 MBI－GS（General Survey）量表[13]。1996 年，Maslach 修正、补充与完善工作倦怠的定义，将其定义为耗竭（Exhaustion）、愤世嫉俗（Cynicism）及低职业效能感（Low Professional Efficacy）。

（1）耗竭：完善后的耗竭将范围扩大化，既有心理的情感耗竭也有生理的身体、体力耗竭，从而表现为身心疲惫的工作状态。

（2）愤世嫉俗：疏离与去人格化的工作态度，导致个体人格解体后表现为受调人对工作投入程度的降低甚至漠不关心的状态，无法应对繁重的工作任务。

（3）低职业效能感：职业效能不仅包括个人成就还包含个体所在行业对社会的贡献评价，因此将受调人对工作评价的范围扩大化。

从静态发展角度来看，Shirom 对个人身体状态、情感表达和认知的耗尽作为定义工作倦怠的条件，个体表现出生理及身体疲乏（Physical Fatigue）、情绪耗竭（Emotional Exhaustion）及认知疲惫（Cognitive Weariness）[15]。Dworkin 作为社会学家，认为个体对工作的疏离是工作倦怠的核心，表现出意义缺失（Meaninglessness）、权力缺失（Powerlessness）、孤独无援（Isolation）、无标准（Normlessness）的状态[16]。

从动态发展的角度来看，Cherniss 将个体在对职业的消极态度和行为作为工作疲劳的动态化反应归结为工作倦怠的表现过程[16]。这个过程受到工作强度、工作压力和工作时间的影响；Etzion 认为，工作倦怠的状态是一种不间断的长期心理性破坏状态，萌芽阶段所展示出的隐疲性几乎不能引人关注，但慢性侵蚀的压力源所带来的心理性破坏无法服从于任何解决方案，因此不容忽视[18]。Pines 和 Aronson 的研究中指出，“工作倦怠是指长期在某一情境中，个体由于对情感要求而导致的身体、情感和心理上的耗竭状态。”生理性的耗竭感（Physical Exhaustion）展示出个体长期疲劳下的身体虚弱表；情感耗竭（Emotional Exhaustion）往往表现出个体对任何事都提不起劲从而显示出的不抱期望的状态；心理耗竭（Mental Exhaustion）则展示出个体的负能量、挫败感等悲观状态[19]。对比 Lee 和 Ashforth 提及：“工作倦怠是对工作压力的一种反映方式，多发生在专业服务人员身上，是由于无法应付服务对象在能力与资源上给他们的过度要求而产生的。”得到大致相同的含义，表达出服务行业的从业人员在工作中情感耗尽而展示的消极工作状态[20]。

21 世纪初，我国学者逐步开始对工作倦怠展开研究，结合国外学者的定义和内涵，将医疗行业工作人员、教师、企业的工作员工等作为主要研究对象[21]。李永鑫倾向于动态发展的工作倦怠观点，将长期身心俱疲的状态作为工作倦怠的主要表现形式；李超平和时勘等将长期工作压力下个人情绪上的耗竭、行为上的负面倾向状态定义为工作倦怠，并根据中国国情对工作倦怠的内涵进一步深化。

为进一步梳理工作倦怠的定义及内涵的演进脉络，以“Job Burnout”作为检索词在 Web of Science 核心合集数据库中进行文献检索，得到了 1974～2021 年发表的 887 篇与工作倦怠相关的文献资料，如图 2－1a 所示。在 CSSCI 数据库中以“工作倦怠”“职业倦怠”“职业枯竭”主题词进行检索，整理 2002～2021 年发表的 389 篇研究工作倦怠的相关文献数据，如图 2－1b 所示。

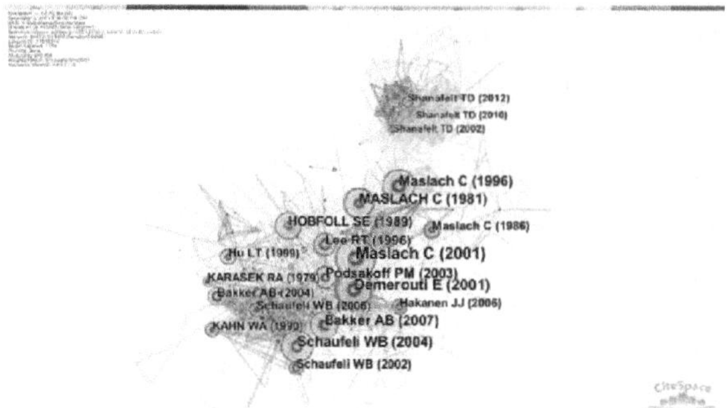

图 2－1a Web of Science 核心合集数据库文献检索

图 2-1b CSSCI 数据库文献检索

利用 Cite Space 文献计量分析软件，对获取的文献数据中所包含的文献题目、作者、关键词、摘要、参考文献等信息进行分析，并对共引频次和共引作者进行整理汇总，将共引频次按照从高至低的顺序进行共引作者的排列，如表 2-1 所示，引用频次较高的共引作者为 Maslach、Bakker、Schaufeli、Shanafelt、Hobfoll、李超平、李永鑫等。

表 2-1 共引频次

序号	WEB OF SCIENCE		CSSCI	
	共引频次	共引作者	共引频次	共引作者
1	726	Maslach C	106	Maslach C
2	468	Bakker AB	90	李超平
3	404	Schaufeli WB	87	李永鑫
4	204	Demerouti E	35	Demerouti E
5	173	Shanafelt TD	33	Cordes CL
6	141	Hobfoll SE	30	赵玉芳
7	128	Hakanen JJ	28	Schutte N
8	95	Lee RT	27	Bakker AB
9	77	Karasek RA	26	徐长江
10	71	Hu LT	24	Brotheridge CM
11	71	Hakanen JJ	21	Lee RT
12	59	Aiken LH	19	温忠麟
13	57	KAHN WA	19	王晓春
14	56	Sonnentag S	18	Freudenberger HJ
15	51	Crawford ER	18	Hobfoll SE

续表

序号	WEB OF SCIENCE		CSSCI	
	共引频次	共引作者	共引频次	共引作者
16	43	Baron RM	16	Luthans F
17	43	Cordes CL	14	Leiter MP
18	43	Salanova M	13	黄杰
19	42	Bandura A	13	赵简
20	38	Leiter MP	12	逄冰洁
21	35	Wrzesniewski A	11	陆昌勤
22	32	Lazarus RS	10	徐富明
23	31	Christian MS	10	Norman SM

此外，提炼共引频次较高的共引作者所定义的工作倦怠内涵，并对其内涵进行时间序列的汇总，如表 2-2 所示，展示出随时间、人文社会环境变化下工作倦怠内涵在国内外学者的研究中的演进，表明了工作倦怠的内涵从情感资源的耗竭到生理、心理资源综合组织弱点的复杂历程。

表 2-2　工作倦怠内涵汇总

作者	时间	内涵
FREUDENBERGER H J	1973	组织中个体由于工作过程中的某些因素造成其能量、体力和资源的消耗情况[11]
MSLACH C	1979	工作倦怠表现为个体对服务对象的冷淡，包括生理、情绪的耗竭，尤其是服务行业员工不再以积极、正面、同情或尊重的态度对待服务对象[22]
LEE R T	1993	多数是因服务者无法处理所从事工作对自身能力、智力、资源的过度要求所引起的[13]
CORDES C L	1993	工作倦怠三大特征：情绪耗竭，人格解体和缺乏个体成就[14]
LEITER M　P	1988	工作倦怠表现为工作过程中个体对人际关系压力的反应，即人际交往负担过重导致个体对他人态度和行为的转变[15]
SCHAUFELI W B	2001	工作倦怠是一种由慢性负向情绪和人际关系压力导致的持续性反应，表现为精力不振、愤世嫉俗和工作低效[23]
DEMEROUTI E	2001	工作倦怠表现出情绪枯竭、人格解体，一般化状态形式为耗竭和离群索居，工作倦怠现象出现于各个行业[24]
李超平	2003	工作倦怠是个体由于不能有效应对工作过程中延续不断的各种压力，而产生的一种长期性反应，包括情绪耗竭、玩世不恭和成就感低落[25]

续表

作者	时间	内涵
李永鑫	2005	工作倦怠存在静态和动态两方面的含义，静态是指个体对情感要求情景的长期卷入而导致的一种身体、情感和心理的耗竭的状态；动态是对个体工作疲劳的反应，是个体的职业态度和行为以负性的形式发生改变的过程[26]
李晓艳	2013	工作倦怠是指员工工作中长期人际高压环境下心理资源的不足，从而带来情绪变动后的情感耗竭，并产生去人性化和成就感低落的状态[7]
CHEN HONG	2012	工作倦怠是综合组织弱点引起员工情感的怠慢导致工作弱点引发员工疏离感，结合个人特征对长期压力的感知引发身心俱疲的状态[27]
PORTELA N L C	2015	工作倦怠是指个体在工作过程中的身心疲惫，会疏离个体和顾客以及同事之间的关系，或造成工作上的不满足[28]
周密	2016	工作倦怠导致员工身体和精神的持续损耗，产生过度疲劳，是一种使个体以消极态度对待工作，同时伴随着低自我效能感的工作[29]
NORI P	2019	工作倦怠定义为员工工作的情绪衰竭、人格解体以及对自身能力、成就和价值产生怀疑，尤其是医疗行业更容易引发医疗错误[30]
石长慧	2021	工作倦怠是指长期工作压力状态下身心消耗过度、精力衰竭而表现出对工作缺乏冲劲和动力，刻意与其他人员保持距离，自己被动完成工作，并感觉缺乏成就感[31]
于坤	2021	工作倦怠表现为组织成员的心理和情绪资源的过度使用，从情绪耗竭的角度出发，压力源所带来的动态变化通过职业延迟满足对个体的调节，可能起到加速器的作用[32]

本书将工作倦怠定义为：由于受到外界压力的应激反应所导致认知与环境特征不匹配，从而造成员工在其职业领域或工作范围内产生与积极情绪相悖的情感耗竭、玩世不恭以及低成就感等消极情绪感知。

2.1.2 科研人员的定义及特征

科研人员是具备某一学科专业知识的而从事科学研究的高级知识分子。管理学专家 Peter Drucker 在 1959 年的著作“*Landmarks of Tomorrow*”中对知识型员工（Knowledge Worker）的概念加以描述[33]。十年后其出版的“*The Age of Discontinuity*”中提及，知识型员工的增加代表以知识为基础的工作在劳动领域在不断扩展[34]。国务院出台的《国家中长期科学和技术发展规划纲要（2006～2020年）》，定义“科技人才”为：在科技领域活动中的从业人员，学问造诣较高、办事能力较强，并且富有创新创造精神和成绩的人员[35]。科技工作者作为现代社会中以科技工作为职业，从事系统性科学和技术知识的生产、发展、传播和应用的这类人才，集中于科研机构、医疗研发机构、高等院校等中。通常情况下，从事科研行业的工作者要求夯实的理论基础，具备一定的专业技能，并且专注于该领域的研究并取得一定成果的科技人才。在类别的划分上，自然科学和社会科学领域范围内的研究型人才，运用实验或调查等方式进行工作的科研人员，都涵盖其中。我国学者黄维德在研究知识型员工的敬业行为时指出，界定知识型员工，从工作特征的角度来看是指员工自身富有创新创造能力，从工作内容来看员工需要具备不断与时俱进的科学技术知识储备[36]。Scarbrough 指出，知识型员工作为不可分割的团队，并不能单独作为一项职业来看待，而是统称[37]。本书根据所述科研人员工作特征加以优缺点的分类，如表2-3所示。

表2-3 科研人员工作特征

项目	优点	缺点
科研人员的工作特征	文化水平高，学习能力强	压力过大导致心理抗压力弱
	思想开放，多元化价值观	注重自我，人际关系处理能力较弱
	有一定的创新能力，对于新事物能很快适应	急功近利，功利主义较强
	行动力强，善于钻研	缺乏实用主义的实用性
	具有团队合作精神	易心理失衡，自我否定
	对组织和社会支持较为依赖	易产生“共情”，相互传染

目前对科研人员的定义暂未得到统一：美国将科学人员划分为工程师、科学家和技术人员；日本将科技人员定义为研究人员、技术人员和技术教育人员的统称；我国赵红洲先生定义科学家队伍为：“科学家、教授、工程师、实验家、各类技师、图书情报专家、科研管理专家以及千千万万业余科研工作者”[38]。习近平同志2016年在知识分子、劳动模范、青年代表座

谈会讲话时指出知识分子的定义，习近平同志指出，文化程度突出、知识储备充裕，学术造诣非凡、在相关范畴内的佼佼者[39]。

本书定义科研人员的工作倦怠为：科研行业一线工作者长期面临各种科研压力而不能无法有效应对时，在科研工作中表现出持续性、长久性的疲惫态势，展现出对本职工作的草率、隐匿、厌烦感。这其中涵盖了多层次内涵：第一，科研人员表现出的念旧，对之前工作所获取的成就忘乎所以，有较强的成就感；第二，科研人员现有工作环境的低劣，使员工对科研工作情感的缺失，难以恢复；第三，科研人员工作的消极怠工状态逐渐显现；第四，科研人员工作倦怠的症状表现在同事范围领域的扩大化；第五，科研人员的倦怠工作状态引发绩效下降。

综上所述，从研究科研人员的工作倦怠来看，目前人口学变量特征较为笼统，深入研究并探讨科研人员的工作倦怠成因机理成为研究主流。

2.2 工作投入的测量

2.2.1 定性测量

对工作投入进行定性测量可以根据测试者的主观判断进行推断事态发展趋势。定性分析能够让管理人员发挥主观判断能力和累积经验，但预测结果并不能保障其有效性。对于定性分析的流程可以分为以下几步进行：首先，邀请熟悉该领域及市场状况的专家，根据他们的主观经验对所研究的主题进行分析，提出初步意见；其次，展开调查谈话，将初步意见进行汇总并加以补充；最后，将补充、修正过的意见进行整理，作为最终依据，分析该主题并进行预测。针对工作倦怠的人文社会科学问题，通常将定性测量的方法分为以下几类。

（1）深度访谈。

深度访谈作为社会学领域较为常用的方法，主要是无结构式的访谈。专业访谈人员将时间控制在30～60分钟，与受调对象进行长时间的谈话，谈话期间围绕特定的论题进行一对一方式的访谈，揣测受调对象的看法以及观点，并将其观点加以汇总，以此了解受调对象的个人倾向以及情绪状态。关于工作倦怠的深度访谈，除了将受调对象对倦怠认知及内涵加以汇总之外，还将了解工作投入以及职业心理健康等问题。

（2）专家意见。

专家意见的方法能够为定性分析带来专业化的支撑。聘请经验丰富、专业知识牢固的专家，能为管理当局进行日常业务提供咨询。在定性分析中，专家意见对于有可能出现的行动或问题，能够及时根据经验掌握事态发展的舵向，尤其是行业内专家的专业意见，会对项目以及课题的进行带来经验与支持。此外，对于访谈人员而言，专家访谈既是了解经验、快速掌握新知识的机会，也是一项挑战。这样的挑战旨在将意见进行汇总，并及时修订。

（3）小组座谈。

小组座谈又被称为焦点小组访谈，通过小型座谈会的形式对具有相同性质或属性的受调对象，由主持人引导，开展无特定布局、畅所欲言的自由交流，从中获取受调者的深入理解与回答。焦点小组的所有组员需要在讨论后进行单一决定并达成共识，得出可接受的方案。这是团队凝聚力的体现，也可能会造成少数服从多数。

2.2.2 定量测量

（1）心理学测量量表。

从工作投入的反向意义出发，测量工作倦怠的程度可验证工作投入的程度，Maslach 在 MBI 的手册中指出，1976～1985 年，他应用深度访谈、问卷调查、临床试验以及病例观察等方式对服务行业工作人员的工作倦怠展开长期的研究，经过研究与分析的汇总与整理，直至 1986 年才正式提出工作倦怠的定义，并进行进一步 MBI－HSS 量表的开发，通过进一步的研究后开发出 MBI－GS 量表。较为认可的是 Maslach 开发的 MBI 量表[23]，除此之外，BM（Burnout Measure）量表[19]、OLBI（Oldenburg Burnout Inventory）量表以及 SMBM（Shirom－Melamed Burnout Measure）量表也较为常见。从王芳等的归纳可以看出，BM 量表和 S－MBM 量表所展现的维度较为单一，并不适用于当前受调对象复杂的心理变化，因此并未进行深入研究[19]。

量表采用李克特 5 点计分的方式对个体工作投入进行测量，MBI－GS 通过调整 MBI－HSS 量表，共涉及 16 个题项，并对工作任务和人际关系的题项重点进行调整。由于工作倦怠三维度评分所表达的含义相互独立，因此评分并不能简单相加，应在计算分量表的得分后根据该量表的内涵计算最终得分，并根据高低分数给出评判标准[41]。得分一方面能够反映出受调人工作倦怠症状的平均水平，以免不同维度的感知差异所带来总分的偏差；另一方面不同量表以及各维度、不同行业的人员之间的结果存在差异，从相同维度进行对比，避免总分不可比。经过检验和实证分析，MBI－GS 量表内部一致性、信度效度、结构效度等检验表现良好，因此适用于多行业的工作倦怠的测量[42,43]。现有研究对工作倦怠的量化主要是通过心理学量表的方式探究个体情绪的变化，对量表的开发者及维度的设置进行汇总如表 2－4 所示。

表 2－4　工作倦怠量表开发汇总

量表简称	开发者及开发年	定义	维度	反应方式
MBI	Maslach & Jackson（1982）[44]	情感耗竭、疏离、低职业效能感	三维	频率七点
BM	Pines & Aronson（1981）[19]	生理耗竭、情感耗竭、心理耗竭	一维	频率七点
OLBI	Demerouti & Nachreiner（1998）[2]	耗竭、疏离工作	二维	同意四点
SMBM	Hobfoll & Shiron（1993，2000）[45,46]	生理疲乏、情感耗竭、认知疲惫	一维	频率七点
MBI－GS 修订版	李超平和时勘（2003）[25]	情绪衰竭、玩世不恭、成就低落感	三维	频率七点
EBI	王国香、刘长江和伍新春（2003）[47]	情绪衰竭、去个性化、无效能感	三维	频率七点
CMBI	李永鑫（2005）[26]	耗竭、人格解体、成就感降低	三维	频率七点
MBI 修订版	李媛（2005）[48]	情感枯竭、非人性化、降低的个人成就感	三维	频率七点

国内学者刘维汉（1999）将工作倦怠的考量分为三级标准：一级倦怠展示出情绪厌烦、焦躁；二级倦怠呈现为脾气的不稳定、情感的耗竭；三级倦怠表现为严重的生理及心理问题，自尊心降低，工作人际表现出退缩。此后，李超平和时勘将量表进行修订，适用于我国企业员工和大学生等受调对象[25]，李永鑫[26]、李媛[48]等学者也对MBI量表进行具有中国特色文化的题项修订。

工作投入在科研领域中的研究较少，需要将共性与职业特性相结合，系统性、全面性、深入性地进行研究。首先，一般从业人员的工作倦怠测量量表开展科研领域工作倦怠特征表现的测度。例如，张奇勇提取MBI-ES量表对高校科研型教师的工作倦怠进行测量，研究科研倦怠对创新绩效的影响[49]。Demerouti等应用MBI-GS、OLBI（Oldenburg Burnout Inventory）和UWES量表对南非的从业人员工作倦怠和工作投入状态进行调查[24]。通用性量表的目的在于表征维度，但不同专业、不同行业的从业人员的职业特征存在差异，可能会有特定的倦怠或投入的诱发机理，因此需要进一步调整或补充。Yip的研究证实测量香港建筑行业工程师的工作倦怠时，MBI-GS量表具有良好的信度和效度，但Lingard的研究表明MBI-GS量表并不适用于澳洲的建筑工程师[50]。Portela对服务行业的员工进行工作倦怠研究时指出，沿用三维量表针对现代服务行业依然具有适用性[28]；Nori研究医疗行业的从业人员时，剖析其工作倦怠状态，指出工作倦怠是医疗事故概率提升的重要因素之一[30]；Viotti等对教职工等行政人员的工作倦怠情况进行研究，验证三维量表下不同文明在联结工作的长期压力源对工作倦怠的影响[51]。学者徐长江指出，工作倦怠的适用性从单一人际工作者扩展至一般人群，也意味着三维理论的工作倦怠研究领域不断扩大[52]。李超平等实证了教师工作倦怠的三维结构存在良好的构想信效度[25]。李晓艳通过呼叫中心员工的调查问卷，再次验证了工作倦怠三维度量表在一般行业的适用性[7]。云祥针对我国警察群体的工作倦怠研究显示，三维量表具有良好的构想信效度[4]。

综上所述，我国学者在工作倦怠的研究上自主创新能力稍有欠缺，主要以引入国外研究成果并加以修订为主。国内认可程度较高的是李超平和时勘的 MBI－GS 量表，量表均采用李克特 5 点计分的方式对个体工作倦怠症状进行测量，该量表应用于教师、医护人员、警察、企业管理人员中，表现出较好的信效度。

（2）临床医学。

①脑电特征参数测量。

Peters 和 Büchel 的控制实验结果表明，“被试者在想象某一利好事件时，所呈现出的脑成像表现为脑中部前扣带回与海马、杏仁核之间的功能连接强度较大。”此项实验证明了个体对美好事物的憧憬是自我克服消极情绪的重要因素之一，为企业激励机制的设计提供依据[53]。张崇等通过脑电实验对生理性精神疲劳程度进行脑电信号功率谱分析，证实了脑电特征参数与生理性精神疲劳程度之间的高度相关性，其中，对 θ、α 和 β 节律高测试生理性精神疲劳程度的变化[54]。这说明了疲倦感可以通过脑电特征参数进行测量。王莉莉和陈凤兰研究空中交通管制员的疲劳状态对认知行为的影响时指出，提取在有特情发生的雷达模拟机任务过程中的脑电（EEG）信号，证实夜间疲劳工作所反映的指标值骤增，疲劳风险增加的可能性提升[55]。现有脑电实验的应用在科研人员领域仍处于未知领域，以期深入研究获取更多解决方案。

②基因甲基化管理。

工作倦怠自 20 世纪 80 年代提出后，引起众多心理学领域的学者关注，Alasaari 等将工作倦怠引入医学研究领域，从个体病理层面研究工作倦怠[56]。此后，候选基因法、基因审查法等研究范式，用于个体神经调节下基金甲基化评估，进一步研究工作倦怠的临床医学表现，从 SLC6A4 基因启动子区特定 CpG 位点甲基化的基因层面探讨工作倦怠的特点[57]。研究发现，皮质醇过多可能会导致心理沮丧，而皮质醇过少则与工作倦怠息息相关[58]。但基因层面研究工作倦怠的技术仍然处于探索阶段，暂时并没有成熟的研究成果用于临床。

2.2.3 研究评述

以上文献表明，测量工作倦怠的方法分为定性标准和定量标准。定性评价一般采用观察或访谈的方式对个体工作倦怠状况进行描述、总结和归纳，通常这种方式所得结果的偏差较大。目前学者们研究工作倦怠通常以心理测量方法为主，认可程度较高的是 Maslach 等学者研究开发的 MBI 工作倦怠调查问卷（Maslach Burnout Inventory）。我国学者李超平的研究使用 MBI - GS 量表在医护人员中具有良好的信度效度，但 Lingard 研究中把受调对象换成澳洲建筑工程师，此时 MBI - GS 的三维度模型并不能被接受[50]，说明该量表并不能适用于全行业，可能是社会文化、行业标准的差异造成的。

现有针对科研人员工作倦怠量表的研究还未开发出科研领域从业人员的工作倦怠量表，这也给科研人员工作倦怠的研究带来压力与挑战。因此，本书对 MBI 量表进行二次开发，以便设计出能反映科研职业特征、提高心理测量的准确性和行业的适用性的工作倦怠量表。

2.3 工作投入的成因机理

2.3.1 工作投入的相关理论

工作倦怠的现象出现后，学者们将关注的重点转移到引发工作投入低下的原因，并探究工作投入不足导致的倦怠从而引发的风险及危机。现有对工作投入与倦怠的机理理论研究日益增多，包括工作需求控制模型（Job Demand - Control，JD - C）[59]、流行病学模型[60]、行业疏远模型[61]、认知知觉模型[62]、社交能力模型[63]、精神病学模型[64]、控制论模型[65]、沟通模型[15]、工作需求控制与支持模型（Job Demand - Control - Support，JD - C - S）[66]、付出—回馈失衡模型（Effort - Reward Imbalance Model，ERI）[67]、工作需求—资源模型（Job Demand - Resource Model，JD - R）[68]、社会诱导倦怠模型[69]等，目前接受程度较高的是 JD - C、JD - C - S、ERI 以及 JD - R 模型。具体模型的分析与介绍如下：

（1）工作压力与需求理论。

JD - C 模型的建立是根据匹配理论分析工作压力与工作需求之间的均

衡状态，将工作所需与受控条件作为工作压力的主要影响因素，共同催生了工作压力。个体在从事的工作中表现出工作任务的数量与难易程度作为工作需求的表现；工作控制为个体在工作过程中可以自主调节对工作行为的影响程度。如果两者出现失衡或是无法进行匹配，就容易产生超过负荷的压力从而造成工作倦怠。从流行病学的角度出发，证实社会支持作为调节变量，能够对压力下个体工作倦怠起到缓冲作用，借此构建 JD - C - S 模型，并将社会支持列入其中。JD - C 和 JD - C - S 模型体现的优势在于探究引发工作倦怠的职业根源，然而这样可操作性的特点受到了一些学者的质疑，认为单单将工作压力或工作倦怠作为工作的特征较为狭隘，因此提出 ERI 和 JD - R 模型，进一步丰富工作倦怠的理论内涵。

（2）付出—回馈失衡理论。

根据公平理论所表述的员工与组织之间存在社会交换的关系，当工作中员工自身资源损耗后，则期望得到补偿与回报，即，包括物质上的报酬或者是非物质的心理支持等回报，这就是 ERI 付出—回馈失衡模型理论的出发点。员工对工作满意程度体现在付出与回报平衡的状态；一旦工作人员自身感知到付出多于回馈时，较长时间的工作将损耗个人对工作的满意度，给个体带来的心理困扰（Psychological Distress）、精神障碍（Mental Disorder）、易怒（Anger）、焦虑（Anxiety）、沮丧（Depression）等心理应激反应，继而出现工作倦怠的现象。在 ERI 模型中，员工的付出分为外部付出包括工作时长、工作任务量等，内部投入包括对工作付出的情感等，回馈包括经济报酬、精神回报中的尊重（人际社交）以及社会地位（行业发展潜力、工作稳定程度以及安全系数）[67]。经过实证研究发现，ERI 模型更倾向于关注员工的社会心理，JD - C 更倾向于关注工作特征，两模型相结合对于工作倦怠的解释能力更为显著。“晕轮效应”认为，当员工对组织公平程度表示达到预期时，员工对工作满意程度的提升会波及对组织的认可程度增加，减少离职倾向；并且能够较好地引导员工的工作价值观，提升对领导的满意程度。职业健康心理学和组织行为学的多次实证研究证实组织公平感知对员工工作倦怠的影响作用效果。因此，说明仅用 ERI 模型阐述工作倦怠的作用机理是不完整的，继而催生了 JD - R

模型的建立[70]。

（3）工作资源—要求理论。

Demerouti 在 1995 年的世界心理学大会上提出 JD – R 模型，Maslach 在研究工作倦怠时对该模型进行了验证，最终 2001 年 Demerouti 进行正式阐述[68]。资源理论将 JD – R 模型中工作所需与资源列入工作特征的分类，工作需求表现为员工工作中消耗生理和心理资源后，自身难以承受负荷表现出的身心俱疲，从而诱发工作倦怠，借此产生对职业认知、组织发展及社会经济等各方面的影响；工作资源呈现出与员工相关联的个人工作规划、职业认知、组织发展及社会经济等影响因素，这些因素既可能促进工作目标任务的完成，也可能刺激个人心理状态，或减缓员工心理和身体的资源消耗[71]。因此，JD – R 模型中工作需求和工作资源所诱发的潜在心理如下：一方面是损害健康的过程（Health Impairment Process），在工作资源与工作所需无法匹配的状态下，一味地消耗资源会让员工产生工作倦怠，继而引发一系列身心健康、工作绩效、工作满意程度、离职率增高等结果；另一方面是工作动机的演变（Motivational Process），工作资源作为刺激源，激发员工积极状态后所呈现出的工作投入增加等积极行为表现，这属于积极心理学范畴[68]，本书不作深入讨论。

综上所述，工作倦怠发展历经的两个过程如图 2 – 2 所示，一条路径表现为极端工作要求所引发的持续性负担过重带来的严重耗竭；另一条路径表现出资源的缺失下，长期工作需求不足导致对工作的脱离状态。

（4）资源保存理论。

JD – R 模型中对于工作资源如何影响个体工作动机的路径并未给出较为系统的阐述，因此，为完善工作倦怠和工作压力作用机理的解构，Hobfoll 从工作资源的视角提出资源保存理论，后续研究中进一步证实该模型是工作倦怠实证数据拟合效果最好的模型之一[72]。资源保存理论从激励的角度出发，认为个体通过努力获取培养、晋升机会以及参与决策等工作资源，从个体工作投入和工作活力的角度探究影响工作倦怠的主要因素[73]。当个体工作资源缺失或尚未得到补偿，或工作投入资源后无法得到相匹配的回报时，会让个体产生工作压力感知[73]。因此，COR 模型认为，随着个体工

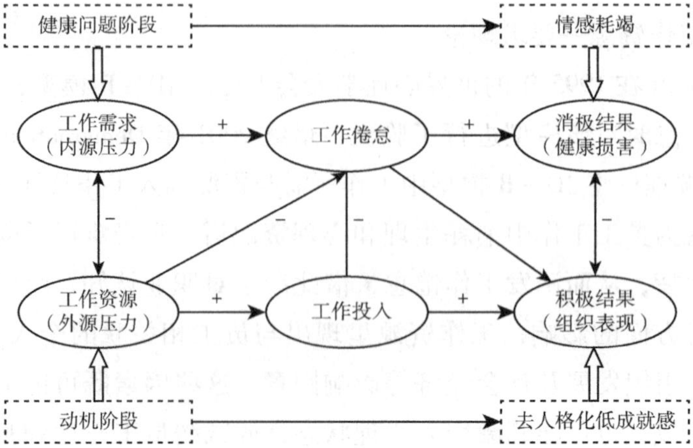

图 2-2　JD-R 工作需求资源模型的双过程

作资源的消耗而逐渐深化成工作倦怠状态，是个体长期缺失工作活力的演变过程。

（5）压力补偿理论。

结合 JD-C 和 ERI 模型在概念和操作层面的缺点，Jonge 等学者将工作倦怠的成因机理进一步深化，提出工作要求诱发的压力补偿 DISC 模型[74]。该理论认为，由于个体工作中面临多维性的工作压力，从而导致工作所需与资源的多样化，并且每种工作要求和工作资源与幸福感存在相互关联的关系（三匹配原则）。将适度的高工作要求与相匹配的工作资源进行有机融合，有利于激发个体学习的兴趣（平衡原则），并对个体行为、认知和情感带来一定的应激反应（层次原则），工作中的情感要求可以通过工作资源进行补偿，并会产生一种特殊的情感或者影响（补偿原则）[74]。若工作资源进行及时、有效、积极的补充，可以缓解高工作要求带来的负面效果，尤其是内部资源的影响效果尤为显著；若工作要求与工作资源之间达到均衡时，个体对工作学习的投入和成长则会出现较为理想的状态[76]。

从短期来看，面对工作压力而表现出的心理应激反应（Stressor - Stress Response），学者们认可程度较高的是 JD-C、JD-C-S 以及 ERI 模型，并且这几种模型的成因大多数为与工作任务关联性较高的因素，如任务量较大、工作主观能动性较低、薪酬水平不尽如人意、加班频繁等。外加个体所赋予自身的压力与众望所归，会造成个体自我价值观面临威胁，最终产生工作倦怠的状态[77]。但从长期的心理健康角度进行考量，工作倦怠的成因还包括个人性格、职业特征、组织承诺、行业发展以及社会经济等多方面因素。因此，本书在解构工作倦怠的成因机理时，单独的 JD－C、JD－C－S 以及 ERI 模型无法提供有效的理论支撑，必须梳理理论之间的关联性并相互融合，以应对复杂的科研人员工作倦怠机理研究。

（6）情绪认知评价理论。

情绪认知评价理论认为，外部的情景刺激或个体对事物的感知是情绪产生的来源，情绪的产生与变化受到外部环境、生理状态以及个体认知的共同影响。Lazarus 指出，由于个体之间存在人格特质的差异，个体对外部环境或某事物的认知存在偏差，继而导致不同个人情绪的产生。通过对情绪的认知评价，通常会进行初评价（Primary Appraisal）和再评价（Secondary Appraisal），此后个体才能对所经历的感受采取一定的应对（Coping）方式，表现出积极或消极的情绪状态[78]。孟昭兰认为，机体所获取外界信息后，自身知觉系统会对感知进行编译，引发机体产生独特的自身情绪，表现出积极或消极情绪的反应，最终引发其行为倾向[79]。工作倦怠作为一种负面情绪，会对个体的心理资源带来持续性消耗，继而导致情绪资源逐渐枯竭[80]。由于个体资源的有限性，当员工将时间与精力耗费在对消极情绪的应对上时，势必会造成情感资源的耗竭，工作投入的减少[81]。

对工作倦怠而言，Hudek－Kneevic 认为，对于负面情绪的初级评价指向更倾向于即时情绪的反应，次级评价倾向于对行为意向和效能的压力预测。这也就解释了工作倦怠的压力源所在，当个体面对外界刺激时所表现出的消极情绪日积月累时，造成情感耗竭、去人格化的状态，并且在无法排解倦怠情绪后工作投入的减少，最终造成低职业效能感，引发次级评价的倦怠行为反馈。田宝等人的研究证实，个体对压力环境的认知评价与工作倦怠各维度之间表现出显著的负向相关性，表明认知评价在压力知觉与工作倦怠之间的重要影响作用[82]。

从图 2-3 可以看出，个体在外部环境刺激下所表现的情绪，经过听觉、视觉等感官作用，选择个体认知并进行优先级和次级评价，展示出不同的情绪状态和行为策略，从而影响对工作投入和工作倦怠的判断，最终选择个体行为。因此，本书关注科研人员对外界环境刺激的认知评价，为分析工作倦怠的成因机理提供理论支撑。

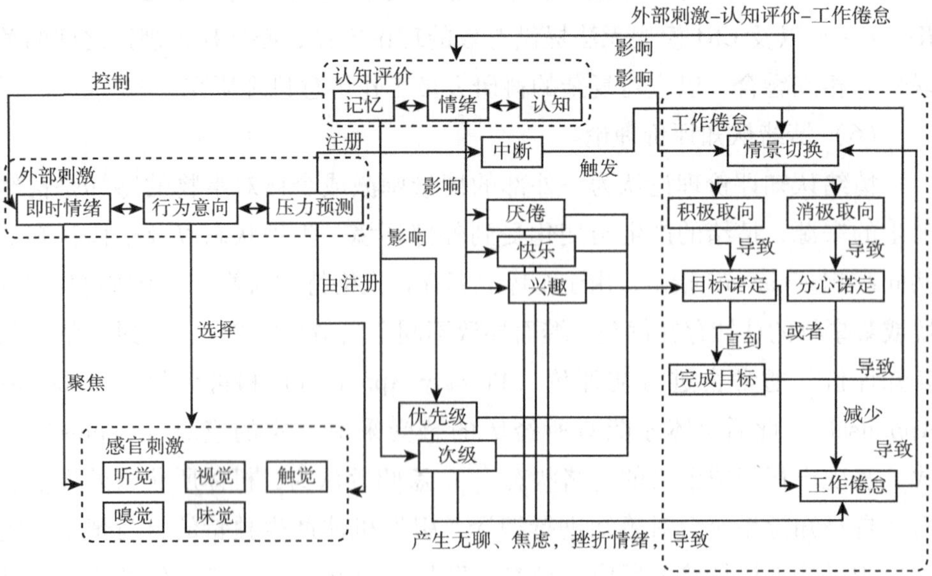

图 2-3 情绪认知评价与工作倦怠

2.3.2 多视角工作倦怠成因机理

通过分析国内外的参考文献看出，最初工作倦怠的成因机理仅从组织环境入手，继而发展到对人口统计学特征的作用效果。视角的发展也从多层面、宽领域逐渐细致化、深入化如表 2-5 所示。其中，（+）的含义是与工作倦怠保持正向相关性的因素，表示该影响效应对工作倦怠的推动作用效果，（-）的含义是与工作倦怠保持负向相关性的因素，表示该影响效应展示出对工作倦怠具有缓解的作用效果。从工作倦怠的测量及理论模型的概述发现，研究视角从工作需求与资源、角色压力、个体认知和人格特质出发，通过机理描述和影响效应汇总，可以看出当前对工作倦怠的分析大多采用统计分析、相关性分析、回归分析、结构方程模型等进行研究，从影响效应来看逐渐向个体认知以及心理资源的方向深入。整体来看，工作倦怠目前的研究对象大多集中在警察、医务工作者、教师等群体，针对科研人员、科技人才等类型员工的工作倦怠研究较为缺乏，对影响效应的研究有待深入。

表2-5　　工作倦怠多视角成因机理汇总

研究视角	机理描述	影响效应		文献来源及其研究对象
工作需求—资源	个人从组织和社会中所获取的工作资源与工作需求长期无法匹配时，产生工作倦怠	• 工作任务量（+）	• 绩效考核（-）	Lee（2014），空乘[83]；李乃文（2018），制造业企业员工[84]
		• 组织变革（+）	• 学习机会（-）	Riolli（2006），工程师[85]；徐梦蝶等（2019），高科技新能源公司的员工[86]
		• 情绪智力（+）	• 决策参与（-）	Fabio（2019），大学生[87]；张兰霞等（2020），知识型员工[88]
		• 人际矛盾（+）	• 组织干预（-）	Gnül（2014），服务员[89]；佟瑞鹏（2020），建筑业工人[90]
		• 暴力经历（+）	• 工作重塑（-）	Heather（2012），护士；金国敏等（2019），精神专科医院护士[92]
角色压力	角色冲突，角色模糊和角色超载问题给个体带来的压力，继而导致工作倦怠	• 角色冲突（+）		Leiter（1988），服务员[93]；王成军（2018），物业员工[94]
		• 角色模糊（+）		Kahn（1964），服务员[95]；徐洋洋（2021），企业员工[96]
		• 角色压力超载（+）		Bowen（2014），土木工程师及施工经理[97]；郑建君（2016），基层公务员[98]

续表

研究视角	机理描述	影响效应	文献来源及其研究对象
个体认知	个人认知差异导致的工作倦怠，反映出不同的生理和心理状态	• 价值观（-）	Larson（2006），制造业员工[99]；包元杰等（2016），医院工作人员[100]
		• 组织公平感（-）	Wang（2009），教师[101]；颜爱民（2016），新生代员工[102]
		• 政治知觉（+）	Jawahar（2007），技术员工[103]；张军成等（2013），制造业的研发人员[104]
		• 公共服务（+）	林琼等（2018），公务员[105]；Tan（2020），保健工作者[106]
人格特质	性格差异和心理承受能力的不同使得个体工作状态有所差异	• 大五人格（神经质+、外向性-）	Cano - García（2005），教师[107]；王莉（2015），矿工[108]
		• 自尊（-）	李永鑫等（2007），教师[9]；Kalus（2017），面部美容手术医生[109]
		• 智商（-）	Cofer（2018），外科主管大夫[110]；辛杰等（2015），企业管理者[111]
		• 强迫症-完美主义（+）	Zhang（2007），大学生[112]；于维娜等（2020），导师[113]

2.3.3 影响因素分类汇总

工作倦怠受到多方面因素的影响，借鉴 Maslach 对工作倦怠影响因素的分类，并结合已有文献对工作倦怠影响因素进行探讨，本书从个体特征因素、工作特征因素、职业特征因素和组织特征因素以及环境特征因素对工作倦怠的影响因素进行分类述评。

（1）个体特征因素（人口统计学与人格特质）。

从个体的角度出发，影响工作倦怠的因素分为：人口统计学特征，如年龄、性别等，人格特质，如自尊、乐观等。国外学者 Pedersen 等人的研究发现，在医疗行业的医护人员中，全科医生的耗竭感知较显著，并验证了医生性别与年龄是工作倦怠产生的影响因素之一，但医生的工作倦怠并不一定是患者多病的原因[114]。Ramos 等人的研究表明，由于需求、能力和动机随着年龄的变化可能产生波动，具有高工作年限的年轻工作者尤其容易受到工作要求和某些工作资源的缺乏的影响，拥有管理职位的年长员工更有弹性，因此较为年轻的工作者容易产生工作倦怠[115]。研究人口统计学特征对工作倦怠的影响时发现，女性的工作倦怠感显著高于男性，在公务员群体中，31～41 岁年龄阶段的公务员工作倦怠水平较高[116]。阎光才的研究指出，在高等学校教师群体中，面临“中年危机”的学术型教师产生工作倦怠的症状更为显著[117]。王亚群等人从社会结构和性别的角度出发，表明高校辅导员中女性的工作倦怠频发率远高于男性[118]。

个人的人格特质会影响到自身对情绪的调节，因此带来对工作倦怠的感知。Parkes 等人的研究指出，人格特质与工作压力之间呈现出显著的相关关系，因此表明个体的应对方式在人格特质和压力感知中起到调节的作用效果，继而通过压力知觉影响工作倦怠，抑制负面情绪带给个人的消极状态[119]。Shinn 等人认为，个体人格特质所带来对压力的调节效果，是唤起个人正面、积极情绪的重要应激因素，从而缓解工作倦怠所表现出的情绪耗竭状态[120]。Bolger 和 Zuckerman 的研究指出，人格特质对工作压力的产生带来一定的影响，从而引发个体心理应激，让个体产生对压力感知的不同应对倾向，是引发工作倦怠的重要因素[121]。我国学者李永鑫等对教师的工作倦怠研究时发现，个体自尊水平的差异导致不同压力知觉的感知，带来不同程度的工作投入效果，是导致工作倦怠的重要因素之一[6]。王莉对矿工的工作倦怠研究表明，个体大五人格的差异，会让员工对压力的可承受能力发生变化，继而影响心理、生理对压力的调节[108]。

（2）工作特征因素（个体心理状态）。

Hackman 和 Lawler 的研究建立了工作特征的理论框架，建立能多样性

(Skill Variety)、工作完整性 (Task Identity)、任务重要性 (Task Significance)、自主性 (Autonomy)、反馈性 (Feecback) 的五因子模型，反映员工对工作意义的知觉、对工作价值的责任感和工作活动结果的认知三种心理状态，进一步对个体工作投入、工作满意程度以及工作效率带来影响[108]。随着知识经济、技术创新的大环境变化，客户需求的提升为员工的技能所需提出了更高的要求，因此员工心理状态也会随之变化[89]。李晓艳的研究指出，工作特征随时间而带来的变化会对员工的心理资本带来潜移默化的影响，心理资本对情绪劳动中个体的被动行为和主动行为有正向影响的作用效果，因此可以通过心理资本干预个体的行为来缓解工作倦怠的工作状态[7]。邓明明等人研究矿工的不良工作状态，以矿工的工作特征为背景，证实了异常心理、工作倦怠与事故发生之间的相关性[7]。严瑞丽等人的研究表明，工作任务的不确定性会对个体工作投入程度带来心理状态变化的影响，心理资本可以调节工作控制个体的消极倦怠行为，为内部创业提供管理意见[123]。

(3) 工作岗位特征因素（所属行业分类）。

个体带来心理状态的变化可能是由于所属行业的岗位所给予的，而职业特征侧重点在于员工所从事行业对自身工作倦怠感知的差异，也就是说，即使个体处于相同工作特征水平，职业与行业的不同所带来的工作倦怠感知也存在差异。Kokkino 在前人研究的基础上，将研究对象设定为小学教师，证实除了高校教师外，小学教师在管理学生以及自身教学工作过程中的工作倦怠状况，完善了对小学教师工作倦怠的测量[124]。Pedersen 等的研究在医疗行业领域，验证医护人员长期高强度的工作中情感的耗竭、人格的解体，最终呈现低职业效能感的工作倦怠[114]。王燕研究证实，在相同控制条件下，不同行业如企业员工、教师、医务工作者、公务员等个体所表现出的工作倦怠水平程度有所差异[125]。马倩的研究证实，在“80 后”的工作群体中，职业类型不同使个体工作倦怠感知存在一定的差异[126]。

(4) 组织特征因素（组织公平与领导者管理方式）。

从组织/企业的角度出发，探讨工作倦怠的影响因素，包括领导者的管理方式、组织文化、组织氛围、组织关系以及组织架构等特征因素。

Maslach 认为，组织公平是影响工作倦怠的主要因素，并进行了实证研究[12]。Whitehead 研究证实组织公平与工作满意程度之间的关系，分析员工的工作满意度、角色冲突和角色明晰的态度，并证实组织公平是影响工作倦怠的重要因素[128]。Schaufeli 等人以公平认知为介导，证实公平在需求与资源中对工作的调节效果，延展了该模型，证实了组织公平对工作倦怠的影响作用[23]。叶宝娟等人对农村幼儿教师的工作倦怠研究中指出，组织公平是影响工作倦怠的直接因素，为缓解这一状态，通过心理授权部分中介了组织公平感与职业倦怠之间的关系，并通过家庭支持调节组织公平与工作倦怠的路径[129]。

（5）环境特征因素（社会环境与支持状态）。

从环境特征因素探讨工作倦怠的影响因素，既包括社会支持的环境，也包括家庭支持、领导支持和同伴支持。Lambert 等人的研究指出，社会支持对工作倦怠的三个维度均产生不同程度的影响，并且社会支持各维度对工作倦怠的影响程度并不能统一，因此需要发展不同形式的社会支持对工作倦怠各维度进行调节[130]。石长慧研究研发人员的工作倦怠时发现，社会环境的支持状态能够调节研发人员对工作压力的感知，缓解情绪耗竭带来的倦怠状态。谢正立等对融合教育的教师职业压力、社会支持和工作倦怠的关系进行梳理时发现，社会支持能够在职业压力和工作倦怠之间起到中介的作用[131]。

2.3.4 研究评述

现有研究整体来看，反映出对工作应激源、工作应激以及工作应激反应三者关系的研究较为集中。但是，在解构科研人员的工作倦怠成因机理上还缺乏从个体、职业、组织及社会等多方位综合视角的系统性研究方式，缺少组织公平的分析视角，对员工职业健康的关注较为肤浅，对工作倦怠所引发的危机不够重视，对工作倦怠的研究有待进一步的深化。

第一，Bowen 等对南非的咨询工程师开展调研，应用 JD - C 模型分析应激源与应激的作用机理[131]；Leung 等对香港成本工程师开展工作应激源、工作应激以及工作绩效之间的影响路径和作用强度的研究，证实工作应激对工作满意程度的影响效果[132-134]。从短期压力源产生的工作资源与个体能力不匹配的研究视角出发，考虑情绪知觉的反应。这与本书展示出的长期工作压力导致工作倦怠状态所研究的关键科学问题有显著差别。

第二，从长期工作压力强度来看，压力源的长期积累给人体带来生理和心理的疲惫，使自身调节反馈机制时刻处于高负荷运转的状态[135]。由于过度兴奋和精神紧张的反馈机制无法控制，导致长此以往下的心理资源与生理资源的消耗，最终表现出身心俱疲的倦怠状态，相对于突发性事件如自然灾害、意外事故等事件带来的影响更为严重。基于此，工作倦怠作为反映长期压力的核心指标，越来越受到学术界的关注，特别是对于无法避免长期工作压力的科研行业而言，针对从业者的研究可以丰富工作倦怠的理论与应用范围。

第三，工作需求和个人能力的失衡是导致工作应激反应的重要因素，因此短期、独立的工作应激源如加班时间过长、阶段性任务考核等影响时间较短的短时反应的成因理论进行调适。不可忽略的是，日积月累的工作压力导致员工的身心疲惫并处于衰弱的病态，是诱发员工高离职率、低职业承诺感等组织行为，降低个人幸福感带来工作与家庭的冲突、社会疏离等现象的根源，更有甚者可能会改变员工自我认知评价，如自我效能感知的改变或自信水平的变化等，这些根深蒂固的影响和改变很难在短时间内恢复如初，尤其是无法避免长期工作压力的科研人员这类职业群体而言，更有必要对其进行全面、深入解析[136]。

第四，对中国科研行业从业人员——科研人员工作倦怠的情绪表达以及行为表现和作用机理的研究较少。社会经济发展条件、企业组织环境以及科研建设模式等是我国科研人员群体针对工作倦怠状况分析时需要考虑的因素，因此，从实际情况出发研究我国科研人员的工作倦怠，对提升科研绩效、保障个人职业健康是十分有必要的。

2.4 工作投入的管控

2.4.1 个体管理

（1）认知系统管理。

从个体认知的角度出发，将个人认知功能作为工作倦怠与工作绩效的中介变量，也就是说，工作投入不足会导致员工个体难以集中注意力工作，并伴随记忆力衰退等认知功能受损的状态，从而影响个人的工作绩效。从该角度认为，慢性工作压力导致员工在长期高压环境下生理和心理的负担过重，其身心俱疲的亚健康状态是导致认知受损的主要原因。个体认知系统（Cognitive System）分为三个方面：执行系统（Executive System）、注意力系统（Attentional System）和记忆系统（Memory System），这些系统相互独立，但一旦其中每个子系统的功能受损都会与工作倦怠产生显著的相关关系[137,138]。从维持认知系统秩序的执行子系统角度来看，调节认知功能的流程，保障个体认知系统的运转有序。从发挥基础性作用效果的工作记忆系统角度来看，关注记忆力、注意力与认知系统之间的关系，将复杂任务模式下短期信息存储和处理视为己任，并进行个体认知的分离[139]。首先，涉及中央执行系统（Central Executive），其作用在于控制注意力的集中；其次，语音循环系统（Phonological Loop），其作用在于控制语言信息的处理；再次，视觉暂存空间系统（Visuospatial sketchpad），其作用在于控制视觉和空间状态信息；最后，情节缓冲系统（Episodic Buffer），其作用在于与长期记忆系统进行联系时的临时接口[140]。各系统之间表现出相互影响又相互独立的存在，若执行功能和注意力不集中，则会使中央执行系统出现功能性障碍，继而导致非语言记忆的受损，引发视觉暂存空间系统的损坏，因此带来语言记忆混乱、语音循环系统紊乱[141]。长此以往，记忆的损伤则会引发情节缓冲系统受损。

显而易见，虽然个体工作记忆系统中的各子系统均与工作倦怠相关联，但工作倦怠并不会导致每一个子系统同时受损。通常来说，工作倦怠首先会对中央执行系统的功能带来威胁，继而引发其他系统的功能障碍，但受损程度低于中央执行系统。Deligkaris 等研究工作任务对个体执行控制系统的复杂关系时指出，基于资源保存理论可以推测出情绪枯竭与执行功能受损之间存在显著的相关性[138]。通过补充个人情感资源的缺失，缓和自身人格解体和工作效率低下的状态而导致的个体精神状态疲劳，提升个体对工作的注意力，通过个体的认知功能在工作倦怠与工作绩效中起到中介的作用效果，缓和工作倦怠状态，提升工作效率水平，减少工作倦怠的工作状态。

（2）抑郁症状管理。

倦怠和抑郁的概念总是被混为一谈，有研究认为两者在临床表现以及理论基础存在高度相似的重叠，工作倦怠中的情感耗竭与抑郁症的身心疲乏（Fatigue）、精力耗费（Loss of Energy）、情绪失落（Depresses Mood）等临床状态较为相似[142]。Bianchi 等人的研究证实，员工工作倦怠的状态与抑郁症的临床表现较为相似，初步判断出工作倦怠的内涵与临床表现为多元化抑郁症的交叉融合[143]。也有诸多实证研究验证了工作倦怠与抑郁症之间存在显著的相关性[144-146]。因此，对个人进行情绪管理时将抑郁情绪的管理作为工作倦怠的一部分，关注个体工作中抑郁状态，从临床表现上降低个体抑郁的概率，减少工作倦怠诱发的可能性。

（3）自我效能（Self-Efficacy）管理。

在工作压力的环境下，自我效能感体现出个体对工作任务是否胜任的自信感判断。从工作倦怠的研究中发现，除了外界压力、工作环境会给个体带来消极影响之外，个体的人格特质所表现得乐观、自我效能感等也是造成工作倦怠的重要因素[144-146]。从具体的管理实践中可以看出，环境变量与个体客观的差异难以人为更改，但个体的自我效能感等主观变量易受到外界的调节或影响[148]，因此，众多学者从个体因素入手，找寻干预工作倦怠的切入点。自我效能—倦怠理论的前提在于自我效能感在一定程度上能够决定工作倦怠的强度，当自我效能感较低时，个体表现出的悲观情绪大于乐观态度，则会使个体工作中产生倦怠感[149]。

此外，明确了自我效能感与自我成就感在测量上的差别。自我效能感是基于预期与技术特征的测试，如个体如何通过自身的技能实现某些行为的推测；自我成就感的测试是对过去的活动结果的评价或个体特征的体现，如在参加完某项活动后表现出的愉悦与自信的感受[149]。采用自我效能感的管理是对工作倦怠研究的进一步深入，Blecharz 等人的研究也证实了自我效能感能够加快个体缓解外界压力带来的倦怠状态，并对自身消极情绪进行调节的作用效果[151]。

2.4.2 组织管理

（1）沉浸（Immersion）状态管理。

沉浸最早由 Csiksze ntmihalyi 提出，并定义为在某种活动进行时个体的完全投入状态。个体集中注意力专注于做某项事务的主要影响因素有三点：第一，工作任务与个人技能的平衡。个人认为自己可以完全胜任并完成任务，若出现个人工作技能不足，则会导致员工无法完成工作目标并带来压力；若工作任务单调简单且枯燥，则会导致员工对工作丧失挑战并产生倦怠。第二，个人做到全身心的投入（Total Immersion）。第三，个体从工作任务的刺激中（Intrinsic Motivation）获得的愉悦感，这种快感并未受到外界奖励的影响[152]。Bakker 等人认为，个体在工作中完全投入的心理体验作为沉浸的定义，表现出专注（Work Absorption）、享受工作（Work Enjoyment）和内部工作动机（Intrinsic Work Motivation）的行为状态[153,154]。并且，沉浸于工作有利于个体专注能力的提升，缓解工作倦怠的症状，因此证实工作倦怠中的情感耗竭与工作沉浸呈现出显著的负相关关系[155]。

（2）正念（Mindlfulness）意识管理。

从佛学的角度出发，关注个体思维从无意识（Mindless）到有意识（Mindful）的转变，是近年来对倦怠理论的多视角内涵的扩大[156]。通过对个体的正念饮食、正念沉思等正念训练后发现，个体通过有意识的觉察[157]。目前的工作状态并不是审判或夸大情绪，而是能让个体集中注意力发现认知[158]。Cohen - Katz、Moody 等最早关注正念与工作倦怠关系，并验证了八周正念治疗后的基层医护人员工作倦怠症状有效减轻的研究结论[159,160]。而后，Goodman 等人的研究证实，医疗行业的医生、护士以及社会工作者在接受正念治疗后，能有效缓解工作倦怠[161]；Bazarko 等通过集体电话会议的员工管理方式，有效缓解组织员工的工作倦怠状态[162]。因此，正念管理能有效改善个体负面情绪，让管理层实现对个体员工压力的有效管理。

（3）公平（Fair）环境管理。

公平的工作环境是员工工作幸福感提升的重要因素之一。Maslach 研究工作倦怠时就强调了公平感知与工作倦怠之间的高度相关性[163]。叶宝娟等人研究证实，农村幼儿教师的组织公平感知与工作倦怠呈现出显著的相关关系，在心理授权的中介作用以及家庭支持的调节作用下，能够缓解倦怠的消极工作状态[129]。李超平、时勘长期的研究表明，分配公平、程序公平对工作倦怠有较强的预测作用，证实了企业员工的工作倦怠与组织公平之间的影响效果[25]。因此，强化组织公平环境的营造，为员工提供较为公正、公平的工作环境和氛围，在一定程度上可以缓解工作人员的负面情绪，提升组织认同感和职业幸福感。

2.4.3 研究评述

现有研究从个体管理和组织管理两个角度研究员工的工作投入管控策略。从个体角度来看，调节个体对工作的认知、及时管控临床表现出的抑郁情绪、提升自我效能形态感知等。从组织角度来看，从沉浸意识管理、正念意识管理以及公平环境管理出发，实现管理层对员工负性状态的管控。

虽然已有研究证实当前个体管控和组织管控措施的有效性，但对于科研人员工作倦怠的研究并未提出符合当前背景下的管控方案。并且，在个体管理中缺乏对人员心理的疏导以及行为传播带来的风险管理。在组织管理中虽然重视了公平管理对员工的影响，但忽视了外部的激励措施可能会对倦怠员工转型的作用效果。整体来看，对科研人员工作投入的管控研究有待进一步深化。

2.5 本章小结

首先，本章对文献的梳理和归纳，阐明以科研人员为研究对象的定义和工作特征，对工作倦怠的动静态概念加以区分；其次，整理所需的理论知识，包括工作资源—需求理论、资源保存理论、付出—回馈失衡理论等；再次，探索工作倦怠的测量方式，并对工作倦怠的前因变量的分类和现状加以总结；最后，基于以上文献综述对当前研究现状评述分析，提出现有研究的局限性，为本书的研究方向和内容奠定了基础。

第 3 章

科研人员工作投入诱发机理理论框架与研究假设

本章基于第 2 章的文献综述与理论基础，在对科研人员工作投入表征因素及理论模型分析的基础上，设计本书核心的理论框架结构；科研人员工作投入影响机理的理论框架，对框架的设计依据、逻辑构造、访谈纲要、各因素间复杂的关联性、基本假设进行分析。本章所提出的理论框架是后续章节的研究基础。

3.1 科研人员工作投入的表征因素

工作投入不足作为一种消极状态，往往受到诸多因素的影响以及外界环境的干扰。在科研工作进行的过程中，这种即时情绪表现所带来的消极状态会对科研项目和成果的进程带来负面影响，但在实际工作过程中，即时情绪受到多方面因素的影响。通过文献梳理发现，个体因素和环境因素是影响科研工作人员工作倦怠的主要原因[164]。代丽芳将员工消极情绪的来源归纳为组织、工作、个人三个方面[165]。栗继祖指出，员工情绪应激状态的影响来源于：环境、工作、组织、个性四个方面因素的影响[166]。随着社会文化的发展以及意识形态水平的提升，我国科研工作者所面临的环境发生了变化，不仅仅是组织环境，还包括工作满意程度[87]、职业紧张[167]、人际关系[16]等。大多对于工作倦怠的研究集中于对消极态度和负性症状表现特征的理解，由于消极情绪的泛滥，导致积极情绪的缺乏，情绪障碍与倦怠导致个人无法迸发创新的火花，思考呆滞或是固执己见甚至偏激，从而影响工作进程。但忽视了员工自身心理和生理机能的耗竭则加剧员工压抑、焦虑、无助、沮丧甚至否定、悲观等离散情绪，而这些症状所导致的情感耗竭、去人格化以及低成就感又反之加剧其他症状。

本书以科研人员为对象进行工作投入的研究，吸取以往研究截面数据规模较小，异质性特征的体现并不明显，系统性的监测趋势研究缺乏等不足。有针对性地对科研人员的情绪心理进行研究，为科研人员自身情绪的调节控制提供路径规划。因此，可从工作角色和科研人员特点两个方面分析工作倦怠的影响因素。

一方面，对科研工作的特征进行分析。我国面临百年之未有的大变局和“十四五”的开局之年的时代背景，科学研究工作难度增大，要求激发人才创造活力等目标应运而生，为了满足人民对美好生活的向往，科技创新的关注程度越来越高。第四次全国科技工作者状况调查报告指出，目前我国科技工作者工作时间较长、工作强度较高，科研工作者面对外部压力、高强度的脑力劳动、长期无休止的工作任务、绩效考核的硬性标准、自身工作中角色模糊或是角色冲突的失调等状况，都增加了科研人员的心理压力，其心理健康状况不容乐观[168]。AET 指出，员工工作态度和行为的变化受到情感的影响，而稳定的工作状态会对员工工作情绪带来影响[169]。科研的创新是具有挑战性的，要求从业人员具有强大的心理承受力和适应性。

另一方面，对科研人员自身特点进行分析，从个人因素和社会因素两个方面来看，首先，科研人员作为高学历技术人才，文化素养水平高，工作业务能力较专业，对于脑力劳动的付出所要求的回报也较高，其人际交往能力、情绪智力水平、性格特征等会对个人及团队创造力工作带来不同程度的影响，创新创造的过程是一个长期、协作、共担、共享资源的过程，因此，对社会支持的需求更为迫切，有意识的心理需要程度较高。其次，对科研工作人员有所需求的对象层次较高，秉承付出与回报平衡的心理需求，科研工作者往往被期许高质量的生活和办公标准。这种双向支持一方面是组织和领导的支持，另一方面是情感支持、工具支持和工作指向[170]。科学研究工作需要夫妻、子女的鼓励和认可，与家庭成员的和谐相处会减少科研工作人员的心理压力，工作家庭平衡的家庭支持型主管行为（Family - supportive Supervisor Behaviors）指出，有效平和工作与家庭之间的协调，有利于提升员工的家庭生活质量、减缓员工的工作家庭冲突、促进员工的任务绩效等。

综上所述，本书将科研人员工作投入的影响因素归结为：工作因素、环境因素、组织因素和个人因素这四个方面，如图3-1所示。情绪认知理论指出，情绪是应激状态的反应，这种应激状态的产生不单单是单纯个人情绪的体现，还表现出自身资源对整体威胁程度的评价结果。因此，哪怕面临相同任务以及工作环境，但科研人员的差异性所表现出对工作的态度有所差异。将工作应激的因素划分为工作、环境、组织三个方面。其中，工作因素使用压力知觉感知量表进行量化，环境因素考虑社会支持量表进行量化，组织因素使用组织公平感量表进行量化。对于个人因素而言既包括个体特质又包含感知资源，个体特质使用心理资本量表进行考量，感知资源参考社会支持测试进行量化。

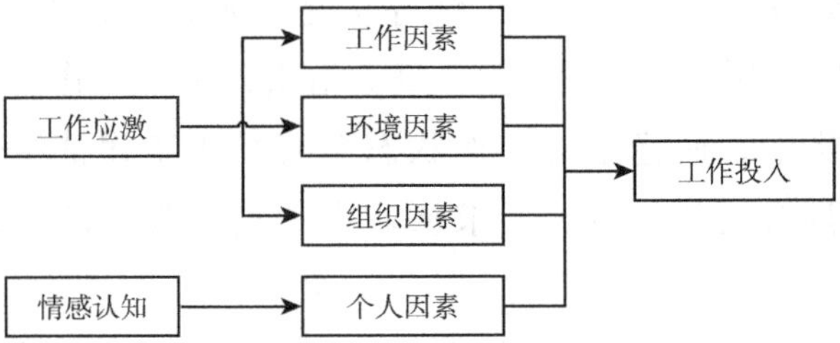

图3-1　科研人员工作投入的影响因素分类

3.1.1　组织公平对工作投入的作用分析

通过焦点小组（Focus Group）的访谈方式对科研人员的工作倦怠作用机制进行探索，科研对象根据自身经历和经验描述科研工作组织公平感知后的状态变化，初步确定组织公平对不同科研人员的压力感知后工作倦怠的状态。

（1）访谈设计。

所选访谈对象满足以下几点要求：第一，科研工作者从事一线工作至少三年以上；第二，科研机构类型多样化，涉及领域多样化，如专业研究所、企业研发部门、医疗科研项目团队等；第三，能清晰、有条理地描述自身科研过程中的情绪感知。

访谈中主持人语调平和而谦逊，站在科研人员的角度思考问题并提出质疑，缓解受调者的紧张、拘束感，以获取真实的工作情绪感知。交流的过程中以提纲为辅，随机应变，适时调整，少说多听，通过访谈纲要的引导，获取真实有效的访谈结果反馈。其大致流程分为三步：第一，主持人描述组织公平感和工作倦怠的维度，通俗易懂地介绍专有名词的概念；第二，与科研工作者交流近期工作中公平事件出现后的压力知觉以及个人工作状态；第三，引导科研人员回忆工作经历，访谈对象描述自身科研工作的公平感以及情绪的动态变化。

（2）访谈结果。

根据访谈及文献整理，将组织公平感对科研人员带来的压力源进行汇总，如表 3－1 所示，有四十多种来源于组织公平感的压力，对科研人员的工作状态和身心健康带来不同程度的影响。

表 3－1　组织公平感对科研人员带来的压力源汇总

序号	具体原因
1	晋升制度是公平的
2	评定晋升的过程中，领导所给予的评价是公平的
3	工资能与级别、岗位挂钩
4	以办公会、工作会、民主会等形式反映问题
5	公司领导和同事会在我需要的时候提供支持及帮助
6	企业对科研人员奖励机制不明确
7	单位按时按量发放薪酬
8	科研工作氛围比较公平
9	公司的工资指导意见较市场不公平
10	各项目间的奖金评定及发放不公开
11	收入与对科研工作的付出不成比例
12	企业考核科研项目绩效的过程公平
13	缺乏培训机会

续表

序号	具体原因	序号	具体原因
14	科研项目重大事项的决策权与所承担的责任不对等	27	领导评价是客观的
		28	“大锅饭”现象
15	领导有个人偏好或偏见	29	同事间、组织团队内部公平
16	科研项目内部同级不同岗的同事工资差别不大	30	加班有补贴与提成
		31	企业提供的培训机会较为公平
17	政治待遇（劳模、先进）较公平	32	对科研项目绩效考核有章可循
18	企业的奖励与惩罚是公开透明	33	企业的分配依据是可量化的
19	公司提供物质资源及人员配备等方面的不公平	34	地域补助不公平
		35	每人信息获取机会、应用机会和获取的能力较公平
20	科研项目内部分配是公平的，与外面比就不公平	36	科研项目奖励承诺兑现时间长
21	科研人员拥有的权力与责任对等	37	企业惩罚制度严格但是执行力度又不够
22	科研人员需要维护复杂的社会关系		
23	企业分配与科研项目的利润分成无章可循	38	申报奖项但是没有物质奖励
		39	补贴津贴、技术补贴较公平
24	企业与科研项目的盈利分成不公平	40	科研工作成果与职位、岗位、职称之比是公平的
25	科研项目绩效考核标准不考虑特殊项目的情况	41	不同科研岗位所掌握的信息内容不一样
26	领导对每个科研人员工作情况有有效的了解渠道	42	领导的选人用人制度相对合理

通过访谈沟通以及文献整理，本书将科研工作人员工作中由于组织公平感引起压力知觉的应激反应进行汇总后，对组织公平事件分为四个方面进行归纳整理，程序公平、人际公平、信息公平、分配公平容易引起工作倦怠的负面情绪确定为：急躁、抱怨、焦虑、厌烦、紧张、抵触、失落、疲劳、抑郁、愤怒。

急躁：急迫的心理状态是科研人员在漫长科学研究过程中产生的情绪。科研过程困难重重、项目进展瓶颈期过长、不理想的实验结果、收尾工作进展缓慢等状况的出现，在组织公平氛围的环境下，对公平的感知状态都可能会给科研工作者带来急躁的情绪体验。例如，科研人员在进行信息数据共享时，信息不公导致数据收集仍有缺失，这时候如果科研工作者表现急躁，耽误这部分的时间就会造成后续工作不能按时进展，整个工期无限延长，这时科研人员之间会表现出强烈不满的情绪。这种急躁的情绪会造成员工的情感耗竭，日积月累成为倦怠的负面状态。

抱怨：对人或者工作进展不顺利时产生的各种不满的情绪，使科研工作人员面临失控状态。由于分配的公平问题、程序运行的公平状态以及人员评价是否公平或信息匹配不公平等问题造成的长时间产生抱怨的情绪，就会让科研人员大脑肌肉保持消极情绪，从而引发倦怠。当科研工作者长期处于绩效考核压力、付出收入不均衡、人际关系应酬等方面的问题时，就会对同事、领导甚至家人抱怨工作，长此以往，积劳成疾，造成心理和生理疾病。

焦虑：当科研工作者受到公平状况的威胁时，表现出不安、担心的焦虑状态，这种威胁可能是缺乏培训晋升的机会、可能是科研成果应用转化的预期的考核等。例如，科研工作者焦虑情绪的产生是因为长期加班工作，在工作中可能会造成拖延、注意力分散等情况，因此并未达到理想绩效考核的标准，但此时感知的付出与收益偏差过大，从而表现出焦虑的情绪。

厌烦：对人或者事物反感，是科研人员心理耗竭的体现。超负荷的脑力劳动让科研工作者长期处于疲惫的生理及心理状态，此时面对工资福利津贴分配不公、自身努力得不到回报等状况会导致厌烦情绪的滋生。

紧张：当个人受到外界刺激时所表现出精神和身体的强烈反应。在公平效应的刺激下，科研人员工作过程中对科研成果的付出与所得回报之间的福利或奖励分配不公、领导与同事之间的人际评价不公等，都会导致科研人员在工作过程中产生高度紧张的心理反应，从而导致行为动机下降。

抵触：逆反心理在科研过程中比较普遍，科学研究需要钻研，但不代表一意孤行、固执己见，尤其是在科研人员感知到组织中存在一些不公平事件的影响后。例如，某水利研究所在水保治理、水土保持方案规划的过程中，出现意见不统一的局面，但组织进行筛选的过程中考虑企业利益或相关者利益等因素并未采纳某科研项目的意见，可能会滋生员工的逆反心理。

失落：科研过程由于自身感知的组织公平从而促生失落情绪，表现为低职业成就感的现象发生频率和概率极高。组织激励措施的不公平或不完善所带来分配不公，在激励政策推行过程中感受到的程序不公等问题，这就使科研人员面对前期付出而得不到预期回报时形成失落感，工作热情减退。

疲劳：作为疲乏无力状态的释义，工作压力过大带来的疲劳感在科研人员当中相当高发。高强度的脑力工作需要大脑每时每刻地高速运转，而科学研发的过程也是谨慎、细心、不容出错的。即便如此，组织不公平所带来的如分配不公、承诺的奖励并未及时兑现等事件带来的疲劳感知不容忽视。

抑郁：作为心理障碍的主要类型，抑郁在科研人员中的高发率不容忽视。面对组织不公平事件后，科研工作者长时间的心情低落、认知障碍、悲观绝望都会造成抑郁情绪的发生。例如，科研工作中因领导对自己和同事的偏见而产生的人际不公感知；研发中的信息资源分配不公导致研究成果的误差过大等都是造成抑郁的原因。

愤怒：科研人员在看到自身希望与现实状况相悖时，受到自身情绪的干扰可能愤怒的情绪用不满、生气、恼火等表现出来。科研人员工作中受到组织不公平待遇时，难免会产生这种情绪状态。例如，科研人员因为工作分配或薪资分配不公等问题而感知到强烈的不公待遇，出现伺机反抗的发火状态，引发情感耗竭等消极倦怠行为。

基于访谈所得到的情绪表述总结汇总如图 3 – 2 所示，出于共性和个性的考虑，还有一些可能引起倦怠的情绪并未一一显示。通过组织公平的相关访谈所得的情感描述为引发工作倦怠路径提供来源，由于个体认知差异导致对外部压力感知引发负面情绪，继而形成工作倦怠的发展过程，由此可造成规划失误、计划失败、实验误差过大甚至人员伤亡，造成不可挽回、不堪设想的后果。

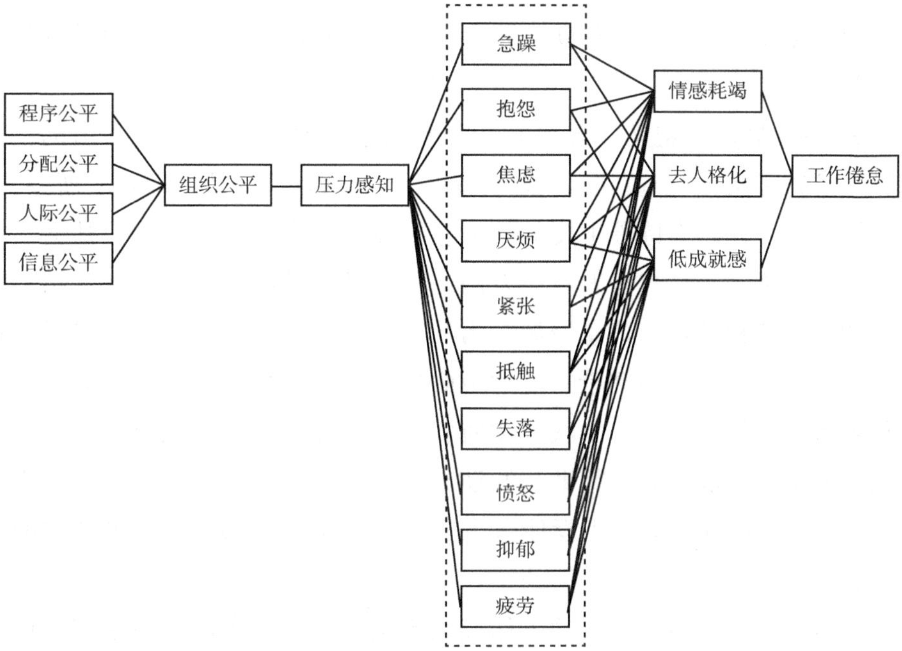

图3-2 情绪表述总结汇总

3.1.2 社会支持对工作投入的作用分析

社会学家 Durkheim 在 1951 年提及社会支持一词，他在《自杀论》中指出，维系社会关系离不开社会支持，一旦社会支持程度有所降低，该社会中自杀率提升的概率将大幅增加[171]。Caplan 认为，社会支持系统是一个可持续发展的调节协同系统，是可持续的社会聚合能力能否帮助个人调节自身面对压力时的状态[171]。Payne 和 Fletcher 研究认为，支持、需求与约束模型 Demand - Supports - Constraints Model 的引导下，社会支持和认知资源的限制会导致应激反应的发生[173]。Lee 和 Ashfoth 的研究进一步证实，缺乏社会支持的员工在工作中更易产生工作倦怠情绪[20]。个人在工作过程中产生的倦怠情绪会对组织带来消极的影响，组织的负面结果反之对个人带来负性情绪的加剧，使科研工作人员对工作产生沮丧、挫败感知、疲倦，失去工作的动力来源[153]。学者们的研究发现，社会支持对于员工压力应激起到了缓冲作用，不同角度对社会支持的内涵进行延伸，受到学者们的广泛关注。

表 3 - 2 展示了定义社会支持随时间的演进变化，研究学者从事的范畴差异、研究对象存在差别或是研究目的不同，对社会支持的理解有所差异，但整体来看，社会支持最主要的特征包括以下三个方面：首先，社会支持是一种个人感知，是维持人际关系网络的条件；其次，社会支持是精神资源和物质资源相结合的信息资源，为社会功能的完善提供动能；最后，社会支持是保护个人身心健康、缓冲负面情绪的有力保障。因此，对于科研工作者来说，从社会支持中获取物质资源、精神资源等信息资源，并从人际关系网络中获取关心、帮助、鼓励与尊重，以此释放在高强度工作中所产生的压力，继而从心理上摆脱倦怠等负面情绪的威胁。从积极情绪的角度来看，社会支持为科研人员的工作倦怠感知提供了情感支持和正能量的输入，缓解由于压力而导致的工作投入不足的产生。从社会关系网络体系的角度出发，结合当今科研人员的主要人际关系网络，理解科研人员的工作是分工协作的过程，是团队共同协调共享的结果。

表 3 - 2　社会支持概念的演进汇总

研究学者	内涵定义
Cassel & Cobb（1976）[174,175]	社会支持是信息的整合
Raschke（1977）[176]	社会支持是人们感受到的来自他人的关心和支持
Cohen & Wills（1985）[177]	社会支持是保护人们免受压力事件不良影响的有益人际交往
Sarason（1987）[178]	社会支持是个人人格特质的感知结果
Wellman & Wortley（1990）[179]	社会支持是情感支持、小宗服务、大宗服务、经济支持和陪伴支持的汇总
Farmer（1997）[180]	社会支持是对个体行为、社会认知和价值观产生影响的社会交换过程
Demaray & Malecki（2003）[180]	社会支持是对社会网络支持的个人感知，对个人由于不利状况带来负面情绪进行缓冲
Atri（2006）[182]	社会支持是为个人释放压力提供精神资源和物质资源

续表

研究学者	内涵定义
Zerach（2019）[183]	社会支持是为学业相关的行为提供指导、帮助，树立明价值观，建立安全的、无威胁的情感支持人际关系
Leader（2021）[184]	社会支持是提升生活高质量的有利条件，是提供人际资源的有效途径，为完善社会功能提供动力

3.1.3 压力知觉对工作投入的作用分析

过度的工作压力是科研人员工作倦怠的前因性变量。日积月累的压力所给予科研人员的严重应激反映在工作投入不足情绪中，这种压力知觉感知于心理和生理，但个人不受控制产生了负面情绪。

知觉（Perception）是个体的感觉器官对外界事件和客体加工后，在人脑中受自身知识和经验的影响下，直接反应的支配行为的过程，经历辨认和识别、感觉和知觉组织三个阶段。这个过程中，个人由于经历和性格的差异，对知觉对象具体含义的赋予略有偏差。压力（Stress）是在个人身心受到威胁时紧张状态的应激反应。通过个体的内在体验，对外界的刺激产生认知和评价的过程，这种心理变化的产生，给个人的情绪带来紧张感、恐慌感甚至失去控制。

压力知觉（Perceived Stress）的产生是由于个体对外界刺激和不利因素的感知得到威胁的心理反应。个人在对外界刺激进行评估时表现出紧张、失控的情绪，是对客观压力事件感知的意识形态。Beck 的研究发现，压力知觉与心理健康存在显著相关性，所测量的压力知觉分值越高，个体所表现的沮丧症状越明显[185]。Skok 等人指出，压力知觉与社会支持、幸福感呈现显著相关，社会支持在一定程度上使个人在对压力知觉起到了缓冲的作用效果[186]。国内学者对压力知觉的研究逐步深入，江承晓指出，在同等心理健康预测力的情况下，主观压力比客观压力更能激发个体的压力知觉反应[187]。胡夏娟的研究显示，心理弹性与幸福感和压力知觉存在显著相关关系[188]。因此，本书结合国内外经验和杨廷忠学者的观点，认为科研人员在异质性特征的导向下，可以通过压力知觉的进程产生工作应激继而造成工作倦怠的负面情绪。

3.1.4　心理资本对工作投入的作用分析

西方经济学将资本分为物质资本（Physical Capital）和人力资本（Human Capital），历经时空和环境的发展变化，心理健康所涉及的领域已超出原有资本的范畴，因此心理资本应运而生。20 世纪二三十年代积极心理学出现，探索个体存在的积极因素，促使个体、群体、组织、社会管理的进步。Seligman 在研究积极心理学时提出“心理资本”（Psychological Capital Appreciation，PCA），将积极行为下心理资本的状态标注为超越人力资本和社会资本的关键心理因素，该心理资源的丰富有利于个体的发展和绩效的提升，延伸了积极心理学领域的研究范畴[189]。Luthans 将心理资本的研究应用领域不单单适用于人力资源管理和心理健康管理，扩大到组织管理领域，以期指导管理者对员工积极组织行为的心理了解并加以管理[190]。

不同学者所在研究领域的不同和出发视角的差异，对心理资本的理解可能有所偏差，并未达到统一标准。从“特质论”的角度来看，Hosen 认为，心理资本是个体通过学习、资本投入等投资方式使心理基础建设（Psychological Infrastructures）更为稳固、长久，包括个人认知、情绪交流品质以及人格倾向等因素[191]。从“状态论”的角度来看，心理资本作为一种心理状态，所反映的是个体对自我、工作以及伦理等的认知状态。Goldsmith[192]、Tettegah[193]的研究指出，心理资本的认知展示的是个人对待人生的信念及态度。Avolio 等人指出，心理资本作为积极心理状态，是引导个人工作绩效、提升工作幸福感的重要心态[194]。Luthans 的研究中指出，作为多种因素融合的综合体，心理资本表现出积极行为下因达到所期望的标准而表现出的主动、乐观心态[195]。从“综合论”的角度来看，心理资本的构成既包括特质又包括状态。Avolio 对心理资本的内涵进行探索，认为心理资本既可以通过措施进行干预其特质，又存在相对稳定的积极状态性[196]。Bandura 研究自我效能感[197]、Masten 研究复原力[198]等研究结论可以佐证其观点，但尚未形成统一答案，因此，对心理资本的定义仍然不确定并不断深化。

总结以上观点，将心理资本的属性和特点归纳为以下三点：首先，心理资本作为积极心理学范畴，是驾驭在人力资本和社会资本之上并且着重关注个人的积极组织行为学的一种心理状态；其次，对个体的心理资本进行投资与挖掘，可以发挥个人潜能，提升组织竞争优势，因此心理资本具有可投资和收益的属性；最后，心理资本所涵盖的范围较广，传递正能量的积极行为如工作投入、乐观、希望心理契约、忠诚等，都可以纳入心理资本的范畴。

从作用机理的角度出发，其分为主效应模型、缓冲系统模型和调节效应模型。

（1）主效应模型。

心理资本的相对独立状态是应用在个人、群体、组织发展必不可少的关键性因素，是对主效应模型（The Main Effect Model）的体现，也是促进可持续发展的重要力量。Avey 指出，心理资本与离职倾向具有直接相关联的关系，积极心理状态能够让个体提升对工作的满意程度和幸福感，从而有效降低离职率[199]；Larson 认为，复原力、乐观与希望是员工提升自我对工作满意度认知的重要途径，而心理资本的综合效应对个体感知进行影响，从而满足组织承诺与员工积极工作的幸福心理状态[99]；Luthans 认为，心理资本作为主流思想，是个体进步、组织发展的重要来源[200]。从主效应模型的范式中可以看出，个体所展示的积极心理状态会对员工情绪、行为带来影响，也会造成员工对组织认可、职业幸福感的判断，保持良好的心理资本，为组织提升绩效、提升个人发展能力提供支撑。

（2）缓冲系统模型。

缓冲系统模型（The Buffering System Model），将心理资本作为中介缓和刺激事件后个体对于压力的心理应激状态。在 1987 年 Anthony 认为，个体对外界应激的反应，表现在心理资本在缓冲系统模型作用下的缓解作用[201]；Cole 认为，主观满意程度是影响个人动机的重要因素，而心理资本作为中介变量，对个人的搜寻行为施加压力，达到缓释的作用效果[202]。

基于生态系统理论，缓冲效应模型的框架在1999年被Kumpfer完善，将其分为环境因素、心理资本属性以及作为中介的动态机制进行缓释[203]。基于环境特征，科研人员所面临的威胁性因素与保护性因素相互作用，作为中介的心理资本根据因素之间的均衡状态进行动态协调，此时的心理资本与威胁性因素之间便呈现出动态变化的过程。

（3）调节效应模型。

调节效应模型（Moderate Effect Model），心理资本的水平越高，会起到对其他变量的调节作用，使个体对工作的主观满意程度有所提升。2006年，Cole研究失业员工时指出，失业与再就业满意程度之间的关系可以通过心理资本的中介作用进行调节[202]。科研人员面对科学研究困境时，心理资本作为中介可调节科研人员的工作压力与消极情绪之间的关系，增强积极情绪的向导作用。心理资本的作用不仅与人格特质相关，还与组织管理、外部环境等因素也有密切的联系，因此，动态效应的变化有利于心理资本在时间和空间范围内进行动态演进，可能是心理资本与结果变量的阶段性变化，或阈限（Threshold）或相互关联的复合关系等。心理资本的作用机理仍然没有确定的结论，根据目前研究所关注的动态效应模型（Dynamic Effect Model）可以设想，心理资本与相关变量之间存在复杂的交互关系。

从以上的分析可以看出，目前心理资本的概念和属性在不同领域所带来的作用效果不尽相同，作用机理仍然没有特定结论，需要放在特定背景下进行深入研究。然而，科研人员工作长期处于复杂、高压的环境下，科研工作的过程中难免会有各种各样的瓶颈和困难，阻碍科研的进展，而心理资本程度越高，科研人员的负面情绪相对得到缓冲，保持良好心态和心理状态的可能性就越高。因此，本书将进一步探究科研人员的心理资本可能对工作投入不足产生的相关作用。

3.2 科研人员工作投入的研究假设

3.2.1 组织公平对工作投入的影响及作用假设

基于成因分析框架，当员工产生工作倦怠时，受到压力源和个人动机的影响，对工作需求有所降低形成损耗路径，或者员工在个人动机的作用下通过工作资源的增加，形成工作倦怠的增益路径。现有研究所关注的方向在压力知觉与倦怠之间存在中介效应，而对于科研人员的倦怠情绪反应诱因的研究并不明朗。科研人员的压力知觉感知并不仅是外界环境、组织氛围造成的，员工自身的调节能力、心理承受能力以及心理资本的自我决定力也是干预倦怠情绪的重要因素[211]。基于此，探究组织公平所能引发的工作倦怠情绪的作用效果，并提出假设。

Riolli 等研究指出，在组织变革的背景下，公平因素会激发个体倦怠情绪的产生从而带来离职倾向的发生[85]。Ybema 指出，公平的缺乏会导致个体对工作满意度的降低，激发倦怠情绪的高涨[212]。Matta 的研究指出，公平、情绪以及情绪调节是影响个人工作行为的重要因素，而情感事件理论也证实情绪的变化对反生产行为的形成有重要作用[213]。ERI 付出回报模型解释：员工在工作中压力来源于付出与回报的失衡，高投入高付出并没有得到相对应的奖励和回报。Gabris 对政府工作人员工作倦怠的研究中指出，该类人群认为分配公平和程序公平是引发倦怠的主要因素[214]。Quirk 认为，公平是导致倦怠发生的重要诱因[215]。国内学者李超平和时勘证实，分配公平和程序公平对工作倦怠的诱发起到预测的作用[25,216]。李金波指出，组织公平感作为内部资源对个人绩效产出和离职意向带来影响[217]。李宁琪等人证明，工作环境的公平与领导管理方式是否辱虐，是诱发工作倦怠的重要因素，印证前人的观点[218]。因此，汇总所提出的假设。

H1：组织公平感与科研人员的压力知觉之间呈现负相关关系。

H2：科研人员的组织公平感知与工作倦怠之间呈现负相关关系。

H3：科研人员的组织公平与心理资本之间呈现正相关关系。

3.2.2 压力知觉对工作投入的影响及作用假设

研究表明，工作人员在工作中的应激反应包括负担过重（Overload）、岗位调整、时间压力、权责过重、工作时长、机器效率、组织氛围、文化氛围等，由此产生的过度心理应激，导致个体厌烦、抑郁等状态，甚至衰弱，包括生理、心理、行为三个方面。在解释个体行为的自我调节理论（Self－Regulation Theory）中对组织内个体动机主导的员工社会化行为，工作时间长且无规律、工作量太大、任务要求完成时间紧迫等高负荷环境下精神总处于紧张状态，易于产生心理压力和对工作的不满情绪如工作倦怠，是员工对工作负荷过大的自我调节反应[219]。

科研人员工作倦怠的形成过程可分为以下几个方面：首先，科研人员长期处于工作负荷过重的环境下，其身心势必会出现疲倦的衰竭症状；其次，为保护科研人员自身的身心健康，自我防护意识较强的员工表现出对科研工作的回避态度，想要通过远离工作来缓解自身出现的症状，科研工作的回避和对同事的疏离，让自己对科研工作产生去人格化的状态；最后，一旦对科研工作出现疏离，科研人员就无法全身心投入工作中，最终会导致科研无果，同时自身的低职业效能感就不可避免。社会结构的角度下对科研人员这一特定角色在其科研工作中不能适应组织环境，阻碍角色适应工作中的规范和要求，长此以往这些不利因素的影响下产生角色压力，继而影响科研人员的工作状态。按照 Kahn 的研究结论，划分为角色冲突、角色模糊和角色负荷作为压力的三维度[95]。Srivastava 等指出，技术压力会导致工作倦怠并降低员工绩效[95]。随着高质量发展与人民对美好生活的向往，过度的工作压力给员工带来消极情绪的影响，从而导致工作倦怠的研究领域不断扩展，科学研究领域作为“创新”工作的重要支撑，所被赋予的期望与压力应运而生[95]。个体所在工作岗位的要求与个人所拥有的能力和资源不平衡时出现的心理与生理反应呈持续职业紧张状态，可导致人员的工作倦怠[221]。研究证明，长期工作应激状态是引起工作倦怠的因素之一，汇总假设如下：

H4：科研人员的压力知觉与工作倦怠之间呈现正相关关系。

H5：组织公平在中介为压力知觉下对工作倦怠有负向影响。

3.2.3 心理资本作为中介对工作投入的影响及作用假设

心理资本是个体获取竞争优势的重要来源之一，作为积极心理状态的变现，心理资本的存在能促进个人绩效以及成长，地位超越人力资本和社会资本，心理资本存在的意义在于将实物资本转换为个体优势资源，将物质资本、金融资本等作用扩大化。当个体面对逆境、挑战或者威胁等外部刺激时，心理资本可以发挥积极因素缓冲负面冲击。外界刺激作为压力知觉的主要来源，当个体在面对威胁或挑战时，由于受到外界刺激产生压力，通过评估自身所能承受压力的大小对自身消极情绪进行调节，但长此以往，是诱发负性情绪形成不安全行为的主要来源。中介所表述的逻辑概念在于认知事物之间的关联性，中介的存在意味着在特定认知或领域内，各事物之间存在互相转化的可能性，因此，作为“枢纽”的中介既不是中间环节也不能独立存在。

心理资本作为中国学校教师情感劳动的基础资源，在倦怠与工作满意度之间起到了中介的作用效果[222]。心理资本对中国教师群体工作中的情感劳动问题进行分析，调节工作倦怠与工作满意度之间的关系[223]。Pu 等人的研究证明心理资本在中国大学教师工作家庭冲突与工作倦怠之间起到了中介机制的作用效果[224]。Baron 和 Kenny 指出，自变量对因变量的影响可以通过中介变量进行理解[225]。Kim 在调查工作经验与员工创新行为之间的关系时指出，心理资本作为中介可以调节员工对公平的感知与倦怠情绪的关系[226]。方伟认为，在工作要求—资源模型下，心理资本对工作倦怠的调节作用得到了证实[227]。李晓艳等研究心理资本与情绪劳动策略、工作倦怠的关系，再一次确认了心理资本的中介作用[7]。张阔等人的路径模型也证实，工作压力与工作倦怠之间存在心理资本的中介变量[228]。蔡笑伦等人对职业倦怠进行研究，检验心理资本对职业倦怠的影响程度[229]。侯二秀等人指出，心理资本是知识员工对在应激环境下负性情绪减少的重要因素之一，也是提升创新绩效的推动力[230]。据此判断，科研人员的心理资本在压力知觉和组织公平中起到了中介的作用，提出以下假设：

H6：科研人员的压力知觉与心理资本之间呈现负相关关系。

H7：科研人员的心理资本与工作倦怠之间呈现负相关关系。

H8：组织公平通过心理资本的中介对工作倦怠有负向影响。

H9：组织公平通过压力知觉和心理资本的链式中介对工作倦怠有负向影响。

3.2.4 社会支持作为调节对工作投入的影响及作用假设

社会支持作为社会病原学引入的名词，适用于研究个体心理健康和压力状况。资源保存理论（COR）、工作—资源要求理论（JDR）以及付出回报模型（ERI）等模型中强调社会支持的重要性。Caplan 将社会支持的内涵定义为社会关系网络中可利用的资源[172]。House 将社会支持的影响效应分为两大类，直接效应和缓冲效应[231]。Cohen 和 Mckay 认为，社会支持是对人际关系密切程度的认知，是影响个体适应人际环境的重要因素[232]。事实上，Sarason 等认为社会支持的作用不仅仅是满足个体对外界支持的获取[178]，还可以减缓压力带给个人身心健康的负面影响[233]。因此，社会支持的直接效应在于获取个体的情感、社交、归属感、认同感的需求，而缓冲效应在于对消极情绪的调节。Malecki 等认为，社会支持作为一种支持性行为，有利于个体对社会适应性的提升，促进个体发展，规避环境给个体带来的伤害[234]。据此推断，社会支持的作用在于缓冲压力带给个体的负性情绪，但在社会支持的维度中，哪个维度的支持最有效？社会支持和压力知觉、心理资本之间的关系如何？这些问题是厘清科研人员工作倦怠诱发原因和影响程度的重要依据，也是提升社会支持、塑造心理资本、减少科研人员工作倦怠的重要依据。

社会支持的缓冲效应是众多学者关注的热点。社会支持作为缓冲表层扮演者，为个体面对压力时提供认知指导[235]。Halbesleben 等人通过资源保存理论的分析，检验了社会支持与工作需求之间的关系，确认了社会支持是调节职业倦怠情绪的重要变量[236]。陈林兴探讨了领导支持对高校教师工作压力的影响，检验高校教师工作满意度和积极性受到领导支持的作用效果[237]。吕邹沁、凌辉通过问卷调研，证实工作压力直接影响中小学教师的职业倦怠，也在社会支持为中介的作用下影响职业倦怠[238]。耿东丽研究证明护士群体中社会支持与工作倦怠显著负相关[239]。叶宝娟等研究社会支持、应对效能和压力性生活时间对青少年学业成就的影响，验证了社会支持对于学业成就的调节的中介作用效果[240]。张林等人对高中教师的研究证实了高中教师的职业压力导致职业倦怠程度的提升，而高社会支持水平会降低倦怠水平，因此社会支持在职业压力与工作怠倦之间可能具有调节作用[241]。据此推断，科研人员得到足够的社会支持时，能缓冲外界带来的压力应激反应，缓释压力带来的消极影响，进而防止工作倦怠情绪的发生。因此，提出以下假设：

H10：社会支持负向调节压力知觉与工作倦怠的关系。

社会支持与心理资本和工作倦怠的相关研究表明，社会支持有助于缓解科研人员的工作倦怠情绪，避免消极行为对创新绩效的损失。积极心理资本的提升，倦怠情绪的减少，为个体竞争优势提供了所需的回报[190]。徐礼平研究中国诺贝尔获得者的心理资本时指出，社会支持对创新绩效起到了推动的作用，在社会支持系统变量在心理资本和创新绩效之间呈现中介的作用效果[242]。张宜凝等人研究大学生心理资本与负性情绪，认为社会支持能够调节心理资本对压力知觉的作用[243]。夏扉指出心理资本对教师职业倦怠的影响是以社会支持为调节的中介效应，积极心理情绪是降低职业倦怠的影响因素[244]。社会支持获取较高的人格特征表现为积极心理反应，表现出积极的个人状态，相反，社会支持较低的人格特征表现为消极心理反应，是诱发倦怠情绪产生的重要因素[245]。获得社会支持更多的科研人员与拥有低社会支持的科研人员相比，其心理资本水平较高，对压力的缓冲效果更好，倦怠情绪经历较少。因此，提出以下假设：

H11：社会支持正相关调节心理资本和工作倦怠的关系。

社会支持是否可以调节组织公平与倦怠之间的影响是值得研究和探索

的问题。石海梅等人以高校教师为调查对象，分析工作资源匹配原则下组织公平感和组织支持感与职业倦怠之间呈显著负相关[205]。叶宝娟等指出，社会支持中的家庭支持调节组织公平感对职业倦怠的影响这一中介过程的后半路径，对农村幼儿教师的职业倦怠情绪缓冲有重要的参考价值[129]。李金波等人的研究证实组织公平通过中介变量对工作倦怠产生影响，并且，社会支持作为调节变量，对角色压力以及组织公平中产生的倦怠这一路径进行分析[217]。据此分析，社会支持可以缓冲科研工作者在遭遇不公平等压力后所感知负面情绪的影响。因此，提出以下假设：

H12：社会支持负向调节组织公平和工作倦怠之间的关系。

综上所述，现有研究局限于压力知觉对于倦怠情绪的直接影响，缺乏探究由于异质性心理资本导致个体对组织公平感知的偏差从而带来压力应激的感知出现，引发工作倦怠情绪的系统而深入的探究有待进一步继续，对科研人员为研究对象的工作倦怠鲜少涉及，为科研人员工作投入不足的倦怠理论模型的构建带来挑战。

3.3 科研人员工作投入的理论模型

结合第2章文献梳理得到的付出—回馈失衡理论、社会交换理论、工作—资源理论、情绪认知评价理论、资源保存理论以及神经管理学理论的指导，表征分析科研工作者倦怠的影响因素，明确科研人员工作中的情感反馈是对科学研究进行中的体会，也是诱发倦怠的因素[204]。

根据各表征因素对科研人员工作投入的作用分析，结合工作需求与资源匹配的理论，当工作所给予的资源与心理预期或是与计划不符时，如不合理的分配制度、程序不公等，会对科研人员的工作积极性带来打击，长此以往造成倦怠状态[205]。对于组织公平而言，Sanfey 等人在“最后通牒博弈中经济决策的神经基础”中用实验证明被试者在接受不公平时的神经反应表现为前脑岛活跃，表现为情绪对行为的影响[206]。社会交换理论认为，当个体付出和所得收益不符合个人期望时，则会在情绪上表现为消极状态。

组织公平在工作倦怠和离职倾向上，起到了延迟满足调节的作用，表现出离职倾向[207]。从认知神经科学的解释可知，负性情绪的产生是员工对外界刺激的应激反应，由于负性情绪的积累而产生的倦怠会导致科研人员产生情绪波动，继而影响科研工作的行为状态。对于高强度工作的每位科研工作者而言，都会感知到“内部”或者“外部”的压力[208]。当前科研工作者大多从事高强度的脑力工作、承受科研项目攻关以及学术交流等任务，对于以“创新”为目标和考核要求的科研工作者来说，科研绩效差、消极怠工等现象是工作倦怠所带来的危机。科研人员的心理健康，是自我调节消极倦怠情绪，缓冲负性情绪的重要变量。心理资本的中介作用在于检验由于压力认知差异导致的组织公平感而产生的工作倦怠，厘清科研人员工作倦怠的诱发机理，梳理多变量之间的关系。“吸引—选择—同化”的理论指出，创新氛围的营造离不开支持的调节[209]。从社会学的角度来看，个体期望获取正式和非正式的社会支持，在很大程度上影响了科研工作的效率和进程，因此，社会支持的调节自我应对机制有利于积极情绪的迸发[210]。

根据各表征因素对工作倦怠的影响效果及所提出的研究假设，知晓科研人员工作倦怠的应激源是心理压力的外部刺激因素，而压力的产生来源于环境的干扰、工作与资源不匹配造成的失衡；负面情绪的产生并不是一时的、短暂的，而是由于压力的长期积累造成的认知偏差，从而带来心理调节的失效；由于个人认知偏差以及人格特质的多样化而造成对组织公平感知的差异，知觉体验所感受的压力越大，工作倦怠情绪所表现出的情感消耗就越强烈；心理资本对于外部压力而产生的生理影响具有一定的缓冲作用，达到减缓的效果；社会支持可以通过心理资本对倦怠情绪产生调节的作用效果。

基于此，本章构建科研人员工作投入的理论模型，并将所提出的假设绘制在科研人员工作倦怠的理论框架，如图3－3所示，展示出与工作投入相关的12个研究假设，明确各影响因素的作用效果。从科研人员对组织公平感知的影响效果出发，通过个人对压力的感知在心理资本为中介的作用下，以社会支持为有调节的中介所表现出对所处工作环境中产生工作投入不足的动态过程，分析工作投入不足存在的前因后果以及变量之间存在的复杂作用机制，为后续的研究提供基础的理论模型及研究假设。

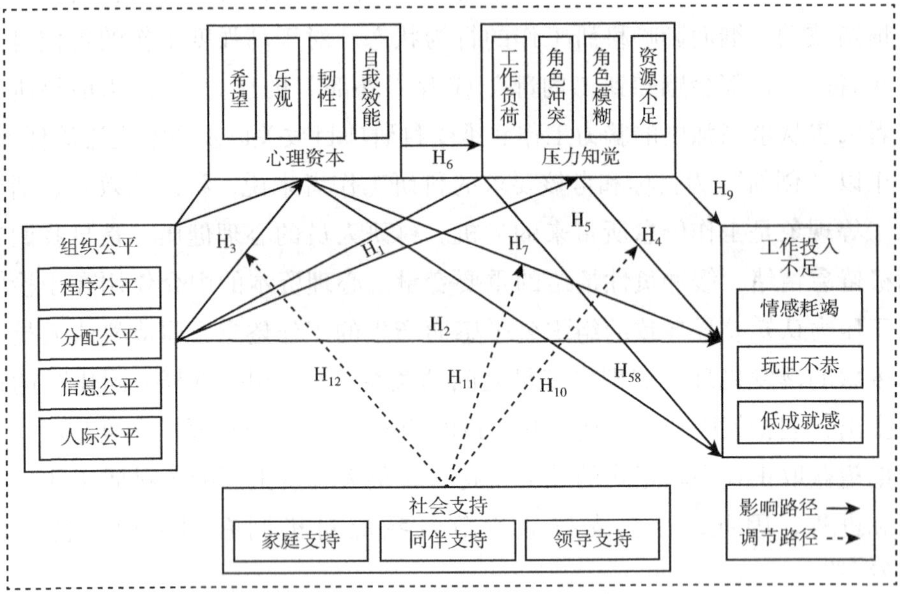

图 3-3　科研人员工作投入理论模型

3.4　本章小结

本章对科研人员工作投入的影响因素进行梳理，并解释关键变量的内涵和定义。首先，以科研人员为研究对象，从工作特征、组织因素、环境因素、个体因素四个方面分析影响工作倦怠的关键因素；其次，结合时代背景及科研人员的工作特征，根据压力补偿理论、工作资源—要求理论等，探索压力知觉、心理资本、组织公平以及社会支持与工作倦怠之间存在的作用机制；最后，提出了 12 个研究假设，并构建了诱发科研人员工作投入过程的理论模型。本章内容为第 4、第 5、第 6 章模型架构了理论模型基础。

第 4 章

科研人员工作投入影响机理实证研究

基于第3章构建的理论模型，本章对科研人员工作投入不足导致倦怠的诱发机理进行实证研究，分析路径并开展验证性因素的分析。首先，对科研人员工作投入的相关量表进行二次开发与设计，并修订工作倦怠和组织公平感量表，明确压力知觉量表、心理资本量表、社会支持量表的题项。其次，应用结构方程模型验证科研人员工作投入不足的成因机理，对直接变量和中介变量的作用效果进行验证性分析。最后，运用层次多元回归分析揭示控制变量的影响作用以及以社会支持有调节的中介作用下各因素对科研人员工作投入不足的影响。

4.1 初始量表设计原则与修订

4.1.1 问卷设计原则

实证研究中对于真实数据的收集至关重要，保证问卷的科学合理是调查问卷设计的重要原则。目前有两种方式进行问卷设计备受推广：一种是采用已验证的成熟量表；另一种是结合研究对象以及地域环境差异，对量表进行二次开发。成熟量表的信度、效度较高；二次开发量表更契合研究主题，两者各有优势。目前对于工作倦怠量表有比较成熟的量表，但以科研人员为研究对象的工作倦怠量表需要二次开发，压力知觉、心理资本、社会支持、组织公平可根据工作特征进行成熟量表的改进。基于此，问卷设计要求内容与研究主题相契合，语言上通俗易懂但又要求准确、简洁，在题目设置上要求数量适中。一方面确保能体现被测试人员的真实感受，另一方面保证能够完成测量所研究的变量。

受到中外文化差异、环境差异、科研人员的行为差异、认知偏差等因素的影响，现有量表无法完全满足适合我国科研对象的问卷，因此对量表的开发流程如图 4－1 所示。首先，根据科研人员工作倦怠的理论框架进行初始筛选，明确拟调查的变量以及所划分的维度；其次，设计初始量表，与团队内有留学经历或外语造诣较高的博士生或老师进行沟通，将现有外文的成熟量表进行中文翻译，保证量表内语句通顺、语义表达准确，并进行本土化的调整，避免语义缺失或模糊；再次，在初步访谈过程中随机将量表发放给 15～20 人在科学研究工作前线的科研人员，评价量表内所设题项是否易懂、完整，并对所提出的意见或建议进行修正；最后，在团队内请教专家、教授进行学术研讨，提升调研问卷的准确性。经过多次推敲和反复审视，检验题项的真实性和合理性，并对量表进行补充与修订。最终形成正式量表用于本研究进行大规模问卷的发放。若在检验初始量表时出现严重偏差或是不能满足信度和效度检验的题项，则需要删减题项并重复步骤，直至调整优化初始量表达到检验标准，最终目的仍然是形成正式量表。

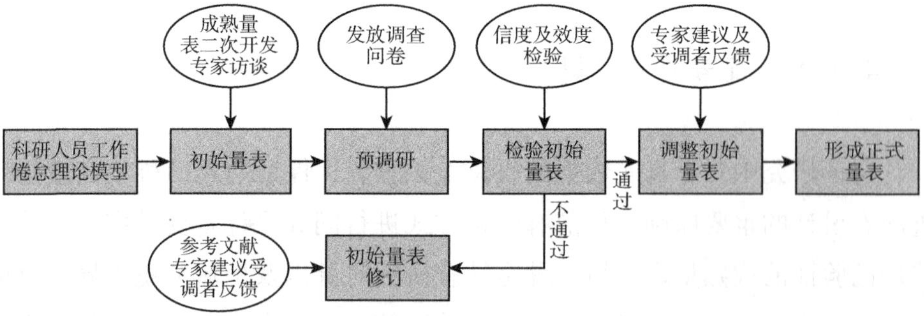

图 4－1　问卷设计开发流程

经过多方研讨、认证、修改，形成初始问卷，将总问卷设计为六个部分包含了五个子问卷。卷首语简明扼要，说明问卷调查的目的、意义，指明问卷匿名性，以便受访者可以根据自己的实际感受回答问卷，获取真实的数据资料，并简要说明完成问卷所需的大概时间和大概题量，以便受访者可合理安排自己完成问卷的时间。进行子量表问答之前，统计被访者的基本个人情况，以了解人口统计学信息是否会影响子量表维度。最后，由不同测量量表考量压力知觉、心理资本、组织公平感、社会支持等因素。

4.1.2　调研与访谈过程

对各变量的维度设计选定后，本章对科研人员进行调研访谈，通过访谈中科研人员在科研工作过程中的实际感受和工作经验的交流沟通，为了体现科研人员的异质性，在访谈对象的选择上，从不同科研行业的公司、单位入手，范围较广，以期能为科研工作团队提供管理策略。在访谈提纲设计中，对于组织公平感、社会支持、心理资本以及压力知觉等问题，为凸显可能影响感知倦怠的因素，也为了发挥被访谈对象的主观能动性，选择开放式问卷循序渐进地进行沟通交谈，对于过程中的半结构化问卷以及结构化问卷进行临场调整，以期得到被访谈者的真实工作感受（访谈纲要如附录 A 所示）。

在开放式问卷的访谈过程中，通过主题的引导，对被访谈者在科研工作过程中的工作感受进行了解，设置的问题如下："在从事科研工作时是否觉得压力很大？压力大的表现是什么状态？""认为科研工作最大的压力来源是什么？您认为导致这种压力的最主要原因是什么？""您认为工作压力会给您的科研工作、家庭生活带来哪些影响？""您认为科研人工作中的压力如何得到缓解""您认为组织和您本人的目标一致是否会影响到科研工作？"等。开放式问卷收集整理科研人员的工作倦怠表现和对组织管理中公平感的理解、社会支持的领悟，符合初始量表设计中对科研人员工作倦怠影响因素的探索。

在半结构化问卷的设计中，基于现有理论的框架，根据自身经历对所测题项的现有的归类进行补充。与被访者进行访谈的过程中，首先会对组织公平感、社会支持、心理资本、工作倦怠等专有名词和维度的定义进行讲解，在被访者理解基础概念之后回答半结构化问卷中所设置的问题，保证真实经历的前提下对问题进行再次归类及补充说明。在半结构问卷的访谈过程中，组织公平感访谈中进行事前、事中、事后的时间轴的序列整理，保证对初始量表探索性的因素分析，得到符合访谈标准的规则。

结构化问卷是通过被访者填写测试量表试题，得到被访者真实的工作状态反馈。对量表题项的语言表达以及被访者作出全面判断，并提出一定的修改意见。初始参考的量表需要进一步考虑行业适用性、语句合理性以及研究对象适应性，因此，对成熟量表进行二次开发能在很大程度上保留原有量表的信度和效度，又可以反馈以现有科研人员为研究对象的职业特性和工作特征，让问卷设计的数据结果具有可靠性。

大量文献综述的研究发现，对于工作倦怠、社会支持、情绪智力等方面的量表数量较多，适用于不同人群，但是并没有统一的标准。很多学者不断地研发设计新的量表或是在原有成熟量表的基础上进行修订，整理出适应于某个行业发展背景的量表。根据前期对科研人员的访谈，将影响因素进行划分工作应激的压力感知、个体情绪感知的心理资本、外部环境的社会支持、组织管理的组织公平等部分进行问卷调研。基于以上探索分析，在进行科研人员工作倦怠量表开发的过程中，根据个人、压力、环境、组织四个方面进行量表的设计与整理。

4.1.3 基础量表的选择与设计

4.1.3.1 科研人员工作倦怠量表的二次开发与设计

特定研究对象要求被访者的代表性，在调研工作开始时，以19位不同专业领域、年龄层次差异、项目规模差异的科研人员为访谈对象，采用专家访谈、深度访谈的方式开展调研，收集被访者的不公平感知以及工作倦怠症状，对量表题项进行归纳整理，对成熟量表进行二次开发。

如表4-1所示，19位被访者学历以硕士和博士为主，科研领域工作年限最少5年，科研领域工作经历较为丰富，科研领域涉及高校、水利单位、政府、医疗机构、科技公司等多种类型，所担任的岗位存在一定的差异，因此可以更好地区分不同工作类别的科研人员对工作倦怠的理解与症状体现的差异。并且要求访谈对象对所在研究领域的工作有深刻理解，能够掌握本次关于工作倦怠访谈的含义和目标，语言表达流畅，以期能够为本书研究的开展提供建设性意见或建议。

表4-1　访谈科研人员的人口统计学特征

编号	学历	职称	年龄	性别	科研类型	工作年限	参与项目 项目数量 个数
1	本科	高级工程师	41	女	水保	16	6
2	硕士	高级工程师	54	男	水利	32	7
3	硕士	教授	52	女	高校	28	9
4	硕士	教授	68	男	高校	35	11
5	博士	教授	39	女	高校	9	6
6	博士	处长	38	女	政府	8	6
7	博士	教授	58	男	高校	30	12
8	博士	教授	57	男	高校	27	14
9	博士	主任医师	44	女	医疗	12	6
10	硕士	副主任医师	44	男	医疗	12	4
11	博士	处长	36	男	宇通公司	7	3
12	硕士	高级工程师	47	男	华为科技	15	5
13	硕士	处长	38	女	政府	12	5
14	硕士	处长	49	男	金融	26	10
15	博士	高级工程师	35	男	IT	6	3
16	硕士	高级工程师	31	男	IT	5	3
17	博士	教授	40	女	高校	12	4
18	硕士	处长	39	男	政府	12	3
19	硕士	中级工程师	31	男	企业	5	2
平均	N/A	N/A	44	N/A	N/A	16	6

结合多专业、宽工作层次以及各年龄阶段的科研人员深度访谈，共收集整理了五十多个不同研究领域的一线科研人员真实的工作倦怠表现的状态，如表4－2所示，并进行了分类。通过对文献的整理以及对工作倦怠的概念界定，将情感耗竭、玩世不恭以及低成就感作为工作倦怠的子维度进行分类。一方面验证了成熟量表的普适性；另一方面补充以科研人员为研究对象的量表二次开发的准确性，成熟量表沿用MBT－GS三维结构心理学量表。汇总的工作倦怠症状包含科研人员工作效率低下的情感缺失、想逃离现有科研工作的玩世不恭以及自身认知的低职业效能感。

表4－2　访谈科研人员的工作倦怠症状汇总

编号	工作倦怠的症状	归类
1	不想工作，想摆脱工作	玩世不恭
2	懒惰、懒散，缺乏工作积极性	情感耗竭
3	工作效率低，注意力涣散	情感耗竭
4	不想加班，不管工作完成情况，到点就着急下班	情感耗竭
5	想跳槽，存在离职倾向	玩世不恭
6	工作不上心，工作投入不足	玩世不恭
7	迟到，早退	情感耗竭
8	拖延，逃避工作	情感耗竭
9	抱怨、埋怨	玩世不恭
10	浮躁，不愿意多做其他人的事情	玩世不恭
11	逃避挑战，退缩、胆小怕事	低成就感
12	消极悲观、沮丧郁闷	玩世不恭
13	默默承受、勉强坚持	低成就感
14	心不在焉，应付了事	情感耗竭
15	急躁、易怒，易情绪失控	玩世不恭
16	各执己见，不听取他人建议	玩世不恭
17	认为工作无意义	玩世不恭
18	自卑，失去自信	低成就感
19	质疑自己的能力	低成就感
20	抑郁、失落	玩世不恭
21	想自杀	玩世不恭
22	失眠，身体处于高度紧张状态	情感耗竭

续表

编号	工作倦怠的症状	归类
23	虚弱、身体处于亚健康	情感耗竭
24	不耐烦，没耐心	玩世不恭
25	消极怠工，磨洋工	情感耗竭
26	没意思，没目标，没动力	玩世不恭
27	麻木，提不起劲儿	玩世不恭
28	思想陈旧，墨守成规，不愿革新	低成就感
29	缺乏存在感，缺乏认可度	低成就感
30	组织疏离，企业文化的不认同	低成就感
31	工作质量低	低成就感
32	缺乏责任心	玩世不恭
33	焦虑、不安	玩世不恭
34	缺乏判断力、决策力	低成就感
35	逃避	情感耗竭
36	家庭支持的缺失	玩世不恭
37	自身原因导致他人情绪低落	玩世不恭
38	推脱工作	玩世不恭
39	个人缺少了价值目标与职业发展方向	低成就感
40	对工作漠不关心，对同事冷漠无情	玩世不恭
41	工作期间精神状态差	情感耗竭
42	工作负荷超过心理预期	情感耗竭
43	社交恐惧、懒得社交导致孤立无援	玩世不恭
44	不愿动脑、没有创新想法，按部就班	低成就感
45	心不在焉	情感耗竭
46	无欲无求的“躺平”状态	玩世不恭
47	对行业内卷表现得毫不在意	玩世不恭
48	面对复杂的工作，无法控制情绪	玩世不恭
49	无缘无故找别人的麻烦	玩世不恭
50	工作投入逐渐机械化	情感耗竭
51	做事冲动，头脑发热	玩世不恭
52	认为自己神经衰弱	情感耗竭

根据附录 B 进行的问卷调研，结合访谈结果，认为成熟量表 MBI－GS 的题项并没有完全反映出科研人员的工作倦怠显著特点，如工作效率低下、

创新意识不强等状态，并且，由于翻译所表达的汉语理解可能出现的差异，需要将量表进行二次开发，以期能提升量表在科研人员调研领域的适用性。根据访谈所提取的科研人员的工作倦怠的特征以及成熟量表中所涉及的题项进行整理，基于初始量表进行开发设计。其中，15 个题项源于成熟量表。考虑到研究对象为科研人员，所以在进行量表的开发和整理设计时对 BM（Pines）、MBI－HSS、OLBL（Demerouti）量表，以及受到普遍适用性的 MBI－GS 量表作为科研人员工作倦怠量表的二次开发参考的成熟量表。通过访谈，基本了解科研人员工作特征和职业特征以及个人状态，对原始量表进行二次开发。初始量表如表 4－3 所示。

表 4－3　　　　初始工作倦怠测量量表

维度	题项	题项	来源
情感耗竭	做科研工作有时让我感到情绪低落	JB1	原始量表
	科研工作结束后我感觉精疲力竭	JB2	量表修订
	早上起床时，我感到很疲劳，但仍要面对当天的工作	JB3	量表修订
	我认为自己处于亚健康状态，身体虚弱	JB4	BM/OLBI
	在科研工作中我总是表现出负面情绪	JB5	OLBL
	科研工作让我觉得压力很大，有快要崩溃的感觉	JB6	量表修订
	下班后我很难保证睡眠时间和质量	JB7	BM
玩世不恭	我怀疑科研工作的意义	JB8	原始量表
	我对科研工作越来越不感兴趣	JB9	原始量表
	我对科研工作不像以前那样有干劲	JB10	量表修订
	在我看来，我擅长于科研项目中属于自己份额内的部分	JB11	原始量表
	我能有效地完成我的科研项目内工作	JB12	量表修订
	我经常自嘲我的工作是不是真的为科研发展作出了贡献	JB13	原始量表
	我感到我完成了很多有价值的科研工作	JB14	原始量表
低成就感	当解决一些科研难题后，我感到非常兴奋	JB15	原始量表
	在我看来，我擅长于科研工作	JB16	原始量表
	我觉得我为科研项目的完成贡献了很多力量	JB17	量表修订
	当达到科研项目中设定的目标时，我非常高兴	JB18	量表修订
	我不能有效地处理科研项目中出现的各种问题	JB19	量表修订

第一，补充在情感耗竭维度中的题项为："我认为自己处于亚健康状态，身体虚弱。"从科研人员的职业特征角度来看，在深度访谈中发现，由于高强度脑力工作和无休止的时间作息，科研人员的生活状态、作息习惯或是工作习惯等问题严重。例如，一些 IT 行业的科研工作者工作环境受限，久坐、电脑等设备辐射给腰椎、颈椎、视力、发际线等身体健康问题，不乏有一些科研人员为舒缓压力养成吸烟的习惯，给个人身体健康带来了严重威胁。身体机能在高速运转过程中神经较为紧绷，面对外界的压力与威胁，人体激素出于对免疫的保护和控制会从心理上增强自身的承受力。但是，长此以往，易造成自身激素机制的失调从而造成病理生理（Pathophysiology）的失控，免疫系统的破坏[246]。亚健康的影响是多维的，产生于复合的身心事件，因此造成体弱多病的状态，影响到个人的正常生活和工作[247]。并且，临床心理学研究表明，工作倦怠情绪的产生是长期负性情绪的积累，而在长期的消极感知过程中导致个人认知功能的损伤（Impaired Cognitive Functioning），主观能动性的降低促使个人产生的虚弱感增强，出现体感违和（Cenesthopathy）的状态[248]。因此，科研人员的虚弱感、亚健康身体健康管理问题的出现，是近年来科研人员面对高压工作凸显的症状，在量表二次开发时加入其中，增加量表测试的有效性。

第二，"在科研工作中我总是表现出负面情绪"，临床医学以及心理学在探讨社会心理因素时发现，心理干预对负性情绪障碍的影响是倦怠情绪迸发重要因素[249]。杨柳等人的研究指出，负性情绪是加重疲劳的导火索，疲劳、抑郁、焦虑等情绪的积累，是引发倦怠的重要因素[250]。在工作过程中，由于负性情绪积累造成的工作倦怠通过心智游移的中介作用进而影响到工作安全。因此，科研人员的负性情绪的出现，是诱发倦怠的重要因素，通过测试负面情绪的题项，预测科研人员倦怠情绪发生的内在隐患，增强量表的适用性[251]。

第三，"下班后我很难保证睡眠时间和质量"。睡眠时间和质量是睡眠障碍的主要因素，也是情绪耗竭的重要表现，根据科研人员的访谈以及对精神科、神经科、心理科专家的咨询了解，睡眠质量差、失眠，表现为 REM 睡眠潜伏期缩短、入睡困难等，使人体机能受到外界压力而生理和心理不能承受时所表现的应激反应，是抑郁、焦虑、心脏病、脑中风发作的主要原因。这一题项来源于 BM 量表，以便于了解受调对象情绪心理状态以及耗竭情况。临床心理学进行分析，情绪压力负重过多会导致身体内分泌系统的紊乱，过量释放的皮质醇（压力荷尔蒙）譬如肾上腺释放出的去甲肾上腺素、肾上腺素等化学物质，让身体的血管收缩、血压升高以适应紧张环境[252]。但内分泌紊乱导致夜晚身体机能一直处于活跃状态，会给睡眠带来激动、亢奋的神经活动，是神经衰弱、身体机能紊乱的表现[253]。科研人员面对目前繁重的科研压力以及考核压力，缺少休息睡眠时间，访谈过程中发现，百分之九十以上的科研工作者都有熬夜、失眠、睡眠时间不足、多梦、睡眠质量差等睡眠障碍问题。因此，该题项的加入能够加强情绪耗竭状态的探究。

第四，在开发成熟量表时，针对适用性表达较强的题目，加以针对性题设，如“在科研领域工作”“处理科研项目的问题”“科研工作让我压力很大”等。

最终，科研人员的工作倦怠三维度初始量表包含情感耗竭维度下设 7 个题项，玩世不恭维度下设 6 个题项，低成就感维度下设 6 个题项。

4.1.3.2 压力知觉问卷

在科研工作中，压力来源一方面是组织环境、工作考核，另一方面是自身经济压力、工作压力以及家庭压力等，这对科研人员来说既需要专业的职业素养，也需要与团队同事、上级领导之间的交流。因此，干系人关系和员工关系作为科研工作者的应激源对其工作带来不容忽视的影响。科研团队的协同工作要求科研人员之间的相互协助，是科研项目完成的要求，也是组织管理的需要。本章参考 Cohen 的 PSS 压力知觉量表[254]，对工作压力的可操作性定义为个体所处环境与相应工作场景的配置程度，构面包括工作负荷、角色冲突、角色模糊及技能使用。

量表来源是 Kimetal 在 1996 年设计的工作压力量表，本章压力知觉的子维度设置为：①工作负荷，表示个体对于所任岗位责任所能载荷的限度；②角色冲突，工作人员所尽的义务与工作岗位的职责不匹配；③角色模糊，个人不能明确自身的工作要求与应履行的义务之间的边界；④资源不足，无法满足员工在工作时的所需物资。每个子维度下设四道题目，采用 Likert 五点计分法进行该量表的 1～5 分的计分，根据题项让受调对象进行自我判断，选择符合程度非常符合、较符合、符合、较不符合、非常不符合五个等级。在表 4－4 科研人员压力知觉量表所有的题项中，除题目 MH3、CT1、CT3、CT4、FH1、FH2、ZY3、ZY4 使用负向计分外，其余均采取正向计分。所获分数越高者，代表个体感知到越大的工作压力；反之，亦然。科研人员工作压力感知的测量量表如表 4－4 所示。

表 4－4　科研人员压力知觉测量量表

维度	科研人员对压力的感知的反馈	题项
角色模糊	我明确完成自己工作所需的步骤	MH1
	我确知上级领导对我工作设定的预期绩效目标	MH2
	在执行工作时，我并不了解自己所在岗位的职责	MH3
	我需在模糊的指示下工作	MH4
角色冲突	我常陷入不同领导对工作要求的冲突中	CT1
	我常陷入不同同事对工作要求的冲突中	CT2
	对于我所需完成的工作，我的直属领导和同事们都有一致的看法	CT3
	我的主管领导在下达工作指示时具有一致性	CT4
工作负荷	我有充足的时间去完成自己的每一项工作	FH1
	我的工作负荷并不会太重	FH2
	我必须非常辛劳地工作	FH3
	我必须以非常快速的节奏才能完成工作	FH4
资源不足	在工作环境中，我并未具有充足空间来完成我的工作	ZY1
	我不易获得工作所需的各项资源	ZY2
	我有足够的设备来完成我的工作	ZY3
	我有足够的支持服务来完成我的工作	ZY4

4.1.3.3　心理资本问卷

本章所研究的心理资本，是一种能够让科研人员缓释消极情绪积极心理状态。对于心理资本的测量，存在各种争议和选择。Jensen 和 Luthans[254]、

Luthans，Avolio 和 Walumbwa 等[195]的研究认为，心理资本的内涵在于乐观、希望与韧性。Larson 在 Luthans 研究的基础上，增加了自我效能的维度[256]。Youssef 和 Avolio 在前人研究的基础上，考虑将智慧、创造能力、感恩等因素加入心理资本的维度中[257]。柯江林等对心理资本的内涵加以专业化，认为心理资本作为类状态变量，对奋发、进取、坚韧、乐观、希望等维度进行检验[258]。宋洪峰等对大学生群体中心理资本量表进行修订，从乐观态度、应对方式等方面进行协调[259]。仲理峰等人考虑心理资本对于员工绩效的影响，对心理资本影响个人工作的积极状态给予肯定[260]。

本章采用 Luthans 等人开发的心理资本调查问卷（PCQ－24）李超平等人修订的版本进行测试[257]，并结合张阔的积极心理资本量表进行补充，如表 4－5 所示。量表共设置 26 道题。其中，自我效能下设 7 个题项，希望下设 6 个题项，韧性下设 6 个题项，乐观下设 7 个题项。

表 4－5　科研人员心理资本测量量表

维度	项目	题项
自我效能	我有自信认为自己有能力解决问题	ZW1
	在我工作领域我相信自己可以陈述清楚	ZW2
	我笃定自己对项目的付出是有贡献的	ZW3
	在我的专业工作领域，我笃信能够完成任务	ZW4
	我确信自己可以与利益相关者建立良好关系，并商议事宜	ZW5
	我肯定自己的能力，能够与同事陈述实情	ZW6
	我忽视生活中的不愉快	ZW7
希望	在工作进入瓶颈，我有办法挣脱	XW1
	我能精力充沛地应对工作任务	XW2
	对待困难有解决方案	XW3
	我自信地认可自己工作的成就	XW4
	我能突破自己完成目标	XW5
	我可以很好地应对压力	XW6

续表

维度	项目	题项
韧性	面对挫折我很难复原原有状态	RX1
	我义无反顾地应对工作中的挑战	RX2
	无法推脱的工作我可以单独胜任	RX3
	我对工作压力的承受能力较强	RX4
	由于磨难经历，我能很好地应对困难	RX5
	我认为我可以完成工作中的大部分事项	RX6
乐观	对于模棱两可的工作事情，我倾向于有希望	LG1
	该出错的事情是避免不了的	LG2
	对待工作我总是往好的方面看	LG3
	我对未来的规划是向往的	LG4
	我认为工作中的事情进展并不顺利	LG5
	我坚信“黑暗的背后就是光明，不用悲观”	LG6
	我认为生活是美好的	LG7

4.1.3.4　社会支持问卷

社会支持的含义在于个人通过社会网络的关系获得情绪支持、精神援助、物质给予以及信息和服务的获取等社会接触和无偿帮助。通过获得的物质和非物质援助，个体所感知的关怀是积极情绪迸发的重要情感体验。科研工作的职业需要来自领导、同事以及家庭的支持，因此，对社会支持测量上参考了 Sarason 以主观体验为主的社会支持问卷（Social Support Questionnaire，SSQ）、Hendeson 等编制的社会交往调查表（Interview Schedule For Social Interaction，ISSI），对社会支持的可利用程度以及自我感知进行测试。最终选择采用 Blumenthal 等人的领悟社会支持量表，经姜乾金修订后形成的社会支持量表（PSSS）。原量表中涉及三个维度为“亲戚、同事、其他”，本章进一步开发为“家庭、同伴、领导”，以便更加清晰地描述科研人员在组织中获取的社会支持情况。其中，领导支持下设 4 道题项，家庭支持下设4道题项，同伴支持下设4道题项，共计12道题，如表4-6所示。

表4-6　　　　科研人员社会支持测量量表

维度	项目	题项
领导支持	在我遇到问题时领导会提供帮助	LD1
	我能够与领导谈论自己的困惑	LD2
	当我有困难时领导会安慰我	LD3
	生活中领导关心我的感情和我的家庭	LD4
家庭支持	我的家庭能为我提供具体的帮助	JT1
	在需要时我能够从家庭获得感情上的帮助和支持	JT2
	我的家庭能就心甘情愿协助我做出各种决定	JT3
	我能与自己的家庭谈论我的难题	JT4
同伴支持	当我遇到困难或挫折时，同伴会真正帮助我	TS1
	我和同伴相互协助，互相尊重信任彼此	TS2
	我和同伴相互分享自己的快乐与烦恼	TS3
	我能与同伴讨论自己的难题	TS4

4.1.3.5　组织公平感问卷

第一轮的调研访谈后整理反馈结果，共有60条关于公平与否的经历。根据分配公平、程序公平、人际公平和信息公平四个方面分类整理，对原有成熟量表进行二次开发。将科研人员在工作中对公平感知的经历进行汇总，得到如表4-7所示的访谈归纳表，涵盖科研人员对组织公平或不公平现象的真实经历与感受。

表4-7　　　　科研人员组织公平/不公平经历访谈归纳

序号	组织公平/不公平经历	归类
1	所在单位内的职位晋升制度合理、规范	程序公平
2	晋升评定的过程，所得到的评价是公正公平的	人际公平
3	薪酬以及奖惩资金的分配是合理的	分配公平
4	科研人员得到进修的机会是平等的	人际公平
5	薪酬发放按时、保量	程序公平

续表

序号	组织公平/不公平经历	归类
6	领导和同事能够在科研工作中给予我帮助和支持	信息公平
7	无法保证按时下班或休息	其他
8	科研项目中对于奖励的制度不合理	程序公平
9	收入与工作人员对于科研的付出不成正比	分配公平
10	忽视了对科研人员的培训与学习机会	程序公平
11	科研项目中关键步骤的决定权与科研人员所承担的责任不对称	分配公平
12	个人绩效考核有章可循	程序公平
13	项目内部同级不同职务岗位的同事工资差距较小	分配公平
14	职称评定的程序是公正的	程序公平
15	一些专家的补贴不能按时发放	程序公平
16	“大锅饭”“一锅端” 现象	分配公平
17	政府公文、国家政策能有效执行	程序公平
18	领导个人的主观意见影响对工作人员的评价	人际公平
19	有工作会、民主会等公开信息的会议反馈	信息公平
20	科研项目内对于权利和责任的划分是合理的	分配公平
21	科研工作的绩效考核过程是公开透明的	程序公平
22	单位内分配与其他单位相比是不合理的	分配公平
23	上级领导对我的评价是去除偏见的	人际公平
24	分配能根据制度执行	程序公平
25	科研项目的选人制度合理	程序公平
26	奖惩不合理，奖励不能快速兑现但是惩罚制度严格	程序公平
27	奖金评选制度是有章可循并合理	程序公平
28	领导对科研人员的评价客观	人际公平
29	无性别歧视	人际公平
30	同事间考评是客观的	人际公平
31	领导管理过程中出现私心、偏心	人际公平
32	社会上应该大肆宣传公平教育	无关
33	科研人员的收入并不像外界所想的那么高	分配公平
34	程序制定后，无法提出意见	程序公平
35	按劳分配	程序公平
36	地域差异带来的补助不合理	程序公平

续表

序号	组织公平/不公平经历	归类
37	休息时间、周末以及年假难以落实	其他
38	社会招聘、返聘、校园招聘的待遇差异较大	无关
39	异地工作社保、家属安置等琐事无法解决	无关
40	社会制度和国家政策不公平	无关
41	补贴（津贴、技术补贴）发放公平	程序公平
42	项目失败，没有任何奖惩	程序公平
43	分配制度的制定是公开公正透明的	程序公平
44	分配依据是可量化的	程序公平
45	执行制度的过程是公平的	程序公平
46	薪酬与工作量相匹配	分配公平
47	考核标准适用于同样的工作类型	程序公平
48	奖励与惩罚界限明确	程序公平
49	按流程按时召开职代会，落实分配方案	程序公平
50	科研项目中工作人员的权力与责任成正比	分配公平
51	员工对组织及政策等信息的获取保持公平	信息公平
52	物质资料配备不公平	信息公平
53	不同科研工作的员工所了解的信息内容存在差异	信息公平
54	同事之间受到利益驱动，资源不共享，信息不对称	人际公平
55	领导受主观偏爱程度的影响导致员工获取资源的差异	人际公平
56	所得到的培训学习机会公平	信息公平
57	同事之间内卷现象严重	人际公平
58	领导者和同事对待他人不能一视同仁	人际公平
59	所在单位无法提供行业内研究应有的设备	无关
60	科研项目未完成时，有严格的惩罚措施	程序公平

组织公平一直是备受瞩目的热点问题，马庆国教授的神经经济学研究发现，不公平感的神经特征表现为前脑岛皮层（Anterior Insula）和外侧前额叶皮层（Dorsolateral Prefrontal Cortex）的活跃程度，揭示了遭受不公平待遇后个体的情绪、心理、生理的变化过程，是干预个人行为的有效手段。梁慕家认为，女性工作者的公平感知是影响倦怠的重要因素，在组织公平调查中，用程序公平、分配公平、互动公平三维度量表进行测试[261]。俞彬

彬等研究组织公平与公民行为关系时指出，在情绪智力的缓冲作用下情绪智力对组织公平感和组织公民行为的关系起到一定的缓冲作用[262]，使用Colquitt 组织公平感量表进行测试[262]。

通过对表4-7中原始汇总及归类结果进行整合，判别剔除无关题项，提取合并近似题项，参考 Moorman、Colquitt 等人所开发的公平量表的测量内容及语句表达，对刘亚编制的组织公平量表并加以修订[264]，以公平理论为基础，在领导公平的维度中加入同事之间的评价作为人际公平的判断。组织公平量表下设四个维度，如表4-8所示。其中，程序公平体现被试者对决策过程的公平感知，下设6道题项；人际公平体现被试者与上级或同事互动中的公平感知，下设6道题项；信息公平体现被试者对获取资源的公平感知，下设5道题项；分配公平体现被试者对分配结果的公平感知，下设6道题项。

表4-8 科研人员组织公平感测量量表

维度	项目	题项
程序公平	分配的过程有根据	CX1
	分配过程可公示、较透明	CX2
	按照分配制度履行	CX3
	分配制度的制定民主化	CX4
	实行分配制度人人平等	CX5
	分配制度保障大部分人的利益	CX6
人际公平	领导、同事对我一视同仁	RJ1
	我所完成的工作得到一致认同	RJ2
	领导和同事能够客观评价对我的印象	RJ3
	领导和同事给我提供工作上的援助	RJ4
	我受到了领导和同事的尊重	RJ5
	我与同事意见分歧时，失去扶助	RJ6
信息公平	领导有耐心地解释分配结果	XX1
	领导阐明分配程序和过程的问题	XX2
	我认可领导的解释说明	XX3
	领导及时交流并重视员工对分配的建议	XX4
	工作中我得到共享的信息	XX5

续表

维度	项目	题项
分配公平	薪酬能反映我的工作付出	FP1
	同等工作表现下，薪资待遇合理	FP2
	同职务相比，收入报酬合理	FP3
	就工作任务量而言，报酬合理	FP4
	个人工作状态比较，薪酬是合理的	FP5
	拥有权利和履行义务相对应	FP6

4.1.4 初始问卷修正

4.1.4.1 初始调查的人口统计学特征

为保证正式调查的顺利开展，首先进行初始调研并调整初始问卷，完成信度和效度检验。本问卷的修订和设计都是根据成熟量表进行二次开发或补充修订的，需要进行初始调查进行测试该问卷，检验初始问卷是否适用于科研人员为研究对象，并对初始问卷进行信效度的检验。表4-9汇总了科研人员统计学特征。

表4-9 科研人员统计学特征归总表

人口统计学特征	分类	样本数量	百分比	累计百分比
性别	男	200	53.6	53.6
	女	173	46.4	100
年龄	30岁以下	109	29.2	29.2
	31~40岁	113	30.3	59.5
	41~50岁	79	21.2	80.7
	50岁以上	72	19.3	100
工龄	5年以下	108	29	29
	6~10年	171	45.6	74.6
	10年以上	95	25.4	100

续表

人口统计学特征	分类	样本数量	百分比	累计百分比
受教育程度	本科	116	32	32
	硕士研究生	182	50.1	82.1
	博士研究生	65	17.9	100
所在科研项目金额	10万元以下	102	27.3	27.3
	10万~50万元	138	37	64.3
	50万~100万元	84	22.5	86.7
	100万元以上	49	13.2	100
婚姻状况	已婚有子女	229	61.4	61.4
	已婚无子女	36	9.7	62.1
	未婚	108	28.9	100
薪酬	10000元以下	29	7.7	7.7
	1万~1.5万元	133	35.6	43.3
	1.5万~2万元	115	30.8	74.1
	2万~2.5万元	52	13.9	88
	2.5万元以上	45	12	100

预调研参考华北水利水电大学、黄河水利科学研究院、郑州宇通客车股份有限公司的科研任务教师以及从事科研工作的一线工作者进行此次的初始调查问卷测试，共发放问卷450份，回收384份，剔除21份无效问卷（如填写不完整或者答题明显应付），共获得有效问卷363份，问卷回收率80.7%。从调查样本的情况如表4-9显示来看，归总的人口统计学特征基本符合科研团队目前个体的现实状况，初始调研发放的问卷符合抽样调查的规定，可以进行下一步对问卷信度和效度的检验。

4.1.4.2 初始问卷的信度和效度检验

（1）检验信度和效度。

整理初始问卷所获取的一手数据，测试量表的信度和效度，检测结果的稳定性、一致性以及可测试的程度。在测试过程中，将使用修正条目总分相关性分析（CITC）、Cronbach's alpha和因子分析等方式进行检验。

使用效度检验的目的是对有效性的测试，调研数据与考察情况相似程度越高，说明所获结果越准确。效度通常分为内容效度、准则效度、结构效度，本章选择内容效度和构念效度进行测试。内容效度（Content - related Validity）是指量表内所测试的题项与所在行为领域的相关适用程度是否合适，因此，通过专家的判断、经验的推测以及使用统计分析的方法对内容进行系统、详细的评价。构念效度（Construct Validity）是从心理学角度进行分析所得测验结果的意义，也是对可量化程度的测试。构念效度中所包含的聚合效度（Convergent Validity）和区别效度（Discriminant Validity），用以测试题项之间的聚合或分歧程度。因此，采用探索因子分析明确潜变量，探索因子结构；验证性因子分析测试因子与测试题之间是否符合所设计的理论相关关系。此外，基于理论观点进行初始调研时，明晰潜变量与度量题项间存在的关联性，对初始问卷获取的数据进行检验，并对初始量表进行调整。

（2）检验初始问卷各量表。

信度（Reliability）是用作检验量表的可靠程度的重要指标，表现为真分数和随机误差的组合。所验证量表结果得到的信度越高，说明该测量量表的误差值越低。本章使用“内部一致性信度（Internal Consistency Reliability）”，对量表内各指标间的同质性进行评估，计算 Cronbach's α 系数数值初步地判断量表可信程度。比较所得系数数值，越高则说明量表的可信程度越强。以 0.7 作为判断标准，当大于 0.7 时，说明信度较好。

$$\alpha = \frac{n}{n-1}\left(1 - \frac{\sum_{i=1}^{k}\sigma_i^2}{\sum_{i=1}^{k}\sigma_i^2 + 2\sum_{i=1}^{k}\sum_{j=1}^{k}\sigma_{ij}}\right) \tag{4.1}$$

其中，n 为测量某一观念的题目数，σ_i 为题目 i 的方差，σ_{ij} 表示题目 i 与题目 j 的协方差。

并且，筛选校正的题项总计相关性（Correcte d Item - Total Correlation，CITC 值），以 0.5 为标准进行判断。对 CITC 值小于 0.5 剔除某题项后的 Cronbach's α 系数进行计算，看是否较之前有所提高，如果有，则需要删除此项。使用 SPSS 21.0 软件计算各分量表的 Cronbach's α 系数和 CITC 值，信度检验结果如表 4 - 10 所示。

表4-10 初始量表信度检验

变量	测量题目	CITC	Cronbach's Alpha if Item Deteled	α系数
情绪耗竭	JB1	0.769	0.938	0.943
	JB2	0.852	0.931	
	JB3	0.804	0.935	
	JB4	0.794	0.936	
	JB5	0.814	0.934	
	JB6	0.813	0.934	
	JB7	0.832	0.932	
玩世不恭	JB8	0.820	0.918	0.933
	JB9	0.827	0.917	
	JB10	0.845	0.915	
	JB11	0.774	0.924	
	JB12	0.775	0.924	
	JB13	0.775	0.924	
	JB14	0.820	0.910	
低成就感	JB15	0.819	0.910	0.927
	JB16	0.772	0.916	
	JB17	0.780	0.915	
	JB18	0.829	0.909	
	JB19	0.721	0.923	
角色模糊	MH1	0.826	0.936	0.945
	MH2	0.850	0.934	
	MH3	0.812	0.937	
	MH4	0.802	0.938	
角色冲突	CT1	0.798	0.938	0.953
	CT2	0.790	0.939	
	CT3	0.841	0.935	
	CT4	0.82	0.934	
工作负荷	FH1	0.864	0.930	0.943
	FH2	0.773	0.938	
	FH3	0.815	0.934	
	FH4	0.782	0.937	

续表

变量	测量题目	CITC	Cronbach's Alpha if Item Deteled	α 系数
资源不足	ZY1	0. 779	0. 937	0. 937
	ZY2	0. 852	0. 931	
	ZY3	0. 759	0. 936	
	ZY4	0. 799	0. 929	
自我效能	ZW1	0. 812	0. 918	0. 898
	ZW2	0. 831	0. 916	
	ZW3	0. 796	0. 920	
	ZW4	0. 811	0. 918	
	ZW5	0. 765	0. 924	
	ZW6	0. 787	0. 921	
	ZW7	0. 061	0. 904	
希望	XW1	0. 778	0. 906	0. 921
	XW2	0. 798	0. 903	
	XW3	0. 774	0. 907	
	XW4	0. 779	0. 906	
	XW5	0. 764	0. 908	
	XW6	0. 753	0. 910	
韧性	RX1	0. 793	0. 917	0. 930
	RX2	0. 850	0. 909	
	RX3	0. 794	0. 917	
	RX4	0. 775	0. 920	
	RX5	0. 781	0. 919	
	RX6	0. 779	0. 919	
乐观	LG1	0. 803	0. 916	0. 930
	LG2	0. 828	0. 913	
	LG3	0. 773	0. 920	
	LG4	0. 792	0. 918	
	LG5	0. 803	0. 916	
	LG6	0. 772	0. 920	
	LG7	0. 163	0. 906	

续表

变量	测量题目	CITC	Cronbach's Alpha if Item Deteled	α系数
领导支持	LD1	0.769	0.880	0.903
	LD2	0.744	0.888	
	LD3	0.781	0.876	
	LD4	0.840	0.853	
家庭支持	JT1	0.754	0.867	0.896
	JT2	0.749	0.872	
	JT3	0.810	0.874	
	JT4	0.767	0.851	
同事支持	TS1	0.785	0.880	0.906
	TS2	0.751	0.892	
	TS3	0.792	0.879	
	TS4	0.831	0.863	
程序公平	CX1	0.793	0.923	0.934
	CX2	0.816	0.920	
	CX3	0.821	0.920	
	CX4	0.800	0.922	
	CX5	0.798	0.923	
	CX6	0.801	0.922	
人际公平	RJ1	0.801	0.921	0.892
	RJ2	0.801	0.921	
	RJ3	0.807	0.921	
	RJ4	0.816	0.920	
	RJ5	0.806	0.921	
	RJ6	0.788	0.923	
	RJ7	0.499	0.770	
信息公平	XX1	0.784	0.875	0.820
	XX2	0.770	0.881	
	XX3	0.764	0.884	
	XX4	0.820	0.862	
	XX5	0.442	0.696	

续表

变量	测量题目	CITC	Cronbach's Alpha if Item Deteled	α 系数
分配公平	FP1	0.824	0.928	0.940
	FP2	0.809	0.930	
	FP3	0.812	0.930	
	FP4	0.830	0.927	
	FP5	0.815	0.929	
	FP6	0.827	0.928	

工作倦怠测量量表经过测量题目的 CITC 值检验各分析项之间的相关关系，根据整体克朗巴哈系数，“题项已删除的 α 系数”的含义在于删除某题项后，并不会对观测信度系数带来影响，故可进行直接删除该题项的处理。检验所得 CITC 值在工作倦怠量表中均大于 0.7，无须进行题项删除的处理，表明各题之间存在相关性，通过信度水平检验，整体克朗巴哈系数分别为 0.943、0.933、0.927。主成分分析效度时各个维度内在其所属公共因子上的因子载荷最小值 0.692，均大于 0.5 的标准判断。

压力知觉量表中测试所有题项的 CITC 值均大于 0.7，不需要删除题项，证实题项之间的相关程度良好，通过信度检验标准。整体克朗巴哈系数分别为 0.945、0.953、0.943、0.937，信度水平较高，说明研究数据的信度质量良好。主成分分析效度时每个维度内在其所属公共因子上的因子载荷最小为 0.695，均大于标准判断的 0.5。

心理资本量表的检验题项的 CITC 值，在自我效能测试过程中，题项 7 中所得的 CITC 值为 0.061，不满足判断标准，因此进行删除此项的处理。再一次进行检验时发现，删除该题项后该构念的克朗巴哈系数有所增加，从 0.898 到 0.932。在对乐观的测试中，测试题 7 项中所得到的 CITC 值为 0.061，小于判断标准，将该题项删除后，克朗巴哈系数并未发生改变，系数值为 0.930。主成分分析效度时每个维度内在其所属公共因子上的因子载荷最小为 0.69，均大于标准判断的 0.5。

社会支持量表的检验所有题项的 CITC 值均大于 0.8，无须删除该量表中的任何题项，说明分析项之间具有良好的相关关系，同时也说明信度水平良好。整体克朗巴哈系数分别为0.903、0.896、0.906，信度水平较高，说明研究数据的信度质量良好。主成分分析效度时每个维度内在其所属公共因子上的因子载荷最小为0.729，均大于标准判断的0.5。

组织公平感量表的检验中，程序公平测试题项中的CITC值均大于0.7，该量表中的题项不需要进行删除处理，说明分析项之间具有良好的相关关系，同时表明信度水平良好，整体克朗巴哈系数为0.934。人际公平测试题项中第六项的CITC值为0.499，不能满足判断标准，因此将该项删除，删除题项后该构念的克朗巴哈系数从0.892上升至0.933。信息公平测试题第五项的CITC值为0.442，不能满足判断标准，因此将该题项删除，删除之后克朗巴哈系数从0.82上升至0.904。分配公平测试题项中的CITC值均大于0.7，无须对题项进行任何删减，题项之间相关程度较高，整体克朗巴哈系数为0.940，信度水平较高，说明研究数据的信度质量良好。主成分分析效度时每个维度内在其所属公共因子上的因子载荷最小为0.731，均大于标准判断的0.5。

初始问卷进行调研的后，根据数据分析进行量表的整理，删除部分题项ZW7、LG7、RJ6和XX5。删除部分题项后问卷的信度和效度水平呈现较之前明显增加，正式问卷分为五个子量表，总计涵盖92个观测指标。

五个子量表所包含的内容如下：（1）科研人员的工作倦怠量表：该三维度量表中包括情感耗竭7个观测指标、玩世不恭6个观测指标和低成就感6个观测指标，共包含19个观测指标；（2）压力知觉量表包含四个维度，角色模糊有4个观测指标、角色冲突有4个观测指标、工作负荷有4个观测指标、资源不足有4个观测指标；（3）心理资本量表包括四个维度，自我效能有6个观测指标、希望情况有6个观测指标、乐观态度有6个观测指标、心理韧性有6个观测指标，共包含24个观测指标；（4）社会支持量表包含三个维度，领导支持包含4个观测指标、家庭支持包含4个观测指标、同伴支持包含4个观测指标，共包含12个观测指标；（5）组织公平感量表包含4个维度，程序公平有6个观测指标、信息公平有4个观测指标、人际公平有5个观测指标、分配公平有6个观测指标，共包含21个观测指标。

4.2 正式问卷调研与假设检验

初始量表进行样本发放测试后删除了不符合标准的题项，修订初始量表，整理出正式量表并进行大批量发放，以获取正式调研问卷的一手数据。大样本的问卷调查有利于测试结果的有效性和准确性，为管理提出科学、合理的参考建议。本章通过结构方程模型和层次多元回归分析的方法对所提出的假设进行检验。

4.2.1 数据收集与样本描述

（1）调研对象。

正式问卷形成后进行大样本的调研，本章的研究对象是一线工作的科研工作人员。由于研究对象异质性的特征要求以及研究对象的工作专业的差异，正式调研的范围将扩大到全国，工作领域分布于各个行业的科研部门，包括高等院校从事科研工作的一线人员如郑州大学、华北水利水电大学、西南大学等，专门科研机构如黄河水利科学研究院、河南水土保持监测总站、河南水利勘测有限公司等，所在公司的科研部门或研发部门如宇通公司的研发部门、某电子厂的科研部门等，金融行业的研究开发项目部，政府以及事业单位的实验室工作人员以及从事一线科学研究发展的工作人员等作为本章研究的正式调研对象，以不限制区域的全国范围进行正式发放问卷进行调研。

（2）样本容量。

检验量表有效性使用因子分析的方法，验证理论模型的合理性选择结构方程模型（SEM），因此需要估计样本容量。结构方程模型与因子分析所需的样本容量的确切数值并没有在学术界达成共识，样本量的选择被接受的是 Gorsuch 的观点，以样本数量大于 100 为前提，所设题项数与调研人员的比例维持在 1∶5 左右[265]。中国学者吴明隆认可了这个观点，并指出样本数量越多，所得到的结果越趋于稳定，有利于提升结论的准确性[266]。

Daniel 等人的研究中指出，样本数量是保障因子分析结果准确性的重要指标，样本数量越大，测试结果则越能体现出变量之间的因果关系[267]。根据文献所表述的经验，本章研究共涉及 92 个题项，题项数量与样本数量的比例控制在 1∶5，正式问卷的样本数量应达到 450 份左右的标准。因此，在进行正式调研问卷发放过程中，线上线下发放问卷的数量在 450～600 份，预计能收回的有效问卷数量确保在 480 份左右，以保证此研究结果的有效性。

（3）发放时间。

正式调研从 2020 年 10 月起至 2021 年 7 月，由于疫情的影响，调研数据收集时间较长，发放与回收问卷的数量受限，但有意加入了医疗行业的研发部门、医学实验室、医疗防疫站、生物科技研究所等科研机构。科研人员的工作性质决定了其假期的缺失，因此，在发放时间的设计上暂未考虑受到节假日因素的影响。问卷回收时间在 2021 年 8 月底，此时间对于医疗行业来说已完成疫苗的研发并已通过三期试验开始全民防疫；对于高校教师行业来说此阶段完成本学年的科研计划，上报国家社会科学基金项目已截止；对于 IT、科技等行业来说，季度考核的结束意味着科研成果的产出。

（4）问卷的发放与回收。

本章研究选择多样化方式进行问卷的发放和回收。

①网络在线问卷调查：通过微信、QQ 发布链接的方式进行问卷的发放和回收。由于研究对象是一线工作的科研人员，因而在后期问卷筛选过程中会去除无效问卷；对科研人员进行问卷发放时，采用滚雪球的方式，在一线工作的科研人员圈子中进行朋友以及朋友圈的推荐、转发、转介绍，保证研究对象的真实有效。共收到 140 份问卷，其中 24 份无效问卷和 116 份有效问卷。

②利用研究者导师主持的基金项目以及本人参与的基金项目中对部分水利行业所属单位调查，分时段、分单位进行问卷调研。河南水土保持监测站回收 45 份问卷，其中 8 份无效问卷和 37 份有效问卷；黄河水利科学研究院回收 60 份问卷，其中 9 份无效问卷和 51 份有效问卷；水利科学研究所回收 55 份问卷，其中 8 份无效问卷和 47 份有效问卷；河南水利勘测有限公司回收 36 份问卷，其中 7 份无效问卷和 29 份有效问卷。

③实地调查，高校中有科研任务的教师进行问卷发放与调查，对华北水利水电大学、河南财税金融学院、郑州经贸学院、河南牧业经济学院进行问卷发放，共收集150份问卷，其中24份无效问卷和126份有效问卷。选择郑州大学第一附属医院、河南中医药大学第一附属医院以及郑州宇通集团有限公司进行调研，共收集问卷100份，其中19份无效问卷和81份有效问卷。

在进行调研的过程中，首先向受调者介绍本调查问卷的主要内容、研究目的和注意事项。除研究者本人发放以外，向团队成员、委托单位的管理人员、一线工作的科研人员进行介绍，详细说明本次调研的对象为从事科研工作的科研人员，在进行问卷发放过程中，通过微信或面对面交流的方式及时提出问卷作答过程中的问题，实时反馈和指导，对后台数据收集情况进行实时监测，布置安排好问卷发放进展以及问卷回收质量。

经过问卷的收集与整理，最终情况如下：在线问卷共收集140份问卷，其中24份无效问卷和116份有效问卷。参与项目所在单位共收集196份问卷，其中32份无效问卷和164份有效问卷。实地调查中共收到250份问卷反馈，43份无效问卷和207份有效问卷。

（5）问卷处理。

删除无效问卷后，正式问卷收集共获得487份有效数据，有效率为83%，根据此前所做的预估，题项数和样本数的比例高于1∶5，有效问卷的数量达到487份。其中，删除的无效问卷包括以下几种类型：被调查对象并不是科研人员；许多题项的选择按一定规律填写；问卷中出现遗漏题项。保证数据的准确无误，以免影响后续检验结果。

4.2.2 人口统计学特征及工作倦怠总体状况

4.2.2.1 正式量表的人口统计学特征

将人口统计学特征加以分类如表4－11所示。

表 4-11　　人口统计学特征汇总表

人口统计学特征	分类	样本数量	百分比	累计百分比
性别	男	263	54	54
	女	224	46	100
年龄	30 岁以下	169	34.7	34.7
	31～40 岁	157	32.2	66.9
	41～50 岁	95	19.5	86.4
	50 岁以上	66	13.6	100
工作时长	5 年以下	178	36.6	36.6
	6～10 年	221	45.4	82
	10 年以上	88	18	100
受教育程度	本科	119	24	24
	硕士研究生	194	40	64
	博士研究生	174	36	100
所在科研项目金额	10 万元以下	122	25	25
	10 万～50 万元	185	38	63
	50 万～100 万元	91	18.7	81.7
	100 万元以上	89	18.3	100
婚姻状况	已婚有子女	270	55.4	55.4
	已婚无子女	162	33.3	88.7
	未婚	55	11.3	100
薪酬	10000 元以下	116	23.8	23.8
	1 万～1.5 万元	170	35	58.8
	1.5 万～2 万元	107	22	80.8
	2 万～2.5 万元	63	12.9	93.7
	2.5 万元以上	31	6.3	100

回收的正式问卷进行检查和筛选，将每一份问卷进行编号并对无效问卷进行标注，保证数据的真实有效可行性；接着将处理后的数据整理转化为 SPSS 所需的数据形式并输入软件。完成此项步骤后，将录入后的数据进行再次核验，对正式问卷调研所得的数据基本信息进行汇总如表 4-11 所示，将性别、年龄、工作时长等基本人口统计学特征的数据进行分类提炼，对样本数量进行百分比的统计，为后续检验提供基本要素的属性分类。

4.2.2.2 工作倦怠总体状况

(1) 评判工作倦怠的标准。

计算工作倦怠量表中各题项的平均分，可以对工作倦怠的严重程度进行评估。Maslash 对多行业的从业人员进行大规模调研，通过 MBI - GS 量表获取数据，根据高、中、低的分类对各维度三分一的占比规则下制定评分标准，以 5 为满分，标准如表 4 - 12 所示[268]。

表 4 - 12　工作倦怠评分标准

	高度	中度	低度
情感耗竭	≥2.7	1.71 ~ 2.69	≤1.7
玩世不恭	≥1.8	0.81 ~ 1.79	≤0.80
低成就感	≥4.2	3.31 ~ 4.19	≤3.3

本章借鉴此评分标准来衡量科研人员的工作倦怠程度。其原因在于：首先，该评判标准的制定有大量样本为支撑，有一定的稳定性，虽然在北美进行的问卷调研，但是国内暂时没有相应的标准可沿用，可以进行对比。并且，MBI - GS 量表所获取的数据来源于多行业，因此有一定的普遍适用性，在对特定行业进行分析时具有一定的参考价值。

(2) 平均分布规律。

通过数据的计算，将平均分布结果统计在表 4 - 13 中，根据评分标准可以看出目前科研人员的工作倦怠程度处于较高的水平，其中，情感耗竭的程度较高水平，玩世不恭处于极高水平，低成就感处于中低水平。由此可见，科学研究的工作给科研人员带来了良好的职业效能感，但从观测值的整体来看，科研人员的工作倦怠程度较高，企业有必要开展长期监测，多加关注科研人员的工作状况并进行及时调整。

表 4 - 13　工作倦怠评分标准

	高度	中度	低度	观测值	程度	Pinto 研究
情感耗竭	≥2.7	1.71 ~ 2.69	≤1.7	3.84	高等	2.83
玩世不恭	≥1.8	0.81 ~ 1.79	≤0.80	2.92	高等	2.30
低成就感	≥4.2	3.31 ~ 4.19	≤3.3	3.31	中低等	3.06

通过表 4 – 13 可以看出，对比 Pinto 在 2016 年列出的美国企业经理人的工作倦怠水平，有以下发现：

首先，从工作倦怠的分布规律可以看出，相似的分布规律表现出科研人员工作倦怠正式量表的有效性。

其次，受调人群的不同展示出不同情感耗竭的工作倦怠程度。我国科研人员的情感耗竭水平明显高于美国企业经理人的损耗程度，反映出相比于管理人员，一线工作的科研人员的工作倦怠尤为突出。

最后，不同行业给从业人员带来的成就感和玩世不恭状态不同。美国企业可能是 IT 或 R&D 或者其他类型的公司，这与我国科研人员所处的行业类型略有不同，因此面临不同绩效考核标准下，所感知的玩世不恭与成就感有一定的差异。现有研究并没有证实科研人员的成就感明显高于其他行业。

（3）总体分布情况。

将问卷数据进行整理，统计出科研人员工作倦怠总体分布的占比状况如表 4 – 14 所示。从分布情况来看，科研人员的工作倦怠表现出两极分化较为严重的趋势。从情感耗竭和玩世不恭的统计看出，科研人员的症状较为凸显，仅高度的占比就达到 79% 以上，而从低成就感来看，科研人员处于的中低程度分布的人群占比较多。

表 4 – 14　　　　科研人员工作倦怠总体分布占比

	高度	中度	低度
情感耗竭	79%	15%	6%
玩世不恭	88%	12%	0%
低成就感	14%	31%	55%

整体来看，科研人员的工作倦怠水平较高。分析如下：

第一，从科研人员工作倦怠的理论框架模型可以看出，资源的缺失发展为长期压力下的耗竭状态是工作倦怠的重要表征。科研人员调研中，高达 79% 以上的人表现出较高的情感耗竭状态，说明了该现象的普遍性。这表明科研人员在长期压力的作用下，生理与心理的消耗程度较高，与科研人员的职业特征契合，展示出问卷的可信度。

第二，科研人员的玩世不恭情况较为明显，甚至超过情感耗竭，从调查问卷可以看出，低程度的玩世不恭基本上不存在。科研人员对工作的疏离表现为对行业内卷的漠不关心，从而出现目前较为普遍的“躺平”工作状态。这表明在体力与情感的消耗后，呈现出自我封闭的状态。这与科研人员以技术、智力投入的工作方式契合，表明调研结果的可信度。

第三，不同于前两个维度，科研人员低成就感展示出仅有14%占比的低程度。这可能与工作特色相关，科研工作经历从无到有、从有到优的进化，符合科研人员的职业特色，表明调研数据的真实性。

4.2.3 同源方差和正态性检验

4.2.3.1 同源方差

为了避免自评问卷容易出现的共同方法偏差问题，需要进行共同方法偏差检验。因此，本章在研究同源方差检验时采用 Harman 单因素检验的方式，对测量所有题项结果如表 4－15 所示。

表 4－15　同源方差统计

因子编号	特征根			旋转前方差解释率		
	特征根	方差解释率（%）	累积（%）	特征根	方差解释率（%）	累积（%）
1	13.948	10.409	10.409	13.948	10.409	10.409
2	9.832	7.337	17.746	9.832	7.337	17.746
3	9.561	7.135	24.881	9.561	7.135	24.881
4	8.049	6.007	30.887	8.049	6.007	30.887
5	7.267	5.423	36.311	7.267	5.423	36.311
6	5.460	4.075	40.386	5.460	4.075	40.386
7	5.023	3.749	44.135	5.023	3.749	44.135
8	4.887	3.647	47.781	4.887	3.647	47.781
9	4.476	3.340	51.122	4.476	3.340	51.122

续表

因子编号	特征根			旋转前方差解释率		
	特征根	方差解释率（%）	累积（%）	特征根	方差解释率（%）	累积（%）
10	4.388	3.275	54.396	4.388	3.275	54.396
11	4.232	3.158	57.554	4.232	3.158	57.554
12	3.859	2.880	60.434	3.859	2.880	60.434
13	3.161	2.359	62.793	3.161	2.359	62.793
14	2.863	2.137	64.930	2.863	2.137	64.930
15	2.480	1.851	66.781	2.480	1.851	66.781
16	2.276	1.698	68.479	2.276	1.698	68.479
17	2.070	1.545	70.023	2.070	1.545	70.023
18	1.879	1.402	71.425	1.879	1.402	71.425
19	1.650	1.232	72.657	1.650	1.232	72.657
20	1.548	1.156	73.813	1.548	1.156	73.813
21	1.236	0.923	74.735	1.236	0.923	74.735
22	1.217	0.908	75.644	1.217	0.908	75.644

同源方差统计表4－15中显示，共抽取22个特征根大于1的公共因子，方差解释率为10.409%，第一公因子解释率小于40%，符合共同方法偏差不存在的标准。有的研究规定是小于30%，常用临界标准是40%，可以进行下一步的检验。

4.2.3.2　正态性检验

正态分布的检验是信度、效度分析的前提条件，在多维量表的统计判决中进行拟合优度的假设检验。根据量表数据所体现出的偏度和峰度系数判断数据的正态分布性，当绝对值小于1.96时，说明数据接近正态分布。在本章的研究中，将数据导入SPSS并进行正态性检验，检验结果表明压力知觉、心理资本、工作倦怠、组织公平以及社会支持所包含所有题项的偏度、峰度的绝对值小于1.96，在p值小于0.05或0.01的状态下，量表数据呈现出近似正态的分布，符合检验标准，可以进行下一步数据分析。

4.2.4 量表信度与效度

在前面初始量表测试中对信度和效度进行了检验，但考虑到大样本测试环境的变化以及被测人群的异质性、行业的多样化等可能会对结果带来干扰的因素。对反映同类题项的数值进行加权平均后得到相应类别的观测变量，将信度检验数值进行汇总，获得统计表4－16。

表4－16　　　　样本变量信度分析结果统计

变量	测量题项	Unstd.	S. E.	t－value	*P*	Std.	SMC	Crobach's A	CR
组织公平	程序公平	1				0.743	0.552	0.875	0.877
	人际公平	1.037	0.064	16.276	***	0.777	0.604		
	信息公平	1.104	0.064	17.363	***	0.849	0.721		
	分配公平	1.015	0.057	17.898	***	0.827	0.684		
心理资本	自我效能	1				0.804	0.646	0.819	0.824
	希望	0.982	0.072	13.631	***	0.629	0.396		
	韧性	1.056	0.057	18.663	***	0.821	0.674		
	乐观	1.129	0.058	19.527	***	0.839	0.704		
压力知觉	工作负荷	1				0.857	0.734	0.848	0.858
	角色冲突	0.923	0.053	17.477	***	0.775	0.601		
	角色模糊	0.812	0.063	12.952	***	0.612	0.375		
	资源不足	0.804	0.054	14.896	***	0.683	0.466		
社会支持	领导支持	1				0.716	0.513	0.858	0.861
	家庭支持	1.260	0.074	17.018	***	0.883	0.78		
	同伴支持	1.266	0.075	16.997	***	0.856	0.733		
工作倦怠	情感耗竭	1				0.849	0.721	0.902	0.904
	玩世不恭	0.9	0.038	23.659	***	0.880	0.774		
	低成就感	1.025	0.043	23.755	***	0.884	0.781		

注：*、**、*** 分别表示10%、5%、1%水平下显著。

运用SPSS 22.0、AMOS 22.0统计软件检验前期调研问卷所获取的数据。一致性指标的分析，测试Crobach's Alpha值以及量表整体组合信度（Composite Reliability，CR），对数据的可信度进行解释。概念一致性的测量使用

Crobach's Alpha 值，通常在 0 ~ 1 范围内。也就是说，当 Crobach's Alpha 值大于 0.8 时，表示调研问卷的稳定程度较高；当处于 0.7 ~ 0.8 时，调研问卷的所获数据稳定程度在标准范畴内；当 0.6 ~ 0.7 时，需要对问卷进行调整，存在小问题；当处于 0.6 以下时，问卷所获取的数据并不能用作统计分析来源。组合信度（CR）是对模型内在质量的衡量，汇总各潜在变量的信度指标。研究证实，当整体组合信度（CR）高于 0.6 时，整体模型的内在质量较为理想。

样本变量信度分析如表 4 - 16 所示，5 个潜变量的信度指标所测试 Crobach's Alpha 系数值均超过 0.8 的标准，说明问卷中各题内部一致性状态较合理；5 个潜变量组合信度（CR）符合标准范畴，均超过了 0.5 的最低标准，说明模型内在质量符合本章研究的进一步发展，各题项的标准化因素载荷大于 0.6 并显著，SMC 均大于 0.36 的衡量标准。因此，该组数据信度良好，可以进行下一步的统计分析。

检验问卷的有效程度和准确程度，可以通过测试题项与所获取数据之间的相符状态进行效度分析。将效度分为结构效度和内容效度，内容效度反馈出各题项的真实性，表明问卷题项设计的覆盖程度和代表性；结构效度表示研究变量与实际问题的契合程度，分为区别效度和收敛效度。

本章的研究采用 SPSS 22.0 和 AMOS 22.0 统计分析软件对所获数据开展效度检验，具体分析如下。

（1）内容效度。

评价内容效度从两个方面进行。一方面，检验问卷中的题项与所研究的客体是否对应；另一方面，量表内容与所研究的问题是否包括其中。通过文献梳理以及扎根理论，对构面假设的提出作出了合理的判断，在成熟量表的基础上结合专家意见设计量表，并经过预调研的测试获取合理的测试效果，可以看作问卷所获取数据的内容效度符合标准。

（2）结构效度。

本章的研究通过 SPSS 22.0、AMOS 等统计分析软件验证调研数据的收敛效度、KMO 值，并对 Bartlett 球形检验进行统计。通常来说，当 KMO 值在0.9以上时完全符合，0.8～0.9范围内比较符合，0.7～0.8范围内符合适用范畴；一旦KMO值小于0.7，表示数据并不符合相关因子分析的标准。测试因子载荷的平方和所得的AVE值（平均方差抽取量）常被用作问卷数据收敛效度的评判标准，用来描述潜在变量对其他测量变量的整体解释力，AVE的数值越大，可信程度越高。学术界通常认可的AVE值大于0.5，即认为问卷收敛效度较好。表4－17显示，5个潜变量的KMO数值均超过0.7，问卷整体KMO指标值为0.882，Bartlett球型验证的显著性指标与标准吻合为0。综合整体变量的平均方差提取量均大于0.5，验证了调研问卷的收敛效度较为理想。

表4－17　样本数据收敛效度分析结果统计

变量	测量题项	KMO值		Bartlett球形检验			AVE
				卡方值	自由度	显著性	
组织公平	程序公平	0.816	0.882	993.431	6	0	0.640
	人际公平						
	信息公平						
	分配公平						
心理资本	自我效能	0.779		705.436	6	0	0.605
	希望						
	韧性						
	乐观						
压力知觉	工作负荷	0.804		890.329	6	0	0.544
	角色冲突						
	角色模糊						
	资源不足						
社会支持	领导支持	0.714		694.064	6	0	0.679
	家庭支持						
	同伴支持						
	情感耗竭						
工作投入不足	玩世不恭	0.754		932.364	3	0	0.759
	低成就感						

（3）区别效度。

运用 AMOS 21.0 统计分析软件分析潜变量之间的相关程度如表 4－18 所示，根据各潜变量的 AVE 值（平均方差萃取值）展开对比。

表 4－18　各潜变量 AVE 值及相关系数结果统计

	工作倦怠	组织公平	心理资本	压力知觉	社会支持
工作倦怠	**0.871**				
组织公平	－0.474	**0.800**			
心理资本	－0.480	0.747	**0.738**		
压力知觉	0.375	－0.366	－0.330	**0.778**	
社会支持	－0.694	0.484	0.558	－0.358	**0.824**

注：表中加粗数据是 AVE 值的平方根，加粗的数据下面为各个潜变量之间的相关系数。

检验不同变量之间的不相关程度，通过多样化测量构念所观测的数值进行统计分析。检验标准有两个：第一，被测问卷中对各潜变量之间的相关系数值作出绝对值处理后，所得数值明显小于 0.8；第二，调研问卷的各项潜变量所得的 AVE 值要超过整体潜变量之间的相关系数值。结果统计如表 4－18 所示，问卷中整体潜变量之间的具体相关系数值均小于 0.8，除心理变量的 AVE 值略小于心理与公平之间的相关系数外，剩余所得各项的 AVE 值平方根显著超过整体潜变量之间的相关系数值，表明本章设计的问卷所获数据区分效度检验结果良好。

4.3　结构方程模型的构建

4.3.1　测量项描述性统计及信效度分析

描述性统计对潜变量的测量项进行统计，并对极大值、极小值、偏度、平均值以及峰度相关的描述性指标进行汇总，如表 4－19 所示。

表 4 – 19　　测量项描述性统计表

变量	测量题项	N	极小值	极大值	均值	标准差	偏度		峰度	
		统计量	统计量	统计量	统计量	统计量	统计量	标准误	统计量	标准误
组织公平	程序公平	487	1	5	4.030	0.781	-0.470	0.111	0.186	0.221
	人际公平	487	2	5	3.700	0.774	0.245	0.111	-0.779	0.221
	信息公平	487	2	5	3.840	0.755	0.022	0.111	-0.734	0.221
	分配公平	487	2	5	4.080	0.712	-0.257	0.111	-0.571	0.221
心理资本	自我效能	487	1	5	3.890	0.745	-0.351	0.111	0.274	0.221
	希望	487	2	5	3.900	0.760	-0.261	0.111	-0.342	0.221
	韧性	487	1	5	3.590	0.846	-0.156	0.111	-0.167	0.221
	乐观	487	1	5	3.860	0.751	-0.197	0.111	-0.195	0.221
压力知觉	工作负荷	487	1	5	1.850	0.721	0.689	0.111	0.986	0.221
	角色冲突	487	1	5	2.190	0.905	0.493	0.111	0.060	0.221
	角色模糊	487	1	4	1.920	0.745	0.430	0.111	-0.248	0.221
	资源不足	487	1	5	1.890	0.779	0.663	0.111	0.290	0.221
社会支持	领导支持	487	1	5	3.659	0.720	-0.63	0.111	0.874	0.221
	家庭支持	487	1	5	3.947	0.695	-0.558	0.111	0.161	0.221
	同伴支持	487	1	5	3.969	0.884	-0.317	0.111	0.152	0.221
工作倦怠	情感耗竭	487	1	5	2.050	0.689	0.390	0.111	0.754	0.221
	玩世不恭	487	1	3	1.920	0.599	0.028	0.111	-0.232	0.221
	低成就感	487	1	5	2.020	0.679	0.337	0.111	0.440	0.221

表 4 – 19 汇总调研问卷中的所有数据，各测量题项计算得到最大值和最小值分别为 5 和 1，说明被测者的差异导致主观见解的不同；计算测量题项的平均值分布在 1.850 ~ 4.080 范围内；调研问卷中对各个题项的相关标准差进行计算，所得数据在 0.599 ~ 0.905，说明被测试者的问卷评分差异较小。数据的正态分布状况通过偏值和峰值的数值可以看出，本章研究所得数据的偏度绝对值远低于 3，峰度的绝对值显著低于 10，证实了数据的正态分布是符合标准的，可以进行更深层次的统计分析。

4.3.2　模型主路径构建及拟合指数验证

基于成因分析框架以及假设作用，构建假设的结构方程模型主路径图，并对路径系数进行标注。该假设模型共包括 5 个潜变量，如图 4 - 2 所示，主路径包含压力知觉、心理资本、组织公平、工作倦怠 4 个潜变量，共 7 条主路径。根据成因分析框架，工作需求用压力知觉表示，个人资源概括为心理资本，其他工作资源表征为社会支持，解释由于工作需求和工作资源的不匹配而导致的工作倦怠。

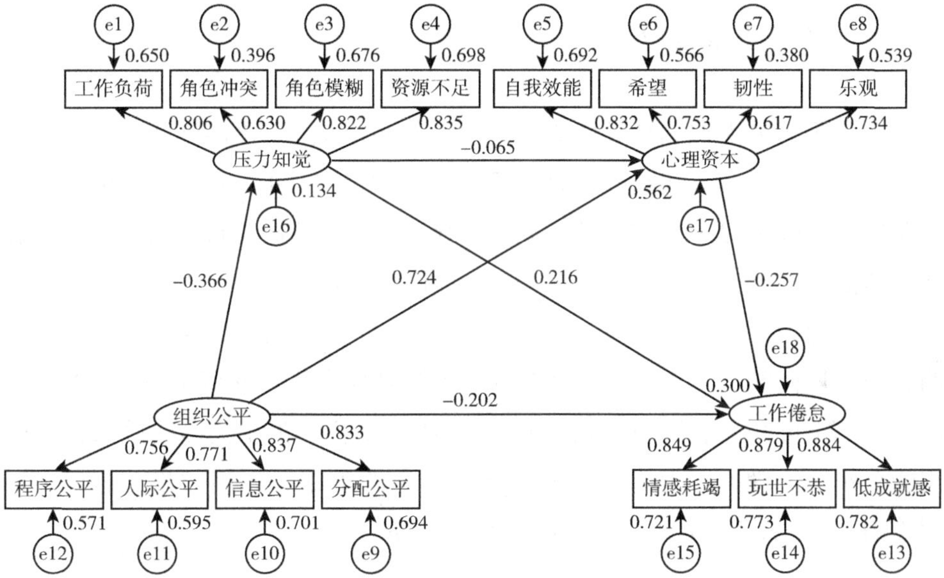

图 4 - 2　结构方程模型主路径

AMOS 22.0 作为本章研究的软件工具，采用最大似然估计的方法对调研数据进行分析，对应研究的主路径模型如图 4 - 2 所示。

结果显示如表 4 - 20 所示，从绝对适配统计量的角度来看，主要指标 χ^2/df 为 3.437、RMR 值为 0.026、GFI 值为 0.924、RMSEA 的数值为 0.071，满足评价标准；从增值适配度的角度来看，主要指标值 NFI 为 0.932、IFI 值为 0.951、CFI 值为 0.950，所有数值符合 0.9 及以上的标准线；从简约适配度角度来看，主要指标值 PGFI 为 0.647、PNFI 为 0.745，满足 0.5 以上的标准，证实了理论模型的合理性，得到了拟合评价良好的评估。

表 4 – 20　　　　结构方程拟合度检验结果统计

指标	χ^2/df	GFI	RMR	RMSEA	NFI	CFI	IFI	PGFI	PNFI
评价标准	<5	>0.9	<0.08	<0.08	>0.9	>0.9	>0.9	>0.5	>0.5
拟合结果	3.437	0.924	0.026	0.071	0.932	0.950	0.951	0.647	0.745
拟合评价	良好			良好			良好		

4.3.3　主效应检验

本章采用最大似然估计的方法对主路径各潜变量的路径系数进行检验，从表 4 – 21 路径系数回归的结果来看，除了假设 H6 外，其余 5 条理论假设的路径系数较为显著，表中的 Estimate 代表标准化的回归系数；S. E. 代表估计值的标准误，C. R. 栏的计算过程是把回归系数值除以估计值的标准误得出临界比值，绝对值超过 1.96，表示在 0.05 范畴内较为显著，正负号表明正向与反向的影响关系。P 值中用 *** 符号代表显著性概率值 $P<0.001$。由表 4 – 21 可知，假设 H3 和假设 H4 表现出显著的正相关影响效果，说明组织公平对心理、压力知觉对倦怠分别产生的正相关作用效果。假设 H1、假设 H2 和假设 H7 表现出显著的负相关关系。

表 4 – 21　　　　主路径系数回归结果统计

假设	路径	Estimate	S. E.	C. R.	*P*
H1	组织公平→压力知觉	−0.361	0.052	−6.973	***
H2	组织公平→工作倦怠	−0.201	0.079	−2.525	***
H3	组织公平→心理资本	0.759	0.059	12.982	***
H4	压力知觉→工作倦怠	0.217	0.050	4.352	***
H6	压力知觉→心理资本	−0.069	0.047	−1.452	**
H7	心理资本→工作倦怠	−0.243	0.077	−3.139	**

注：*、**、*** 分别表示 10%、5%、1% 水平下显著。

验证假设 H1 表明，科研人员的组织公平感知与压力知觉之间呈现负相关关系，体现出公平的工作环境对缓解科研人员工作倦怠的重要性。科研人员属于高学历、高需求层次的高创新水平科研项目核心力量，其科研工作的努力和坚持，是为了在科研岗位上贡献一己之力，实现社会声誉和名誉的丰收。组织公平代表组织员工对于未来组织资源及产出分配的可控感和可预期，对日常人际的公平以及可激发个体实现自我价值的公平因素。因此，在公平的组织环境中，面对科研工作的威胁以及压力，可能也视为挑战从而是压力变动力，缓解压力对自身心理及行为的作用效果。随着社会经济的发展和择业意识的变化，提供优越的组织公平工作环境，能将与公平相关的职业幸福感有所转变，减缓科研人员的工作倦怠，提升工作满意度。

验证假设 H2 表明，科研人员的组织公平感知与工作倦怠之间表现出显著的负相关性。工作倦怠发展模型指出，当较高的工作需求压力不能被个体消化时，员工生理资源与心理状态长期处于过度消耗的水平时，则会带来情绪的耗竭，继而引发玩世不恭和低成就感。组织的公平感知体验，能够给科研人员的情绪耗竭带来显著的降低，从而抑制组织员工从长期工作压力的抑制向工作倦怠的转化，并且能够降低耗竭程度，防止工作倦怠程度的进一步深化。证实 Brotheridge 和 Moliner 等人的研究成果，验证组织公平在预测员工情绪耗竭的有效作用[269,270]。这也与 Maslach 发现在服务行业的从业人员情绪耗竭引发逐步形成工作倦怠理论体系相一致。该结果证实，在组织公平四维度中，分配公平、程序公平、人际公平、信息公平对于理解科研人员情绪心理及行为反应具有突出解释力。

验证假设 H3 表明，科研人员的组织公平感知与心理资本之间呈现出正相关关系。社会交换理论指出，社会中个体社会价值的体现通过获取相应报酬进行展示，因此，公平交换关系表现出个体为社会增加价值从而获取的报酬水平。不公平感知则会让个体对社会工作环境产生愤世嫉俗的态度，继而降低对职业的效能感。Bies 提出的人际公平和信息公平的概念，揭示公平会对个体认知带来不同的判断从而影响行为方式的变化。因此，科研人员在寻求组织公平的工作氛围，在考虑到科研人员的心理资本，对乐观、韧性、希望以及自我效能水平状态，两者水平较高时表明科研人员期望自己的付出能得到组织、社会的尊重和认可。再次结合社会交换理论，组织公平必然会对科研人员的心理资本产生正向相关影响。本章的研究印证了 Bies 的研究结论，表明组织公平的环境对科研人员的心理资本产生显著的正相关关系[271]。因此，当组织环境中不公平被认可时，科研人员无法对未来的公平分配进行控制，因此削弱自身韧性、打击希望，产生失望、悲观等消极情绪，引发耗竭的概率则会大大提升。

验证假设 H4 表明，科研人员的压力知觉与工作倦怠之间表现出显著的正向相关性。科研人员的工作倦怠形成过程与发展模型相对应，较高的压力感知会提升科研人员的情感耗竭水平，出于自身保护，科研人员本能地对工作进行梳理，表现出去人格化，最终转变为较低的工作投入水平，降低职业效能感。第一，从压力知觉的四维度来看，资源不足、角色冲突与角色模糊的路径系数较大，意味着日常科研工作中工作资源以及个体资源对于缓解工作倦怠的重要性，而科研人员的角色可能对于科研人员在工作中所尽义务的不一致表现出的角色冲突、对工作目标模糊不清的角色模糊，出现在科研项目中的概率较高。复杂社会关系以及科研工作的处理，给予科研人员带来时间、精力、成本的消耗，最终引发了工作倦怠。第二，工作负荷并不是科研人员压力感知的最大来源，这与前期工作倦怠量表的效度检验相一致，说明了调研结果的可靠性。这个现象与传统观点认为，科研项目中相关者利益的复杂性决定了该行业中的科研人员需要协调自身的工作状态。调查显示，长期压力导致科研人员生理上表现出血压升高、心率加快、肌肉紧张、肠胃病加重等症状；心理上呈现愤怒、焦虑、抑郁、低自尊、紧张等状态，继而在行为上表现出较高离职率，整体呈现出较高的工作倦怠状态。这与国内学者李景平等人的实证研究相一致，证实科研人员的压力知觉与工作倦怠之间的正相关性。

验证假设 H7 表明，科研人员的心理资本状态与工作倦怠之间存在负相关关系。科研人员性格特征所具有高度自尊心（希望）、高度成就需要（效能）、高度情绪稳定性（乐观）以及高度控制感（韧性），是缓解科研压力的有效自我调整。这个结果契合了科研人员的人格特质特征，意味着科研人员心理资本资源的充裕，可以缓解个体由于长期压力形成工作倦怠的发展过程。这个结果反映了或者说契合了科研人员的职业特点，从步入科学研究的角色工作中一直负责到项目的申请、研究、结项，平均 2～3 年的时长意味着科研人员对工作态度的积极与坚持、严谨与投入，哪怕遇到挫折、压力，也需要科研人员自身保持情绪的稳定以及对工作的热忱。这也印证了社会认知理论的观点，也就是说，个体资源塑造了个体对工作环境的认知，而认知则会影响到个体对工作的态度以及状态的变化。心理资本中的希望、自我效能、韧性和乐观状态决定了他们对科研工作环境的认知。并且，研究结果也证实心理资本会直接影响个体的工作倦怠水平，该结论与 Alarcon 荟萃分析检验人格特质因素与工作倦怠之间的显著性结论相符合[272]。

验证假设 H6 被拒绝，表明科研人员压力知觉与心理资本之间不存在显著的相关关系。结合科研人员的深度访谈以及问卷调查结果进行客观分析，科研人员的心理资本是否充裕，一方面与个体人格特质息息相关；另一方面受到家庭环境、社会氛围、民族文化等因素的影响，个体心理承受能力的强弱会影响对压力的感知，但心理资本与压力知觉之间无法表现出明显的正负关系，路径被拒绝说明心理资本认知结果无法有效阻止科研人员对压力知觉的感知。从性格因素的角度更容易理解假设 H2 被拒绝的原因。心理资本的状态表明科研人员自身特定的人格特质，科研人员表现出韧性较强心理资本水平证实个体情绪的稳定状态，科研人员虽然在工作中面对组织不公仍会产生抱怨、不满甚至愤世嫉俗，但不会仅仅因为压力而产生过多的情绪资源消耗，仍保持较高的工作恒心和良好的科研工作状态，也就不会直接导致科研人员产生身心俱疲的现象。

将验证结果进行汇总，研究假设验证统计表如表 4－22 所示。

表 4－22　研究假设验证结果统计

序号	研究假设	验证结果
H1	组织公平感与科研人员的压力知觉之间呈现负相关关系	成立
H2	科研人员的组织公平感知与工作倦怠之间呈现负相关关系	成立
H3	科研人员的组织公平与心理资本之间呈现正相关关系	成立
H4	科研人员的压力知觉与工作倦怠之间呈现正相关关系	成立
H6	科研人员的压力知觉与心理资本之间呈现负相关关系	不成立
H7	科研人员的心理资本与工作倦怠之间呈现负相关关系	成立

对主效应的研究假设检验结果证实了除假设 H6 不成立之外，假设 H1、H2、H3、H4 和 H7 均成立的结果。

4.3.4 中介效应检验

在中介效应模型中，组织公平作为自变量，工作倦怠作为因变量，压力知觉和心理资本作为中介变量，根据 Process 程序中的模型对所有变量进行标准化进行多元层次回归分析，该方法可以对链式中介模型进行整合性检验。

由表4－23 可知，组织公平感与压力知觉之间存在显著的相关性，组织公平感和压力知觉能够起到对心理资本的预测作用，组织公平感、压力知觉和心理资本三者可对工作倦怠起到显著的预测效果。将压力知觉和心理资本加入该路径中，组织公平感对工作倦怠的影响作用效果保持显著状态，说明压力知觉和心理资本的中介作用于组织公平感和工作倦怠的路径中。因此，压力知觉和心理资本的链式中介作用存在于组织公平感和工作倦怠的路径中。

表4－23　　链式中介模型统计表

变量	PreAV			PsyAV			BorAV		
	β	*se*	*t*	β	*se*	*t*	β	*se*	*t*
constant	3.195	0.174	18.358 ***	1.707	0.176	9.720 ***	3.323	0.205	16.224 ***
FairAV	－0.315	0.044	－7.174 ***	0.582	0.036	16.269 ***	－0.184	0.047	－3.871 ***
PreAV				－0.090	0.035	－2.553 **	0.182	0.038	4.815 ***
PsyAV							－0.253	0.048	－5.226 ***
R^2	0.096			0.404			0.267		
F	51.466 ***			164.22 ***			58.652 ***		

注：*、**、*** 分别表示 10%、5%、1% 水平下显著。

采用 Bootstrap 法重复抽样 5000 次分别计算 95% 的置信区间，结果如表4－24 所示。其中，Fair 代表组织公平，Pre 代表压力知觉，Psy 代表心理资本，Bur 代表工作倦怠。结果显示，总效果的值是－0.212，三条间接

效果的值分别是 -0.057、-0.148、-0.007，检验的各条路径所对应的置信区间均未包含0，说明中介效应均显著，链式中介成立。三条中介路径的效果量分别为14.39%（路径1）、37.37%（路径2）和1.77%（路径3），总中介效果量为53.45%。C1、C2、C3分别是路径间的差值比较，结果表明均存在显著差异。

表4-24 链式中介效应检验统计

	Effect	BootSE	BootLLCI	BootULCI	中介效应占比
Total	-0.212	0.037	-0.285	-0.141	53.54%
Ind1：FairAV→PreAV→BurAV	-0.057	0.020	-0.103	-0.023	14.39%
Ind2：FairAV→PsyAV→BurAV	-0.148	0.031	-0.209	-0.086	37.37%
Ind3：FairAV→PreAV→PsyAV→BurAV	-0.007	0.004	-0.017	-0.001	1.77%
(C1)：Ind1 - Ind2	0.090	0.040	0.010	0.164	—
(C2)：Ind1 - Ind3	-0.050	0.020	-0.094	-0.016	—
(C3)：Ind2 - Ind3	-0.140	0.030	-0.198	-0.082	—

从路径1的结果可以看出，基于社会交换理论，对科研人员群体而言，长期工作需求的压力而导致的情感耗竭，使生理资源和心理资源处于消耗的状态，而组织公平中的程序公平、人际公平和信息公平是降低科研人员耗竭水平的重要影响因素；付出—回馈失衡理论认为分配公平是科研人员保持良好工作心态的重要因素。组织公平通过压力知觉对工作倦怠情绪产生的中介效应值为0.582（-0.090×-0.253），95%的置信区间（-0.103，-0.023），该区间不含0，表示中介路径"组织公平→压力知觉→工作倦怠"达到显著。从外部压力源的角度来看，长期压力得不到缓解所造成的感知，是导致工作倦怠的重要因素。在压力知觉的作用下，个体的情绪开始耗竭，不自觉产生对工作的疏离感，继而导致低成就感的出现。无论科研人员压力知觉程度多大多小，组织公平都能够对科研人员心理资本的发展带来促进效果，心理资本与工作倦怠之间呈现负相关关系，中介效应显著。

从路径2的角度考虑，从个体资源出发，该中介作用解析出的显著影响路径反映出科研人员从个体心理资本因素形成工作倦怠的心理状态过程。组织公平通过心理资本对工作倦怠情绪产生的中介效应值为 -0.253（-0.184×0.182），95%的置信区间（-0.209，-0.086），该区间不含0，中介路径“组织公平→心理资本→工作倦怠”达到显著。在心理资本因素的作用下，个体会探求工作环境的公平氛围，以此提升作为外部资源的工作资源，从而降低工作倦怠程度。韧性、乐观、希望、效能的提升，是科研人员保持心理资本资源充裕的重要元素，是促进和提升组织和科研人员绩效的主要因素，对降低工作倦怠存在一定的正向促进的效果。

从路径3的链式中介结果来看，随着科研人员压力知觉的提升，“组织公平→心理资本”的路径系数呈现降低的趋势，影响“心理资本→工作倦怠”的路径系数也随之降低，呈现出间接效应量显著降低。基于此，说明组织公平、心理资本和压力感知与工作倦怠之间并非单纯线性关系，而是保护性因素和危险因素相互作用的结果。组织公平通过压力知觉和心理资本对工作倦怠情绪产生的中介效应值为 -0.007（-0.315×-0.090×-0.253），95%的置信区间（-0.017，-0.001），该区间不含0，表示中介路径“组织公平→压力知觉→心理资本→工作倦怠”达到显著。压力知觉作为链式中介中的变量之一，能够显著调节组织公平对工作倦怠行为的直接效应。当科研人员的压力感知水平较低的状态时，组织公平对工作倦怠的直接效应并不显著，而是通过影响心理资本进而对工作倦怠水平带来影响，呈现出完全中介的作用效果。科研人员压力感知程度提升，组织公平感作为保护性因素反而对工作倦怠的行为呈现显著的正相关现象，心理资本对组织公平和工作倦怠的中介效应则表现出遮蔽效应。其原因可能是为完成绩效考核，面临高压力感知的由于科研人员面对组织公平感的分配公平和程序公平的结果而进行的倦怠冒险的行为选择；而压力感知过高，则会使保护性因素失去本身应发挥的效果。

从文献综述的角度考虑，科研人员在短时应激反应所感知的压力知觉，Awa研究干预工作倦怠的文献综述时指出，缓解短时压力的有效手段是对个体的干预，如休假、心理咨询等方式，但长期来看并不能有效缓解工作倦怠的状态[272]。相反，组织层面的干预短期效果并不显著，但长期来看对员工的工作倦怠状态的疏解起到举足轻重的作用。因此，个体层面和组织层面相结合的干预方式是解决员工短时压力和长期倦怠的有效手段。基于以上研究成果，沿用组织行为学理论，以激励的方式控制组织公平，可能对于短时的工作压力的缓解效果并不明显，但长期来看可以直接影响科研人员心理资本感知，影响其工作状态由长期压力向工作倦怠的转变。

综上所述，中介效应的研究结果表4－25所示，揭示了不同维度共同展现出的组织公平感在个体心理资本的性格因素作用到压力知觉的环境因素，发展深化影响并形成工作倦怠状态的过程中，构建出不同程度以及形式各异的中介桥梁，最终影响到工作倦怠水平的历程，验证了假设成立。

表4－25　研究假设验证结果统计

序号	研究假设	验证结果
H5	组织公平通过压力知觉的中介对工作倦怠有负向影响	成立
H8	组织公平通过心理资本的中介对工作倦怠有负向影响	成立
H9	组织公平通过压力知觉和心理资本的链式中介对工作倦怠有负向影响	成立

4.3.5 有调节的中介效应检验

即使在相同的工作环境下，组织公平对不同科研人员的影响也不尽相同，难免受到其他因素的调节与干扰。社会支持的积极特征表现为帮助与鼓励，因此对科研人员的压力知觉、心理资本以及组织公平与工作倦怠的关系可能起到一定的调节作用，可以解释为个体利用外部资源缓解对工作倦怠的消极效果，以达到调适的目的。基于社会支持理论，本章认为科研人员所感知的社会支持可以负向调节组织公平对工作倦怠的影响、正向调节心理资本对工作倦怠情绪的影响、负向调节压力知觉对工作倦怠情绪的影响。

有调节的中介效应通过层次多元回归分析的方法进行验证，检验过程如下：

（1）将工作年限（Length of Service）、子女数量（Kids）作为控制变量加入回归方程，因变量为科研人员的倦怠情绪（Burnout Emotion）。子女数量为二分变量，0 为没有孩子，1 为有孩子；工作年限为类别变量，设置四个级别，以 15 年以上工作时长年限为对照，虚拟变量 b1 的值设置为 1，表示工作年限不超过 5 年的科研人员，其他年限的科研人员设置为 0；虚拟变量 b2 的值设置为 1，表示工作时长介于 6～10 年的科研人员，其他年限的科研人员设置为 0；虚拟变量 b3 的值设置为 1，表示工作时长介于 10～15 年的科研人员，其他年限的科研人员设置为 0。

（2）主效应检验，将自变量与调节变量加入回归方程，其中自变量为组织公平、压力知觉和心理资本，因变量为工作倦怠情绪，调节变量为社会支持。

（3）有调节的中介效应检验，将自变量和调节变量的乘积加入回归方程。涉及三个乘积项：压力知觉与社会支持的乘积项、心理资本与社会支持的乘积项、组织公平与社会支持的乘积项，并在乘积项进行之前对所有变量进行均值中心化或标准化处理，以保证回归结果的准确性。

模型 1 检验组织公平感知对工作倦怠的效应，在 $p<0.05$ 的条件下，$F=40.939$，回归方程表现为显著。组织公平与社会支持交互项的回归系数是显著的，回归系数分别为 0.190 和 -0.565，这表明社会支持对于组织公平与工作倦怠的作用关系具有负向的调节作用。当组织公平维度中的程度增加时，工作压力对耗竭的影响系数会随之降低，从而减轻工作压力对于工作倦怠的形成发展作用。

模型 2 验证心理资本对工作倦怠的效应，在 $p<0.05$ 的条件下，$F=46.617$，回归方程表现为显著。心理资本与社会支持交互项的回归系数是显著的，回归系数分别为 -0.369 和 -0.045，这表明社会支持对心理资本与工作倦怠的作用关系具有正向的调节作用。当科研人员心理资本资源受到社会支持的调节补给效用后，缓解个体对倦怠的解释程度在一定程度上自身增强了排解消极情绪的能量，因此降低工作倦怠情绪发生的概率。

模型 3 检验压力知觉对工作倦怠的效应，在 $p<0.05$ 的条件下，$F=32.440$，回归方程表现为不显著。压力知觉与社会支持交互项的回归系数不显著，回归系数分别为 0.266 和 -0.192，这表明社会支持在压力知觉与工作倦怠情绪路径的调节效果不显著，该结果证实了亚当斯的理论，员工

的工作投入与努力程度源于对组织公平的感知，一旦感知不公平，会降低工作要求标准。而社会支持与否并不一定会引起压力知觉的感知的变化，可能对少部分科研人员而言社会支持可能会带来个体心情的愉悦或心理的满足，但这些表现在个体心理资本资源的充裕度中得到了体现，社会支持并未在压力知觉与工作倦怠路径上起到调节的作用效果。

如表4－26所示，以社会支持为有调节的中介变量进行层次多元回归分析，通过考虑解释变量的容忍度和方差膨胀因子（VIF），对变量之间是否存在多重共线性进行检验。通常容忍度小于十分之一，VIF值大于10作为解释变量之间存在多重共线性的临界状态。该研究的解释变量容忍度介于0.452和0.874之间，VIF的数值介于1.241和2.563之间，表明解释变量之间并不存在多重共线性，进一步分析有调节的中介效应。

表4－26　　有调节的中介效应验证结果统计

调节效应检验项目	*coeff*	*se*	*t*
constant	2.042	0.032	64.869
组织公平	－0.565	0.071	－8.007
社会支持	0.190	0.060	3.199
组织公平×社会支持	－0.108	0.047	－2.276
$R-sq$	0.203		
F	40.939		
$M-1SD$	－0.482	0.080	－6.020
M	－0.565	0.071	－8.007
$M+1SD$	－0.649	0.079	－8.203
constant	2.044	0.027	75.728
心理资本	－0.369	0.046	－8.000
社会支持	－0.045	0.037	－1.213
心理资本×社会支持	－0.179	0.047	－3.839
$R-sq$	0.225		
F	46.617		
$M-1SD$	－0.231	0.061	－3.764
M	－0.369	0.046	－8.000
$M+1SD$	－0.508	0.056	－9.098

续表

调节效应检验项目	*coeff*	*se*	*t*
constant	1.990	0.025	78.284
压力知觉	0.266	0.039	6.793
社会支持	-0.192	0.034	-5.720
压力知觉×社会支持	-0.063	0.049	-1.297
R-sq	0.168		
F	32.440		

调节效应图的绘制如图4-3和图4-4所示，参考Aiken等对检验调节作用的建议，将样本分为高出社会支持平均值的一个标准偏差和低出社会支持平均值的一个标准偏差两组，计算组织公平对工作倦怠情绪和心理资本对工作倦怠情绪影响的斜率[274]，展示社会支持对组织公平和工作倦怠情绪的调节作用。从社会支持对组织公平和工作倦怠情绪关系的调节作用效果图可以看出，不论社会支持程度高还是低，随着组织公平程度的增加，工作倦怠情绪均表现出下降的趋势，但整体来看，组织公平在社会领悟水平较高的科研人员中所起到的调节效果更为显著。从社会支持调节心理资本和工作倦怠的斜率图可以看出，对于领悟社会支持较高的科研人员，随着心理资本充裕程度的提升，科研人员工作倦怠下降的趋势较为突出，心理资本增加一个标准差，科研人员工作倦怠下降0.556个标准差。

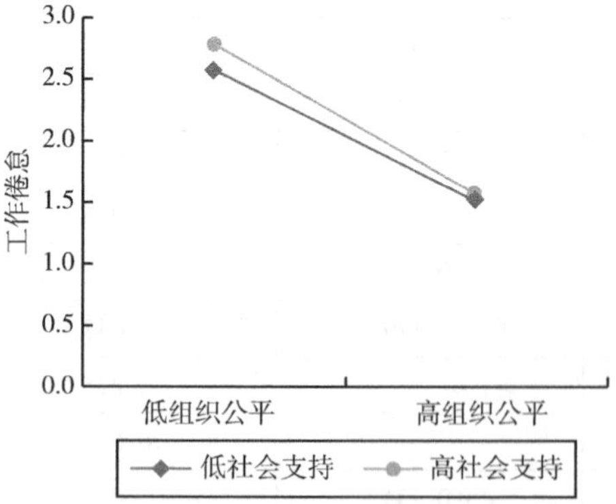

图4-3　组织公平和工作倦怠的调节效应

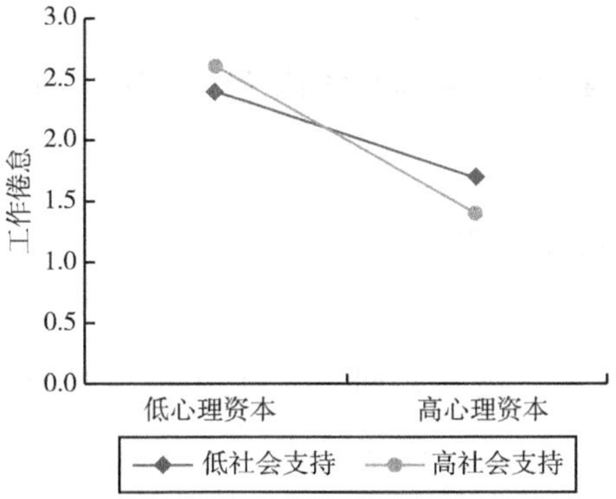

图4-4　心理资本与工作倦怠的调节效应

以社会支持作为有调节的中介作用效果体现同伴支持、领导支持和家庭支持的环境对缓解科研人员工作倦怠的重要效果。科研人员的自身认知决定了其为科研工作实现自身价值的自我实现需求状态，在支持水平的作用下，促使科研人员能更加理性地面对科学研究工作中出现的威胁与挑战，即使面临更大的压力，也可能视为自我挑战的动力，缓解外界压力对自身心理及倦怠行为的作用。

表4-27表明，社会支持在“组织公平感知→工作倦怠情绪”路径和“心理资本→工作倦怠情绪”路径上的调节作用，假设H11和假设H12得到了验证。社会支持在“压力知觉感知→工作倦怠情绪”路径上的调节作用，假设H10验证不成立。这表明社会支持仅对心理资本与工作倦怠之间的关系产生显著的积极调节作用，对组织公平与工作倦怠之间的关系产生消极的调节作用，其他调节效应不显著。这个结果展现了社会支持进行的有调节的中介作用，并对假设检验结果进行统计。

表4-27　研究假设验证结果统计

序号	假设检验	验证
H10	社会支持负向调节压力知觉与工作倦怠的关系	不成立
H11	社会支持正相关调节心理资本和工作倦怠的关系	成立
H12	社会支持负向调节组织公平和工作倦怠之间的关系	成立

4.4 研究结果讨论与启示

4.4.1 研究结果讨论

本章采用实证研究，检验科研人员工作倦怠情绪的诱发机理，探讨：组织公平对科研人员工作倦怠情绪的影响是什么？作用机理是什么？科研人员社会支持水平是否会影响组织公平与工作倦怠情绪之间的关系？影响机制是什么？通过探索性因素分析，基于公平理论，将组织公平分为分配公平、程序公平、人际公平和信息公平四维度；基于情绪认知评价理论，提出科研人员压力知觉和心理资本在组织公平和工作倦怠情绪中的中介作用理论假设；基于社会支持理论，假设社会支持对组织公平、压力知觉、心理资本与工作倦怠情绪的调节效用。

通过结构方程模型和层次多元回归分析的方法对假设进行检验，验证理论模型的有效性。并且，立足于当下信息化、数字化的科研工作发展背景，为后面针对如何缓解科研人员工作倦怠情绪及管控科研人员工作倦怠行为提出相应的对策和建议提供数据支持。综上所述，汇总研究假设的验证结果如表 4 - 28 所示，并对研究结果进行讨论。

表 4 - 28　　验证研究假设汇总表

序号	研究假设	验证结果
H1	组织公平感与科研人员的压力知觉之间呈现负相关关系	成立
H2	科研人员的组织公平感知与工作倦怠之间呈现负相关关系	成立
H3	科研人员的组织公平与心理资本之间呈现正相关关系	成立
H4	科研人员的压力知觉与工作倦怠之间呈现正相关关系	成立
H5	组织公平通过压力知觉的中介对工作倦怠有负向影响	成立
H6	科研人员的压力知觉与心理资本之间呈现负相关关系	不成立
H7	科研人员的心理资本与工作倦怠之间呈现负相关关系	成立
H8	组织公平通过心理资本的中介对工作倦怠有负向影响	成立

续表

序号	研究假设	验证结果
H9	组织公平通过压力知觉和心理资本的链式中介对工作倦怠有负向影响	成立
H10	社会支持负向调节压力知觉与工作倦怠的关系	不成立
H11	社会支持正相关调节心理资本和工作倦怠的关系	成立
H12	社会支持负向调节组织公平和工作倦怠之间的关系	成立

4.4.1.1 直接效应

构建结构方程模型发现，程序公平（$\beta=0.743$，$p<0.001$）、分配公平（$\beta=0.827$，$p<0.001$）、人际公平（$\beta=0.777$，$p<0.001$）、信息公平（$\beta=0.849$，$p<0.001$）对工作倦怠情绪有显著的负相关关系。本章在研究工作倦怠情绪时，将负面情绪和消极怠工的情绪界定为倦怠情绪的体现，组织公平环境中的不公平影响程度越大、不公平体验感越强，则科研人员对科研工作的积极性必然会降低，有效地印证了亚当斯的观点。公平理论中根据心理学依据，体现公平是激励的动力，验证分配公平和程序公平作为激发工作动机的主要因素，是激发科研人员工作动力的重要因素；另外，在不公平心理行为的诱导下，个体在不公平环境中产生的逆反行为导致工作投入的降低以获取主观的逃避。从标准化路径来看，信息公平和分配公平对工作倦怠发挥的效果略显突出。这也是由于在信息化时代的背景下，随着数字经济的发展，信息共享与知识交流成为科学研究工作发展的趋势，而分配公平仍然是个体利益最大化所关注的问题。因此，在组织公平环境的维系中，保持程序公平和人际公平的前提下，组织保持合理的分配制度，另外，把握时代的步伐，与时俱进加快数字化的进程，将信息化发展与公平环境相结合，打造科学研究工作环境的信息公平局面，从源头上遏制科研人员工作倦怠情绪的产生。

4.4.1.2 中介效应

付出—回馈失衡的理论框架研究个体倦怠的产生，认为个体压力知觉是引起工作倦怠的工作压力指标，并强调了过度投入也是付出与回馈失衡的主要原因。本章的研究结果表明，组织公平、压力知觉、心理资本和工作倦怠情绪之间不单单是简单的线性关系，复杂的作用关系表现为：组织公平对工作倦怠情绪具有一定的直接作用；组织公平通过压力知觉对工作倦怠情绪产生间接影响；组织公平通过心理资本对工作倦怠产生间接影响；组织公平通过压力知觉、心理资本的链式中介作用对工作倦怠产生间接影响。在直接效应检验后进一步探讨压力知觉和心理资本的中介作用。中介作用路径“组织公平→压力知觉→工作倦怠”中显示的中介效应值为-0.057，中介作用路径“组织公平→心理资本→工作倦怠”中显示的中介效应值为-0.148，中介作用路径“组织公平→压力知觉→心理资本→工作倦怠”产生的链式中介效应值为-0.007，所有中介效应值均为负数，说明组织公平通过压力知觉和心理资本对工作倦怠情绪产生负向影响。

（1）压力知觉对组织公平和科研人员工作倦怠之间关系的中介作用。

对于科研人员而言，组织中感知的不公平程度越深、影响效果越强，可能会带来压力知觉的敏感程度更高，再次证实 Selye 的压力过程理论[275]。并且，科研人员的压力知觉水平越高，越容易激发工作倦怠的产生，这与以往研究结果一致。虽然在所承受范围内的工作压力可以激发人们应对高难度工作的挑战，但对于科研工作而言，外界与自身期望得越高，所承受的压力越大，会让个体产生身心俱疲、情绪紊乱的耗竭状态，继而引发工作倦怠[276]。因此，适当的压力管理措施是激发科研人员工作热情的有效措施。

（2）压力知觉和心理资本对组织公平和科研人员工作倦怠的链式中介作用。

压力知觉对科研人员的心理资本具有负相关关系，压力感知程度越深，科研人员的心理适应性越弱，再次印证了 Luthans 所提出的心理资本（Psychological Capital）理论。作为除财力、人力、社会三大资本以外的第四大资本——心理资本，是反映个体积极心理状态的资源，也是激发个体工作投入和绩效提升的核心要素。作为积极心理要素，一方面可以保护科研人员的心理健康，缓解组织公平等外界工作环境带来的压力感，减少负面情绪的产生，这也是积极保护性因素的重要作用效果；另一方面，心理资本作为中介因素，减少阻碍性工作要求以保证与结构性工作资源相匹配的工作状态，激发科研人员的工作重塑能力，提升心理资本水平，以此鼓励科研人员的创新工作氛围，提升科研绩效。心理资本中所包含的韧性、乐观、希望、效能，是强化个人适应环境能力的重要人格特质，符合心理势能能力条件模型。以往研究只对简单的中介效果进行分析，忽视了心理资本形成过程中其他因素的影响，本章的研究丰富了心理资本作为中介因素的作用，强调了链式中介的作用效果。

综上所述，组织管理部门和科研机构不仅要对环境中的压力源加以管控，还要加强弥补科研人员的心理资本资源，提升应对压力的自我排解能力，降低工作倦怠情绪的水平。

4.4.1.3 有调节的中介效应

科研人员的社会支持对组织公平和工作倦怠之间影响关系具有负向调节的作用。在结构方程模型的验证中检验了社会支持是否调节“组织公平→压力知觉→工作倦怠情绪”的路径，“组织公平→心理资本→工作倦怠情绪”的路径以及组织公平与压力知觉和心理资本与工作倦怠情绪的链式中介路径。研究发现，社会支持在组织公平和心理资本两条路径发挥调节作用，验证了社会支持作为有调节的中介的作用效果。

（1）社会支持在“组织公平→不安全情绪”路径上的调节作用。

在控制变量的影响保持一定水平的状态下，科研人员的领悟社会支持因素对工作倦怠情绪的主效应达到显著性水平（$\beta=0.190$，$p<0.001$）。相对高社会支持水平的科研人员而言，工作倦怠水平较低，该结论与 Cohen 的社会支持理论相一致，验证了刘伟等人的研究结果，说明领悟社会支持作为调节因素，可以有效地缓冲科研人员的工作倦怠和消极怠工行为[278]。组织公平和社会支持的乘积项对科研人员工作倦怠的影响系数为负数，并表现为显著状态（$\beta=-0.108$，$p<0.001$）。相比较领悟社会支持较高的科研人员来说，随着组织公平环境程度的提升，领悟社会支持较低的科研人员工作倦怠情绪上升速率相对更快。因此，个体在社会支持的外部保护因子的作用下，能缓解组织中不公平因素对科研人员的影响作用。科研人员

面对高脑力活动、高精神消耗、高自身期望的创新创造绩效考核的科研工作环境，将消耗身体和心理的双重资源，家人的关心、领导的体恤、同伴的帮助可以有效地缓解自身负面情绪的滋生，这也是社会支持的内涵所在，积极的经济援助和心理支持是缓解科研人员挫折、逆境、困难的有效方式。这给了我们启示，科研团队的领导和家庭多给予帮助与鼓励，是提升社会支持水平、减少工作倦怠情绪产生的重要条件，以此降低科研人员工作倦怠行为的产生，促进行业内创新绩效的产出。

（2）社会支持在“心理资本→工作倦怠”路径的调节作用。

控制其他变量的影响后，领悟社会支持在心理资本与工作倦怠情绪路径的主效应作用系数为负，表现为显著（$\beta = -0.045$，$p < 0.001$），这与叶宝娟等的结论相一致，表明社会支持领悟水平较高的科研人员在工作中倦怠的水平相对较低。心理资本与社会支持对工作倦怠的乘积项（$\beta = -0.179$，$p < 0.001$），表明社会支持对心理资本和工作倦怠情绪之间的关系有负调节的作用效果。相比较高领悟社会支持的科研人员而言，随着心理资本程度的不充裕，低社会支持领悟下的科研人员易引发工作倦怠情绪的快速发展并蔓延。低领悟社会支持的科研人员心理资本程度降低，他们的工作倦怠情绪水平发展较快，说明自身的积极评价的获取是增强心理可承受能力的来源之一，社会支持作为保护性因素能够减轻科研人员的工作倦怠情绪感知，以免科研人员心理不健康症状的产生。因此，面对组织不公平环境所带来的逆境，通过提升社会支持水平、调节心理资本可以降低工作倦怠情绪发生的概率。

4.4.2 研究启示

科研人员作为本章研究工作倦怠的直接作用主体，是科研领域的核心力量，职业特征较为明显：第一，受教育水平相对较高。与其他行业相比，科研人员的工作要求与创新需要知识的不断积累与更新，尤其是近年来从事科研工作的新生代科研人员，高学历已成为主流，因此对自身和组织环境的期望较高。第二，年龄层次跨度较大。科研队伍的逐渐年轻化说明以创新为要求的科研工作需要注入更多年轻的血液，而经验丰富的科研人员需要不断与时俱进，更新自身知识库存。在复杂多变的社会环境中，初入社会的新生代科研人员可能更容易受到组织不公平环境的影响，而工作时间较长的科研人员对于不公平环境产生的逆反心理则出现。第三，社会支持水平差距显著。随着经济社会的发展、信息化水平的提升、资源共享和知识管理水平的提升，多元化社会环境可能会出现信息不对称的现象，因此不同行业的科研人员所接受的社会支持程度差距显著。第四，心理资本水平差异较大。科研人员的人格特质存在异质性，因此不同科研人员的心理资本水平差异较大。由于社会环境的快速发展，随着经济社会的转型、外来文化的进入以及信息化时代的需求，新一代科研人员的思维模式和行为倾向出现转变，例如，自我意识的增强、思想开放、抗逆能力薄弱等。由于心理建设环节的薄弱，可能会导致在压力过大的情况下，科研人员无法自主地进行心理承受能力调整，因此更容易产生工作倦怠的负面工作状态。

验证心理资本对个人心理健康的保护作用，能够使面对压力的情况下，个体通过自我调节的方式缓解自身的心理负担，缓解工作倦怠情绪的继续深化。科研人员的心理资本作为保护性因子能够促使个体在面对困难或逆境时对自身心理可承受压力范围内的屏障作用，而社会支持作为外部保护性因子能够帮助科研人员抵御外界环境带来的压力，两者共同作用于科研人员的心理健康并对环境进行有调节的中介，以此保障科研人员工作倦息的产生。此外，本章还间接证实了组织氛围和家庭环境对科研人员心理适应性的重要支持作用效果。和谐的组织工作氛围和良好的家庭关系，是人际关系质量提升的保障，也是科研人员心理资本满足的重要来源。

从这项研究的结果中我们可以得到启示，作为科技创新发展的核心力量，科研人员需要应对来自社会、组织、家庭、人际及自身所赋予的期望与压力。为降低科研人员工作倦怠，一方面从自身心理健康的角度出发，发挥心理韧性的重塑能力，增强可承受压力的抗压能力；另一方面从组织氛围出发，营造公平、和谐共享的工作环境，在信息化、数字化水平不断发展的环境下，保障对科研人员的社会支持力度，降低他们的压力知觉，减少情感耗竭，降低工作倦怠的体验，规避倦怠行为的发生概率，促进科研创新成果的产出。

4.5 本章小结

本章采用实证分析的方法从静态视角检验科研人员工作倦怠的诱发机理，确定了研究变量之间存在的关系路径及作用效果。首先，根据深度访谈及研究对象主体特征修订设计了本章研究的测量问卷，整理正式量表发放收集的数据检验所提出的研究假设。其次，构建结构方程模型，运用层次多元回归分析检验前期所提出的假设。最后，对数据结果分析进行了汇总、解释与讨论。本章揭示组织公平对科研人员工作倦怠情绪的作用机理，验证了直接效应机制，证实以压力知觉和心理资本的链式中介路径的科学性，检验了社会支持有调节的中介作用。为第 5 章从动态视角出发，仿真模拟科研人员工作倦怠行为提供了理论和数据支持。

第 5 章

科研人员工作投入演化与传播仿真研究

从静态对科研人员工作投入影响机理所提出的研究假设进行变量之间作用效果的验证后，需要从动态角度模拟科研人员工作投入情绪的演化和倦怠行为的传播过程。在仿真中，可以通过控制其中一个变量看到其他变量的变化，满足当前对个体情绪智力以及心理行为的测试需求。因此，本章通过回顾科研人员工作投入机理模型的相关研究，通过 BP 神经网络训练参数进行多主体建模，分析科研人员工作倦怠各影响因素之间的交互演化，模拟科研人员工作投入的社会网络传播路径，从动态角度对模型的有效性进行验证。

5.1 科研人员工作投入仿真的平台选择及流程

5.1.1 ABM 基本概念及多主体系统建模特征

人工智能的不断发展为科学模拟与仿真提供了工具，在对以往经济活动建立均衡模型后，目前偏向于在复杂系统建模中的基于主体的模型（Agent Based Model，ABM），将展示微观主体的决策与互动状态拓展到宏观系统动态的涌现机理。从微观着手到模拟宏观层面的系统动态过程，通过自下而上的形式，代理主体（Agent）在 ABM 中扮演的角色具有判断的独立学习自主能力，能够对环境的适应性表现出极佳的状态，呈现出“自我演变”的代理模型。不同视角下诠释代理建模的特征。

第一，主体互动特征。主体行为和客观环境之间的相互影响成为由点及面、由微观至宏观的突破口，通常的主体互动存在直接互动和间接互动两大方面。一方面，直接互动中进行全域互动（Global Interaction）[279]，针对 Agent 之间的平均行为的互相影响（Uniformly Influenced By Others）；另一方面，存在的局部互动（Iocal Interaction）表现为 Agent 行为受到其他部分 Agent 影响（Population Sub - group）[280]。而间接互动则表现为 Agent 之间的共同遵守达成约定的交易规则。主体互动所表现出的主体行为以及各主体之间的交互关系，最终形成系统模型。

第二，Agent 所存在的异质性特征既包括属性（Attribute）异质，又包括行为（Behavior）异质两个方面[281]。异质性体征的体现，是研究者针对多目标函数系统的理解以及问题的识别认证，通过提出 Motivation、设计模型以及分析结果的方式，使 Agent 在学习不同类型的决策间切换并创造新的策略[282]。对于复杂的动态博弈问题，在 ABM 中引入多期、多主体的 Agent，通过不同 Agent 的学习行为建立模型，不断调整在博弈过程中各 Agent 的决策方式，直至全局达到某种均衡状态。

第三，有限理性（Bounded Rationality）特征。Herbert Alexander Simon 基于生理学及心理学层面的考虑，提出有限理性的概念，修正了传统经济学理论，为德国心理学家 Gerd Gigerenzer 的行为主体决策规则——“快速节俭启发式（Fast And Frugal Heuristics）”提供了理论依据[283]。ABM 建模中校准并对有限理性的刻画，将 Agent 的学习行为进行演化。因此，有限理性的作用在于权衡所建模型的灵活性和结果的合理性，让系统更适应于 Agent 的应激反应[284]。

第四，Agent 迭代自身的认知和行为并进行学习与演化[285]。Agent 主体的学习行为，是复杂系统过渡到复杂适应性系统的重要驱动。系统内部的博弈是个体学习的宏观表现，而外部的环境变化，是个体对宏观环境的适应。优化 Agent 主体的优化问题，是无意识学习、路径学习以及学习的要求[286]，有利于ABM提升主体决策和互动灵活性，在神经网络架构下，变优化为模拟的过程[287]。

ABMS建模的步骤分为三步，结构图如5-1所示。第一步，初始化阶段，对系统整体状态的描述，并抽取异质性Agent进行属性的标注；第二步，网络训练阶段，确认运行规则，对于复杂系统的主题建模，关注系统之间的精确关系，建立多主体系统模型；第三步，监督模拟阶段，对仿真模拟的运行，将模拟状态与现状相比对，并对系统参数进行重复上一步骤的调整，以期达到最优路径。

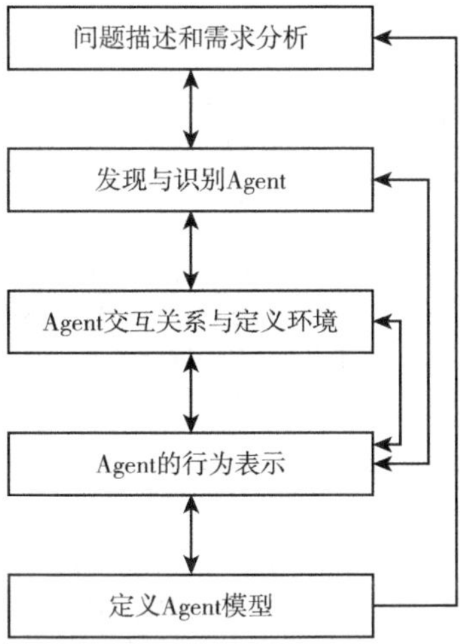

图5-1　多主体建模过程

5.1.2　多主体建模的平台选择

目前，对行为主体Agent的仿真研究有多种平台可以选择，汇总了七种多主体仿真平台的基本特征，如表5-1所示，整理了各个平台的开发机构和语言基础，并对各平台的特点以及适用领域进行分析，为科研人员工作倦怠行为的模拟选择适用的仿真平台奠定了基础。

表5-1 主体仿真方法汇总

平台名称	开发机构	语言基础	特点	适用领域
SWARM	美国圣塔菲研究所1994年开发	Objective C语言	不存在相互关联事件下，交互同一系统中的个体Agent，研究多主体对复杂系统的适应性行为，通过离散事件进行元素之间的交互研究，对使用者的编程要求较高	经济学[288]、管理学[289]、环境资源[290]、生物生态[291]等
CORMAS	Dan Ingalls、Ted Kaehler、Adele Goldberg等1970年开发	Smalltalk程序设计语言	包含例程较多，为二次开发提供便利的接口条件；但使用门槛较高，对使用者提出更高的语言开发及编程技巧的要求	经济学[291]、社会学[293]、环境资源[294]等
ASCAPE	布鲁金斯研究所开发（The Brookings Institution）	Java语言	不以事件驱动为主，普及性较差，使用者较少	社会学[295]、管理学等领域
NETLOGO	UriWilensy 1999年开发	Java语言和Logo语言	可以模拟时间演化条件下自然现象和社会现象的建模环境，适合对复杂系统进行建模，编程语法简单易上手，使用功能强大	社会学[296]、数学[297]、组织管理学[298]、生态环境治理[299]、管理学[300]等
ANYLOGIC	Eclipse平台开发	UML－RT，Java和微分方程	在Java支持的平台，或Web页上运行模型仿真。通过创建真实动态模型的可视化工具，对动态发展的结构及组件间互相联络进行动态模型的模拟，但仿真主体的承载量不宜过大	行人交通[301]、城市规划[302]、制造业[303]、供应链[304]等
REPAST	芝加哥大学中的社会科学计算研究中心开发	Java语言	为运行主体提供可自动生成的选项，并对数据进行收集形成可供显示的类库，可以对运行中的模型拍摄"快照"，通过汇集影像生成模型，为后续研究提供数据库资料	生物生态[305]、地理学[306]、供应链[307]等
TNG LAB（TRADE NETWORK GAME LAB）	美国爱荷华州立大学的McFadzean、Stewart、Tesfatsion开发	C++语言	市场环境下的商业网络仿真，挑选合适的商业伙伴，参与模拟无合作博弈的有风险的交易，并优化商业策略	劳动力市场的支配力[308]等

通过对主体行为的模拟平台进行比对，选择美国西北大学链接学习和计算机建模中心（CCL）持续性开发的多主体建模仿真集成环境 Netlogo 作为本书建立模型的平台。其原因在于 Netlogo 模拟社会现象的环境进行建模，该平台应用于组织管理[309]、经济分析[310]等领域，有大量成熟成果，为本书的研究奠定了理论和实践基础。通过对独立运行的“主体”Agent 发放指令，存在于宏观模式中涌现的个体进行交互，仿真微观中的个体行为与宏观模式之间存在的关系，对复杂系统中随时间演化进行建模，符合本书的研究需要。并且，Netlogo 涉及学科范围较广，包括社会学、数学、化学等。

Netlogo 6.0.4 采用海龟（Turtle）、瓦片（Patch）、观察者（Observer）、链（Links）四类主体，集成环境如图 5-2 所示，其中，海龟可以在瓦片上任意移动，瓦片则模拟为适应于海龟而存在的外部环境，但瓦片也存在一定自助行为，拥有固有属性的颜色和位置，因此，瓦片和海龟之间可以进行交流沟通。观察者在整个仿真过程中起到控制的作用，观察瓦片和海龟以及其他变量，并且，在海龟的设置中体现异质性主体的特征，可将个体类型多样化处理，如生物[311]、心理因素[312]等。观察者一方面可以研究海龟和瓦片之间的相互影响状态，另一方面获取复杂演化后瓦片和海龟之间所产生的结论。

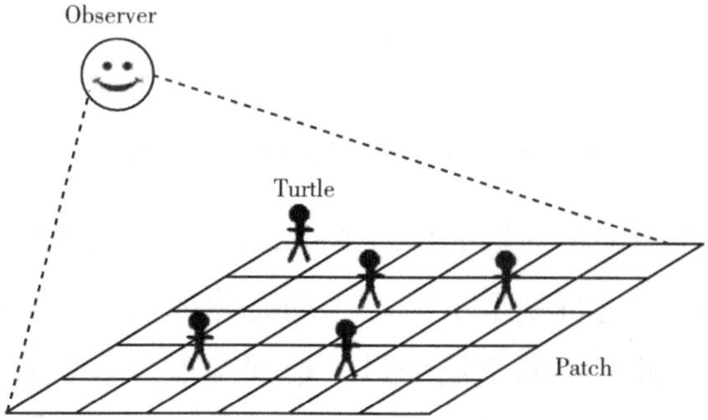

图5-2 多主体建模仿真集成环境的对象

Netlogo 仿真界面如图 5-3 所示，主窗口分为模型和指令中心窗口两部分。指令窗口负责直接输入指令进行模型的交互，相对独立并未加入模型的程序语言。模型部分包含参数、图形、动画输入/输出空间、仿真世界图形化显示窗口的“界面”；模型可能出现的拓展现象以及对模型使用的解释的“说明”；代码编译的“程序”由三部分组成。在建模过程中，可视化空间和程序之间存在密不可分的关系，并且作为可视化控件的“界面”以及“程序”窗口中的程序，是建模中不可缺少的代码编写部门，为模型运行提供可视化的时间演进过程。

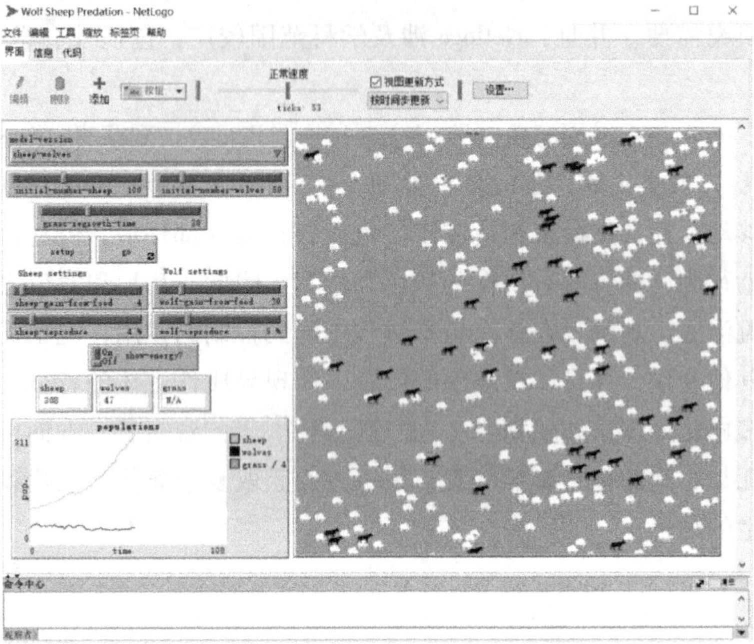

图 5-3 Netlogo 仿真界面初始状态

综上所述，作为虚拟环境的平台 Netlogo，大多用于自然界和社会学方向，通过程序的编制进行复杂主体行为动态化的仿真。它能够采用命令式或可视化控制修正模型中的全局变量，根据基准模式的补给水平，对分析模型进行观察，分析复杂环境中行为主体的动态行为规则，除此之外，引入随机因素，不断修正仿真参数，提升复杂系统建模的适用性。Netlogo 平台为社会科学研究生提供学术研究的支持。

5.1.3 科研人员工作倦怠仿真流程

本章使用 Netlogo6.0.4 作为科研人员工作倦怠演化模型的仿真工具，并根据图 5－4 进行 ABMS 概念化框架的设计，将分布仿真系统进行构建、测试以及仿真运行的三大板块，并根据宏观知识和微观知识相结合的知识管理进行目标系统的制定、仿真模型的运行以及结果的发布。

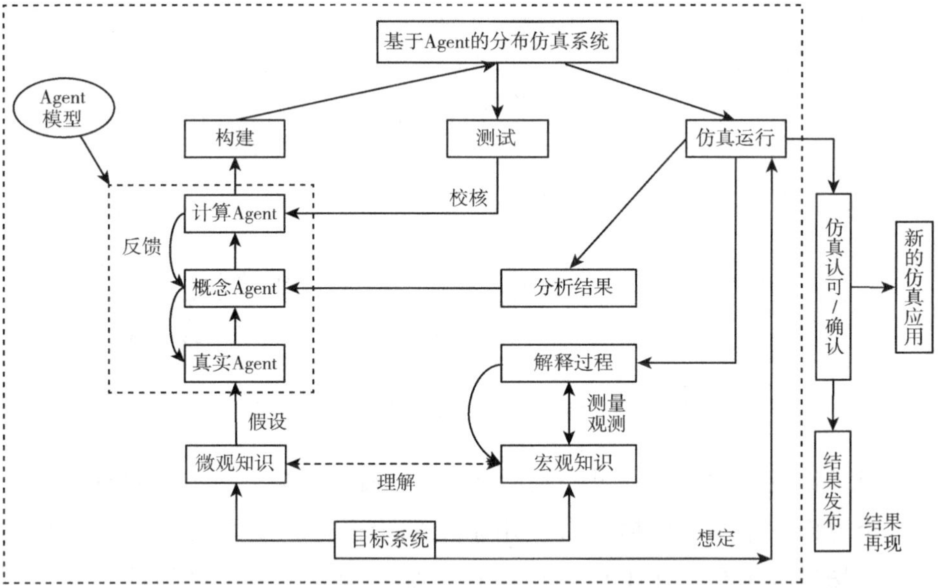

图 5－4　Netlogo 仿真系统概念框架

本章建立科研人员工作倦怠行为的仿真流程如图 5－5 所示，为实现方针目标进行初步流程设计，为后续构建模型提供流程。

基于此，考虑到科研人员在工作过程中的行为选择会受到个体心理因素、群体工作因素以及社会因素的驱动，科研人员工作倦怠行为意愿产生后会起到回调效应。因此，个体行为选择受到他人的影响，而科研人员个体与外部组织、工作环境之间存在一定的交互作用。采用仿真对科研人员工作倦怠行为涌现和动态变化进行模拟，预测不同行为及政策

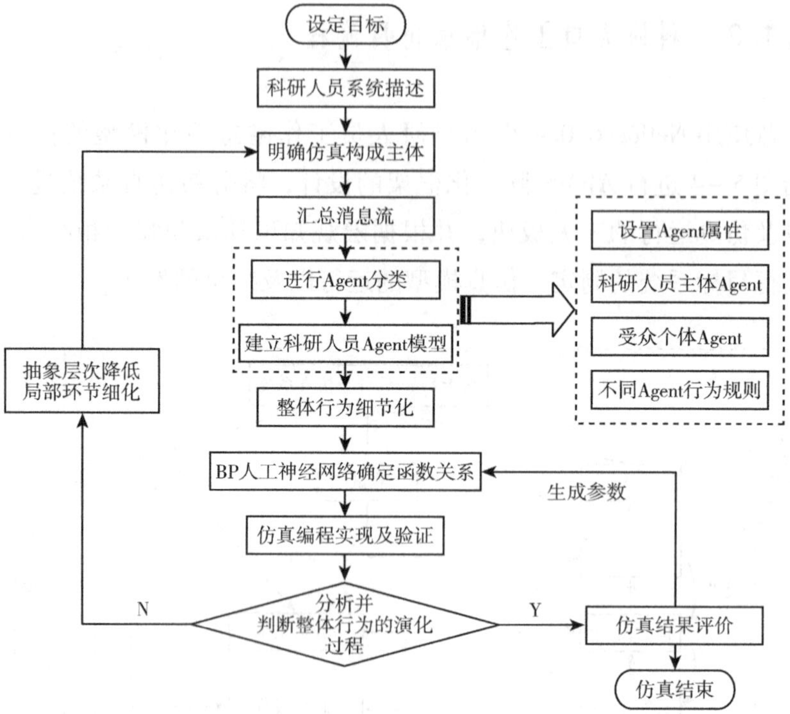

图5－5　科研人员工作倦怠行为仿真流程

工具对工作倦怠的调控效果。基于 Agent 的概念框架，将方针目标大致分为三个方面：第一，根据复杂使用系统理论进行科研人员工作倦怠行为的实际场景刻画和描述工作倦怠仿真系统的构成主体及之间的相互作用关系，并对不同 Agent 进行属性和行为规则的设定；第二，以前期正式调研的问卷数据为基础，经过 BP 人工神经网络法构建科研人员行为意愿和工作情景因素的模型，拟合参数后，确立科研人员 Agent 行为选择函数、效果感知函数等相关参数；第三，基于 Netlogo 平台，演绎不同外部资源补给的情境下行为涌现的特征，判断不同资源工具的预测作用。通过输出的仿真结果，比较行为有效性的差异程度。该流程图 5－5 为后续科研人员工作倦怠演化模型和社会网络行为传播模型的建立提供了参考。

5.2 科研人员工作投入与倦怠演化模型构建

科研人员的工作投入与倦怠情绪是受多个行为主体相互影响的复杂过程，由压力应激而产生在不同人格特质的个体不同情绪能量的阶段性演化过程，表现为异质性个体在工作倦怠情绪中各影响因素的交互作用结果。本章梳理科研人员倦怠情绪的形成机制，在此基础上构建情绪演化 ABMS 模型。

5.2.1 科研人员工作投入不足的倦怠形成机制

个体的心理动机是促使其行为和症状产生的重要因素，心理平衡感源于个体潜意识的情感、欲望等动态交互的心理力量。基于弗洛伊德开创、荣格发展的心理动力学以及心理能量的精神分析，以认知评价理论以及 Kahneman 提出的中枢能量理论为依据，经过科研人员受到压力应激后进行的认知评价，将个体的情绪能量以及资源进行分配和释放，在所处高压环境下所反映出的倦怠情绪状态。负面情绪的诱因来源于组织公平的感知、个体对压力的认知，而心理资本和社会支持是调节情绪能量的重要因素。图 5－6 绘制了科研人员工作倦怠行为决策的概念模型。

第 3 章的研究结论中将科研人员工作倦怠的影响因素分为压力知觉，通过个体的自我认知和判断，对压力应激产生的紧张感和失控感；组织公平，通过工作过程中所感知到的包括程序公平、分配公平、信息公平和人际公平在内的四个维度，以此判断公平感知对于倦怠情绪的影响；心理资本，个体的心理因素是当面对组织或团队内消极信息、挫折、失败等负面影响时所表现出的情绪承受能力；社会支持，作为至关重要的外部资源，是调节工作倦怠情绪的重要因素，包括家庭理解、领导认可以及同伴互助。构建科研工作者工作倦怠情绪演化机制，通过认知评价产生压力知觉，催生工作倦怠情绪的能量增加，在个体内部资源的作用下再一次进行感知和

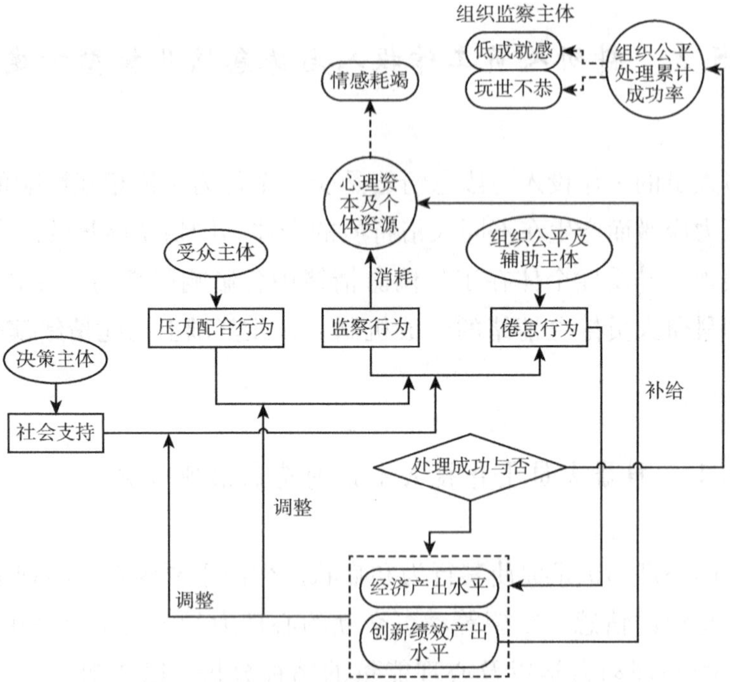

图 5-6　科研人员工作倦怠行为决策模型运行机制示意图

评估自身情绪状态，如果倦怠情绪的负能量能超过心理资本和社会支持的水平阈值，则意味着工作倦怠情绪的爆发风险较大。组织管理部门或是国家政策引导可以通过有效的防范、干预、激励对倦怠情绪进行稳定。

5.2.2　科研人员工作投入演化 ABMS 模型构建

基于普拉契克的情绪进化理论[313]，对个体情绪心理的变化进行分析[314]。作为认知、生理、体验和行为的多方考量，个体对外界带来的刺激所做出的外显情绪，继而诱发个人适应功能[315]。对于异质性人格特质的个体而言，面对相同刺激源存在不同情绪心理的变化历程。作为心理活动的前沿，受到监察后的主观情绪被触发，并通过外显形式进行信息传递，而与此同时，作为心理的副产物，其状态的变化是影响有机体参与活动的效率及方向[316]。参考科研人员的消极心理状态，对工作倦怠情绪进行捕捉，探讨心理资本的变化以及外界支持与刺激带来的影响，对个体工作中消极状态带来的倦怠风险行为进行评估。

参考2001年Mark d' Inverno和Michael Luck对Agent提出的内涵及开发形式化框架SMART（Structured and Modular Agent and Relationship Types）[317]，整合出科研人员工作倦怠演化过程，如图5-7所示。以复杂适应系统CAS理论为基础，对于动态性、主动性的系统规模较大的子系统具有一定的代表性，因此霍兰、钱学森等学者提出"适应性造就复杂性"的观点，为复杂问题建模提供了思路。ABMS对复杂性问题进行微观与宏观层面的研究，宏观上强调宏观系统中主体与主体、主体与环境之间的关系，将多个主体之间非线性的交互性的行为进行适应外界环境的不断调整，展示动态变化的主体行为；微观上强调多个异质性Agent的行为和属性，并进行自我学习和适应性环境的调整，学习积累个体适应性后固化个体行为。

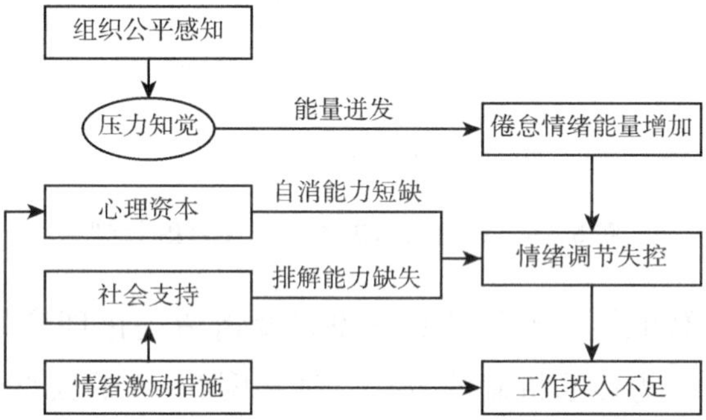

图5-7　科研人员工作投入演化过程

多主体仿真建模的流程构建科研人员工作投入演化ABMS模型如图5-8所示。首先，确定行为主体，抽取压力知觉Agent、心理资本Agent、社会支持Agent、组织公平Agent。各类主体都是包含多个个体的种群，因此具有不同属性，采用不同形状来表示。成群演化的多主体之间进行相互作用，因此产生涌现的现象。其次，制定主体之间的交互规则。由于异质性人格特质的影响，在面对压力应激时所感知的紧张与失控不断累积，防控在经过心理资本的防线时对一些较弱的刺激量进行阻碍，但是超过心理资本阈值的部门面对个体产生涌现，在于预负面情绪倦怠情绪的状态下，对心理资本水平进行减缓。与此同时，面对组织公平的现象，若存在超负荷的心理预期，则会激增倦怠情绪发生的风险。在社会支持的调节作用下，情绪集聚能量超越可排解的阈值，会增加科研人员的倦怠情绪发生风险。最后，仿真模型的确定，调整全局变量并修正主体参数，优化仿真模型。

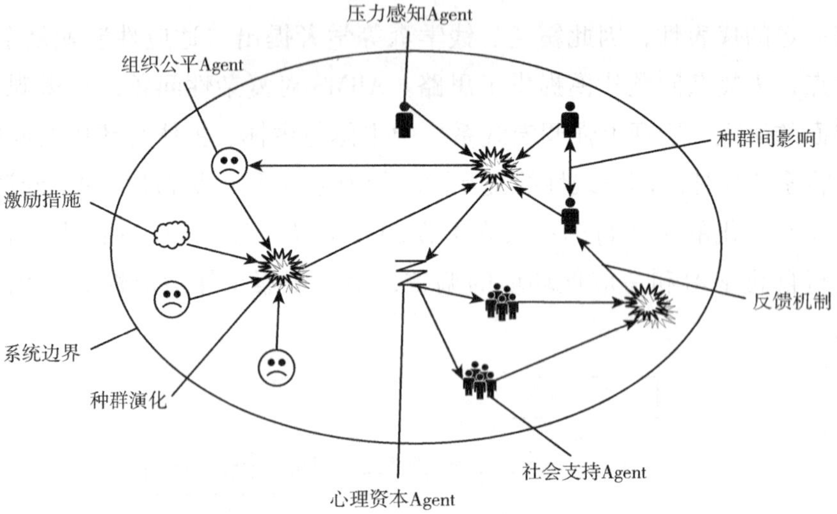

图 5－8　科研人员工作投入 ABMS 模型

基于 ABMS 智能体建模与仿真理论以及情绪进化理论的支持，根据社会网络属性以及行为传播机制的方法，结合图 5－8 的模型，对 Agent 抽象主体进行分类如下。

（1）主体。

本章设计组织公平 Agent、压力感知 Agent、心理资本 Agent 以及社会支持 Agent 四类主体。在情绪评价中，基于 Lazarus 对情绪认知的初级评价以及次级评价，将组织公平与否所带来的风险威胁以及个体资源、心理资本、社会支持的评价进行划分[318]。在时间演化的过程中，作为主体的 Agent 表现出具有自身属性特征的行为规则。从仿真过程中可以看出，一方面个体与个体之间呈现出相互影响、相互独立的个体行为整体化的变化；

另一方面，个体与环境之间呈现出相互影响、相互适应调整的信息交换。仿真模拟步数设置为 n，以小时为单位设计步长 l = 1。

组织公平 Agent 作为外界环境所带来的刺激，是诱发科研人员倦怠情绪的重要因素[319]。在相关属性的设置上，定义威胁程度 x_1、发生频率 x_2、持续影响时长 x_3，并对刺激程度的取值范围控制在 R = [1，5]，刺激范围 [1，500]。当科研人员面对日益复杂的工作环境时，组织公平感知的强度会影响个体应对等级的放大，因此，个体在复杂环境中面对越大外界的情绪刺激所带来的程度越强，自身情绪阈值变化需要在仿真时进行调整。

（2）受众个体 Agent。

①压力知觉 Agent。

作为受众个体对于外界威胁的认知，是该 Agent 面对压力源的初级评价。韦伯定律中将最小刺激量与总刺激量之间的关系用公式表示：$\Delta I/I = K$（I 表示刺激总量，ΔI 表示能让个体感知压力程度最小时的刺激量，K 为常数）。费希纳定律在前人研究的基础上将函数中增加心理因素对刺激量的对数，$S = K\lg R$，其中，R 解释为袭击强度，S 为个人心理量。本章借鉴该定律对压力知觉感知 Agent 进行行为规则的设计：

$$U(m) = k\lg \sum_{i=1}^{N} R_i \prod_{t=1}^{T} (1 + r_t) + \varepsilon_1 \tag{5.1}$$

其中，$I = 1, 2, \cdots, N$。

心理资本 Agent（内部资源），是个体对立于与社会支持的内部消化感知。在个体面对挫折、外部重压以及危险、威胁等资源时，通过自我调节，修复自身心理状态，因此属性设计心理资本 $U(y)$，其中自我效能 y_1、希望态度 y_2、心理韧性 y_3、乐观态度 y_4，建立行为规则为：

$$U(y) = \sum_{i=1}^{4} \gamma_i y_i + \varepsilon_2 \tag{5.2}$$

其中，γ_i表现在 $U(y)$ 中为 y_i的因子载荷，随机干扰因素设为 ε_2。

社会支持 Agent（外部排解），精神支持是个体获取非物质支持的重要部分[320]，用 S_U表示社会支持，其中 S_l表示领导支持水平，S_f表示家庭支持水平，S_p表示同伴支持水平，并将社会支持水平的非常低、低、一般、高、非常高赋值为1、2、3、4、5。张军伟等人的研究表明，外部压力积累的单位量小于78时所表现的人因失误率较低。由此设置社会支持Agent的参数，常态下社会支持的外部排解量为75，在实行激励政策干预个体排解能力后将社会支持水平量提升为100再次模拟。

$$S_U = a \cdot S_f + t \cdot S_p + d \cdot S_l + \varepsilon_3 \tag{5.3}$$

其中，a表示家庭支持，t表示同伴支持，d表示领导支持，随机干扰因素用ε_3表示。

②设置交互行为规则。

第一，科研人员面对重压后的应激反应受到心理资本的个体资源和社会支持的外部资源影响。面对组织不公平带给个体的负面体验，异质性个体及时补足内在资源心理资本资源，并且补充外部排解的社会支持水平，有助于降低科研人员倦怠情绪带来的消极行为风险：

$$U(m) = U'(m) + \lambda_1 \cdot P_s + \delta_1 \tag{5.4}$$

其中，λ_1为系数，δ_1表示随机干扰因素，上一期的循环为$U'(m)$。

第二，对于科研人员的个体资源，心理资本状态受到压力认知和社会支持的影响。受众个体所感知的压力能量对于自身心理资本资源而言产生一定的削减效果，而外界提供的社会支持水平程度越高，弥补心理资本的资源越充沛，越能缓解倦怠情绪带来的负面反应。

5.2.3 科研人员工作投入社会网络模型的构建

社会网络理论从20世纪60年代提出后受到社会成员的广泛关注，随着城市化进程的加快以及通信技术的革新，向网络化方向发展[322]，社会成员之间的关联性由各节点实体和关系构成的集合，存在于组织、群体、个体中，保持边界模糊的存在。而社会实体之间存在千丝万缕的关系，是通过正式或非正式方式而建立起来的。从实际调研发现，科研人员的倦怠行为传播网络具有社会网络的属性，由于工作项目或团队的需求，科研人员存在于较为固定的工作岗位，并与他人、组织、群体之间存在复杂多样的联系。受到工作需要、个人情感等因素的影响，科研人员的倦怠行为传播从身边的人开始并逐步扩散，与社会网络发展趋势相适应。

SIR 病毒传播理论较早应用于传染病动力学，传播过程如图 5－9 所示，针对传播网络中各节点的感染及免疫状态进行分析[323]。Figueroa 沿用以往观点通过流行病理论指出个体行为同样存在感染性，并在社会网络中进行传播扩散[324]。

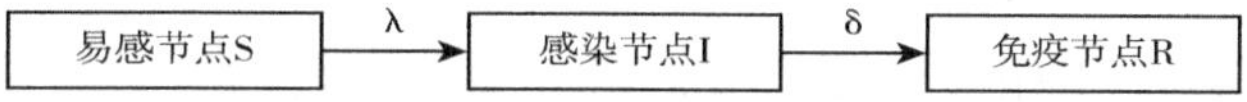

图 5－9 SIR 传播模型

与病毒传播不同，科研人员实际工作中需要相互传达信息及工作沟通，因此倦怠行为的传播存在于组织、群体之间，如图 5－10 所示。对于科研人员的投入行为传播，科研人员各节点不会消失，并且科研人员间并不会在接触后立即成为被感染的节点，而是在受到外界刺激、难以负荷的压力感知等因素后，科研人员节点产生对个体工作投入行为决策影响的结果，因此具有一定的复杂性。

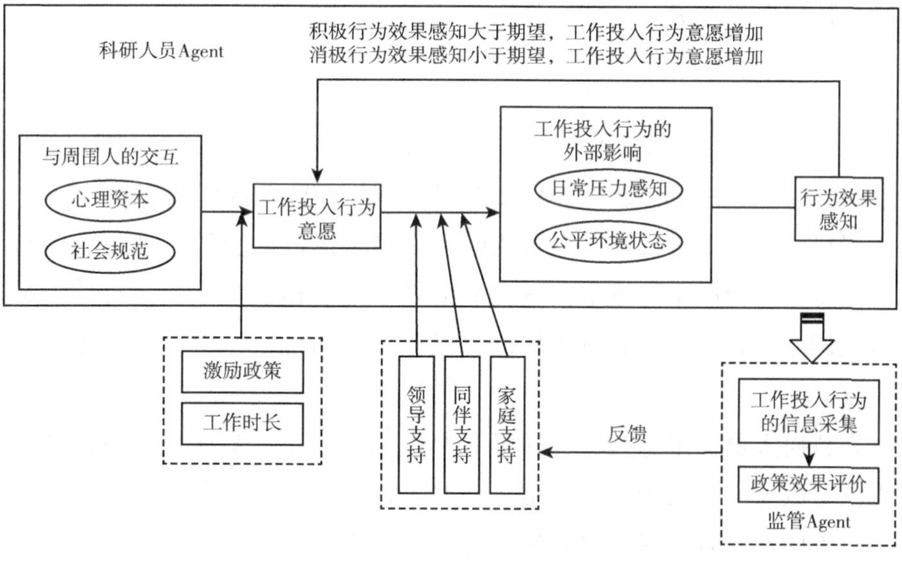

图 5－10 科研人员工作投入行为传播模型示意图

（1）行为主体。

建模的理论依据是将成本收益决策与行为经济学的有限理性结合，影响科研人员工作倦怠状态的主要因素是企业和个体在各行为模式下的成本和收益水平、科研人员自身的情绪智力和环境的影响。因此，对模型的属性特征提取从环境境况、组织管理者、科研人员方面进行。

环境境况属性展现出对科研人员工作倦怠带来影响及作用效果的行为决策。因此，环境中相关属性包括科研人员倦怠行为导致科研项目失败的概率 X、项目绩效损失 L、所获奖励 R_1。

管理者相关属性主要是指在日常科研工作中，管理者的积极领导行为对科研人员工作满意度和职业幸福感提升的有效作用。管理者作出管理科研人员的决策后，着手考量倦怠行为所带来的危害和风险等，作出有效的制度实施。因此，管理者相关属性表现为对倦怠行为的干预概率 M、激励水平 Gp。

科研人员相关属性主要是个体对于压力的承受能力以及倦怠程度。因此，工作倦怠所表现出的工作量、工作时长、阅历经历和心理承受能力等导致工作倦怠程度 E，数据则表示为工作压力增长率：

$$E = 12\prod_{m=1}^{n}(1 + i_m) + \varepsilon \tag{5.5}$$

其中，n 表示连续工作时间；i_m 表示压力增长率，取值（3%，5%）；ε 为初始值，测试可承受的压力水平，随机抽取 0～5 区间数值。

当科研人员并未选择倦怠行为时，表明个体可承受的心理压力就是履行非倦怠行为而产生的成本，该成本用 C_1 表示，倦怠产生后，科研人员通过自我调整缓解压力，此时工作倦怠感再减去随机数所得就是个体倦怠时的收益 R_2。

在科研人员非倦怠行为选择概率为 N 的条件下，科研人员权衡利弊后根据期望收益进行决策，由于信息不对称，并且科研人员自身的有限理性特征，因此从众效应对科研人员的决策影响较大。

（2）模型构建。

前期演化博弈的期望计算是探索实施激励政策对于员工心理状态的转

变是否合适，而延续前期的博弈进行仿真，体现激励政策就科研人员对倦怠行为决策的影响，通过考虑倦怠行为和不倦怠行为的期望收益进行考量。

假设倦怠行为和不倦怠行为的期望收益分别为 U_1 和 U_2：

$$U_1 = M \times (R_1 - C_1) + (1 - M) \times (R_1 - C_1) = R_1 - C_1 \tag{5.6}$$

$$\begin{aligned} U_2 &= M \times (R_2 - X \times L - G_p) + (1 - M) \times (R_2 - X \times L) \\ &= R_2 - X \times L - M \times G_p \end{aligned} \tag{5.7}$$

平均收益为：

$$\begin{aligned} U &= N \times U_1 + (1 - N) \times U_2 \\ &= N \times (R_1 - C_1) + (1 - N) \times (R_2 - X \times L - M \times G_p) \end{aligned} \tag{5.8}$$

从期望收益来看，科研人员倦怠行为的收益所考虑的是心理资本缺失所带来的成本，而倦怠行为的收益除自身利益之外，还可能面临由于倦怠行为而造成的风险及损失。结合科研人员内在资源和外在排解各区域内的阈值，对心理资本的价值的评估，仿真科研人员倦怠行为所带来的决策结果。

将科研人员倦怠行为传播网络的节点设定为 n 个，科研人员之间的联系设置为无方向无权重的联通网络 m 条边，根据科研人员倦怠行为的实际传播状况，将节点的网络度进行调试，优先相邻节点之间的连接，边集为 F，集合表示为：

$$V = \{v_1, v_2, v_3, \cdots, v_N\} F = \{e_1, e_2, e_3, \cdots, e_M\} \tag{5.9}$$

网络平均度所表示的含义是某节点连接的其他节点数，并将 K 与节点数和网络中边的数量进行联系，得到 $K = 2m/n$。通过科研人员倦怠行为传播网络的网络平均度，仿真科研人员倦怠行为传播网络的集聚程度，判断科研人员倦怠行为的传播路径，观测网络中节点的密切程度，衡量科研人员倦怠行为的传播网络。

$$C = k/n \tag{5.10}$$

（3）传播行为规则。

设置A类科研人员为科研工作过程中很难受到倦怠行为影响的人群；B类科研人员为倦怠行为会以相互交流、共情等方式传播的人群；C类科研人员定义为本身工作态度积极，但容易受到倦怠行为影响而转变为B类科研人员的人群。基于此，行为传播的双向性以及复杂性让三类科研人员倦怠行为的传播与否可以以不同概率进行传播。

如图5－11所示，B类科研人员在概率α的条件下将倦怠行为传播给C类科研人员，此时C类科研人员转变为B类科研人员；激励措施、社会支持等外部疏导下C类科研人员在β概率的可能下转为A类科研人员。与此同时，在激励措施等条件下，γ概率下B类科研人员可能转为C类科研人员，B类科研人员可无法直接转为A类科研人员，但可以显著安慰C类科研人员再转为A类科研人员。科研人员的工作倦怠行为可以“复制”，但是也可以抑制进行转变，此时观测员工情绪各阈值的变化状态，分析A、B、C类科研人员转变的心理诉求，以此探索激励措施的合理设计与规划。

图5－11　科研人员倦怠行为传播模型

5.3　基于BP人工神经网络的仿真系统计算参数的生成

科研人员Agent对工作倦怠情绪状态以及行为选择、感知效果的确定可以通过BP人工神经网络（The Generation of Calculation Parameters of Simulation System Based on Bp Artificial Neural Network）验证问卷数据并预测相关计算参数，为后续仿真模拟的参数设定提供支持。

5.3.1　人工神经网络训练数据的录入

通过对数据进行训练，运用BP人工神经网络，再检验训练结果，对比数据的拟合情况。将数据分为两大类：一类是抽取部分问卷调研所获的数据作为训练数据，迭代并训练数据；另一类剩余部分检验训练结果。根据张爱兵[325]、贾广社[326]等人的研究成果，本章将从问卷调研的数据中选取82%的样本作为训练数据，剩余部分用来检验。从前期所获487份有效的调查问卷数据中随机抽取400份进行BP人工神经网络的训练，留存87份有效问卷数据进行检验，测试人工神经网络的拟合。

本章分为两个部分进行录入人工神经网络训练数据：一部分为科研人员工作倦怠情绪演化过程的训练数据；另一部分为科研人员工作倦怠行为传播的训练数据。人工神经网络训练数据的录入界面如图5－12所示，对于科研人员工作倦怠情绪演化过程的五列输入列分别为前期所设定的各Agent主体表现出的组织公平状态、心理资源支持、社会支持排解、外界威胁压力认知以及个人工作意愿，输出则为工作倦怠中所表现的情感耗竭、去人格化以及低成就感的三维度。

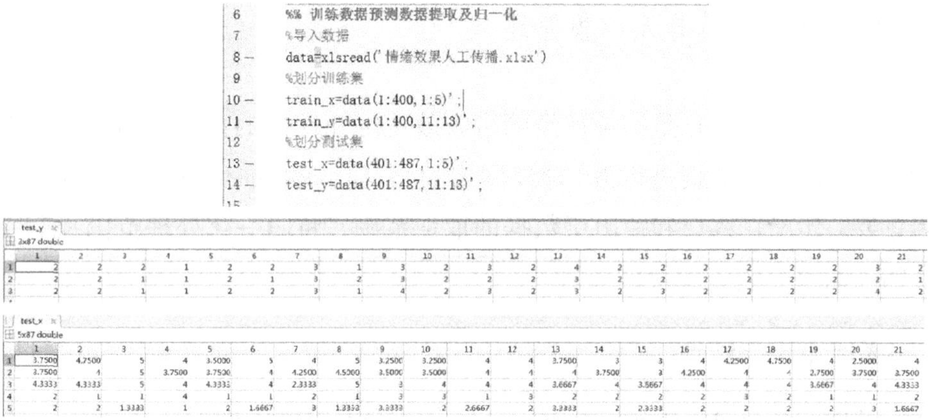

图5－12 科研人员工作倦怠情绪演变的数据录入

科研人员工作倦怠行为传播过程如图5－13所示，五列输入列分别为前期所设定的各Agent主体表现出的自我效能、激励政策、信息共享、压力感知，输出为倦怠行为传播感知、行为决策状态以及可承受心理压力的状态。

```
%% 训练数据预测数据提取及归一化
%导入数据
data=xlsread('行为人工传播.xlsx')
%划分训练集
train_x=data(1:400,1:5)';
train_y=data(1:400,10:12)';
%划分测试集
test_x=data(401:487,1:5)';
test_y=data(401:487,10:12)';
```

test_y
3x87 double

	1	2	3	4	5	6	7	8	9	10	11	12	13	14	15	16	17	18	19	20	21
1	2	2	1	1	2	2	3	1	3	2	3	2	3	2	2	2	2	2	2	3	2
2	2	2	2	1	2	2	3	1	3	2	3	2	4	2	2	2	2	2	2	3	2
3	4	5	5	4	5	4	5	5	4	4	4	4	4	4	3	4	4	4	3	4	4

test_x
5x87 double

	1	2	3	4	5	6	7	8	9	10	11	12	13	14	15	16	17	18	19	20	21
1	5	5	5	4	4	4	3	5	3	4	4	4	4	4	4	4	4	4	4	4	5
2	4	4	5	4	5	4	3	5	3	4	4	4	4	4	4	4	4	4	3	4	4
3	4	5	5	4	5	4	5	5	4	4	4	4	4	4	3	4	4	4	3	4	4
4	4	5	5	4	4	5	4	5	3	4	4	4	4	3	3	4	4	5	4	3	4
5	2	1	1	3	1	2	2	1	3	3	1	2	2	2	2	2	2	2	4	1	1

图 5-13　科研人员工作倦怠行为传播的数据录入

5.3.2　训练样本的预处理

由于数据归一化是影响神经网络收敛速度和性能的重要因素，因此对输入层和输出层数据进行 BP 神经网络的归一化或标准化数据的预处理极为重要。定义输入层和输出层数据的取值范围，将归一化处理范围控制在区间［0，1］内，变换公式如下：

$$\hat{X} = \frac{X - X_{min}}{X_{max} - X_{min}} \tag{5.11}$$

其中，X 为输入或输出数据；max 表示输入或输出最大值的数据，min 表示输入或输出最小值。

5.3.3　人工神经网络的构建

首先，完成软件中录入训练样本数据的指示，下一步设置人工神经网络的训练参数，如图 5-14 所示，自动生成并构建一个输入层节点数为 5、隐藏层节点数为 15、输出层节点数为 3 的人工神经网络结构模型，偏置节点数值为“1”，设置最大迭代数为 1000 次，说明在进行人工神经网络的训练时，经过 1000 次的迭代后停止，学习速率默认系统数值为 0.1。

```
%% 创建网络
hiddennum = 15; % 隐含层节点数
net = newff(train_xx, train_yy, hiddennum);
net.trainParam.epochs = 1000; % 最大迭代次数
net.trainParam.goal = 0.00001;    % 训练精度
net.trainParam.lr = 0.1;        % 学习率
net.trainParam.max_fail=200;  %最大失败次数
```

图 5－14　人工神经网络创建网络示意图

其次，进行人工神经网络结构图的构建，针对输入层、输出层以及隐藏层的节数进行迭代的过程，其路径效果结构示意图如图 5－15 和图 5－16 所示。

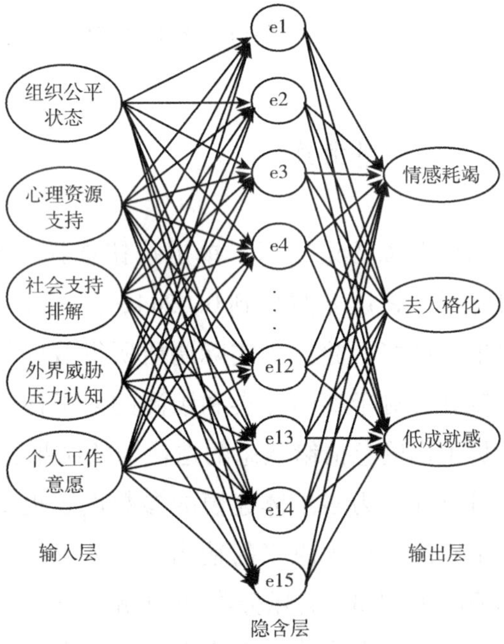

图 5－15　人工神经网络结构模型 1

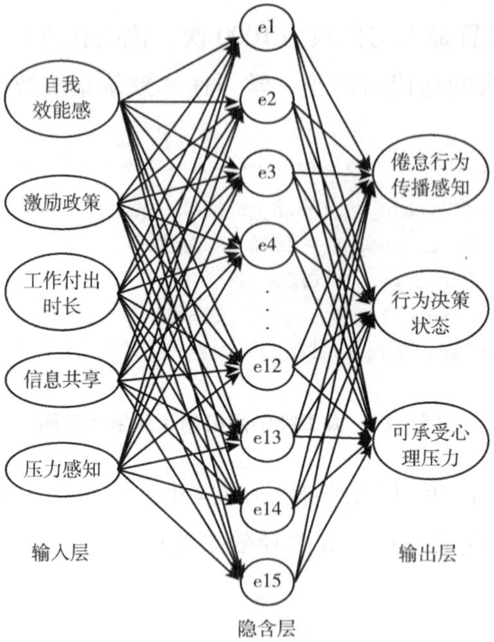

图 5-16 人工神经网络结构模型 2

5.3.4 人工神经网络训练

完成人工神经网络训练的设置后，单击按钮选择“开始训练”，历经迭代的学习训练时间后，将误差减少到0.0244，如图5-17所示，神经网络表现出的收敛效果较良好，验证了实际调研所得数据与人工神经网络训练数据的拟合效果较好。对于实际分类和预测的人工神经网络训练结果来看，一方面科研人员工作倦怠情绪状态的迭代训练结果正确率均在89%以上，证实了数据的可行性，为多主体建模的参数设定提供参考意见。另一方面，对科研人员工作倦怠行为决策的输出进行人工神经网络的训练，如图5-18所示，训练出来的BP实际分类和预测分类所达到的正确率均在73%以上，证实该角度对行为决策仿真模拟参数设定的参考是达到可应用的标准的。

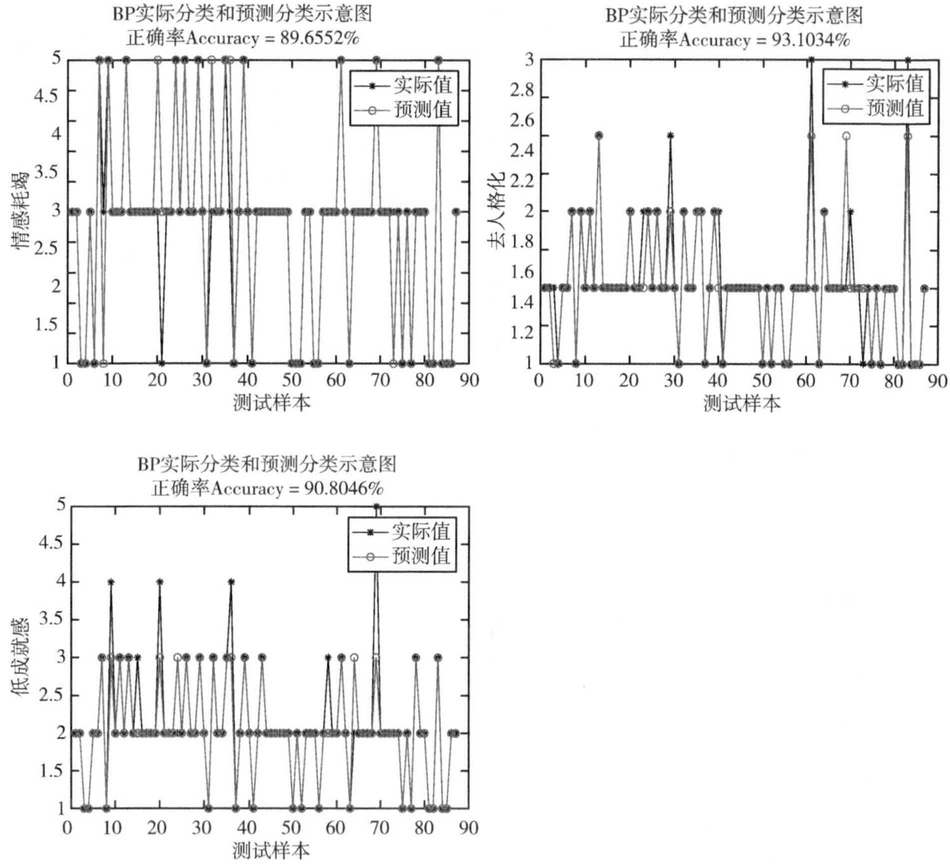

图5－17　科研人员工作倦怠情绪演变的人工神经网络训练

综上所述，本章研究证实了通过神经网络对数据的训练，对实际分类与预测分类中的数据拟合程度进行对比，正确率均在70%以上，说明模拟参数的合理性和有效性，为下一步的参数生成提供了依据。

5.3.5　人工神经网络拟合效果检验

使用留存的87份调查样本检验人工神经网络的拟合效果，表格中导入输入值进行批量计算，软件计算后将检验样本的输出值导出在Excel中，

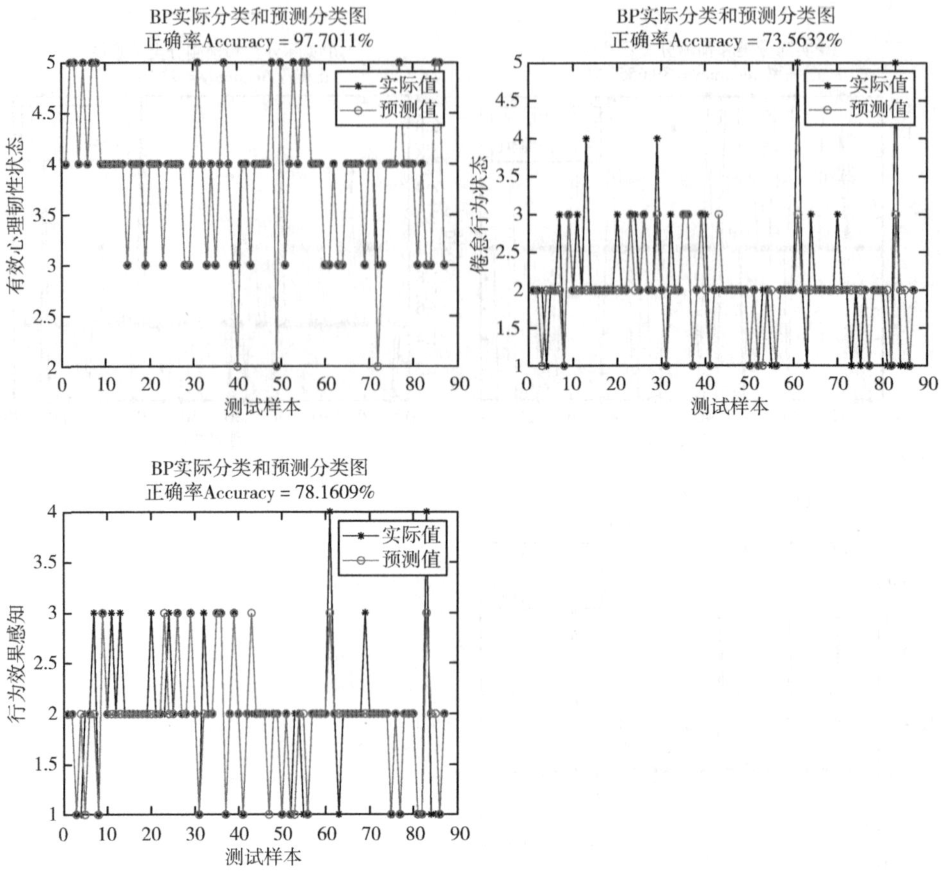

图 5－18　科研人员工作倦怠行为传播的人工神经网络训练

利用最大似然法计算均方误差函数，并对检验样本的误差值进行计算：

$$E_{HSE} = \frac{1}{N}\sum_{n=1}^{N}[t(n) - y(n)]^2 = \frac{1}{N}\sum_{n=1}^{N}e(n)^2 \quad (5.12)$$

其中，$t(n)$ 为真实值，$y(n)$ 为输出值。

科研人员工作倦怠情绪状态的拟合效果检验如图 5－19 所示，训练集的 $R = 0.94672$，测试集的 $R = 0.8862$，相关系数接近于 1，说明采用学习后神经网络得到的训练结果与调查问卷所填的得分结果一致性较高，证明神经网络预测准确度较高，仿真能力强，可以进行下一步各 Agent 的分类成果分析。

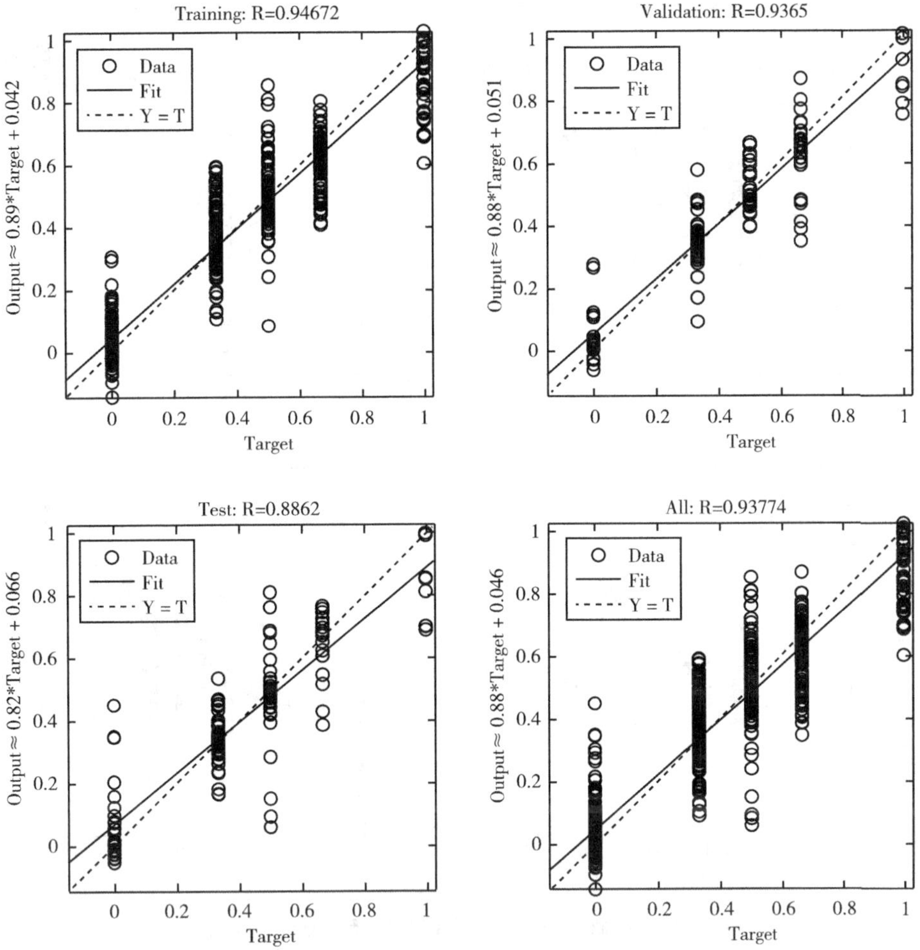

图 5－19　科研人员工作倦怠情绪演变的拟合效果检验

科研人员工作倦怠行为传播的拟合效果检验如图 5－20 所示。训练集的 $R=0.8486$，测试集的 $R=0.81667$，相关系数接近于 1，说明采用学习后神经网络得到的训练结果与调查问卷所填的得分结果差异性较小，证明神经网络预测的结果是可行的，仿真能力强，可以进行下一步的测试与研究。

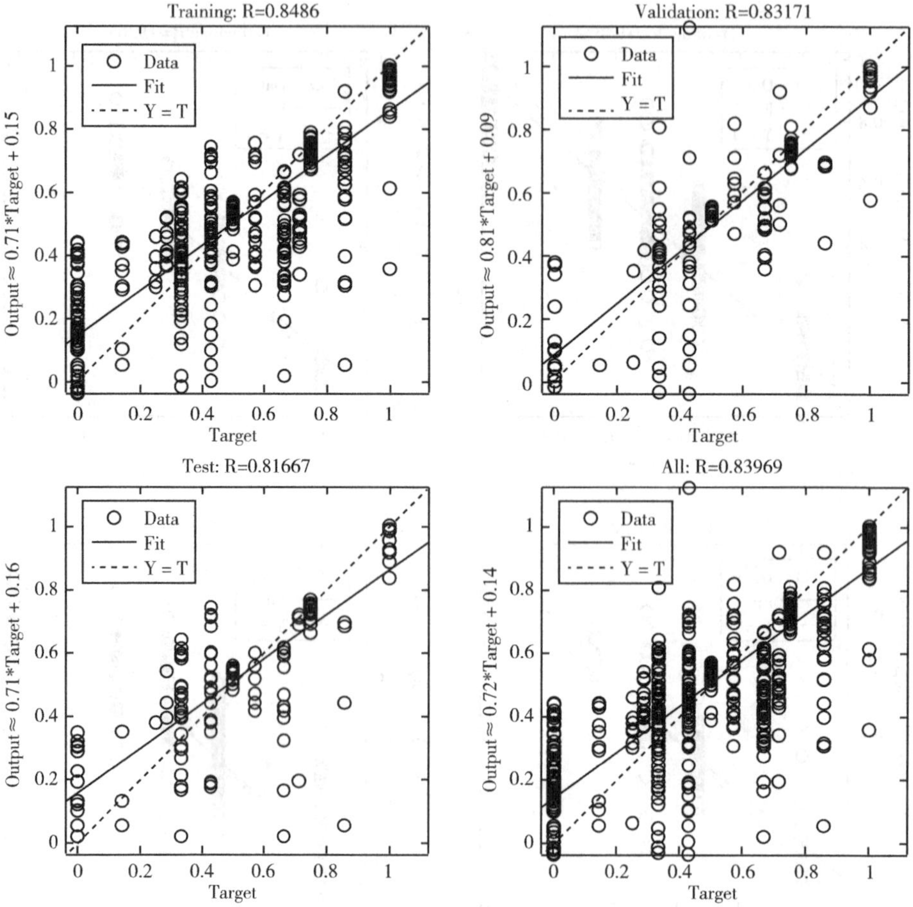

图 5-20　科研人员工作倦怠行为传播的拟合效果检验

5.4　科研人员工作投入演化过程仿真与分析

5.4.1　模型初始化

通过计算机建立模型，对现实环境进行模拟，仿真出不同环境下主体随时间演化的系统运行状态，不断对认知系统进行运行和分析。结合实证分析和人工神经网络的迭代，经过多次反复实验，对系统参数进行记录，并将参数设置成如表 5－2 所示的取值。

表 5－2 模型中相关变量关系取值

系数	k	γ_1	γ_2	γ_3	γ_4	e	f	g	λ_0	λ_1	β_1	β_2	C_1
取值	0.85	0.69	0.64	0.57	0.82	0.75	0.86	0.82	－0.88	－0.29	0.23	0.96	24

5.4.2 基准模式设定及仿真结果分析

（1）ABM 仿真平台界面。

Netlogo 的多主体建模平台通过编写代码对主体进行命令方式，将仿真结果显示在可视化控件中，并对模型中的全局变量和仿真参数进行修正，初始界面如图 5－21 所示。

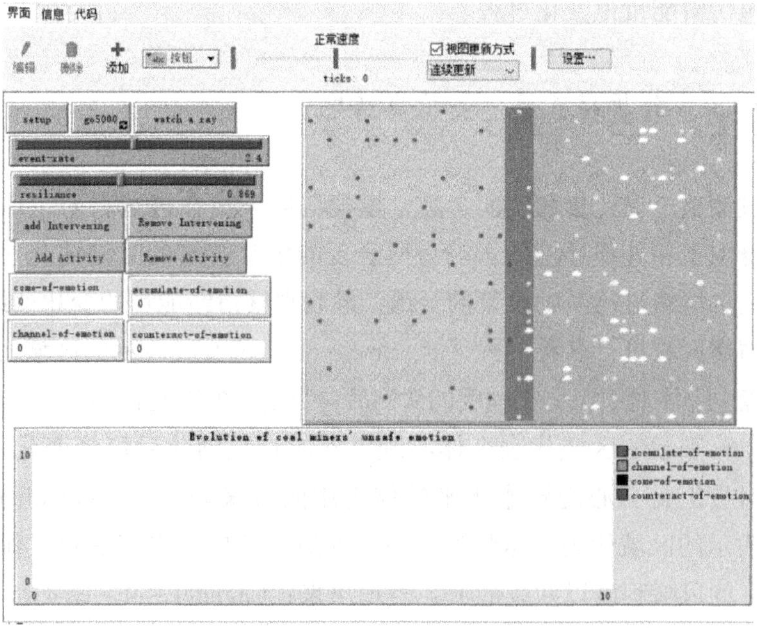

图 5－21 科研人员工作投入模型的演化初始界面

（2）仿真结果。

Netlogo 平台对科研人员心理资本充裕状态下各区域所表现出较为理想的能量水平，如图 5－22 所示。

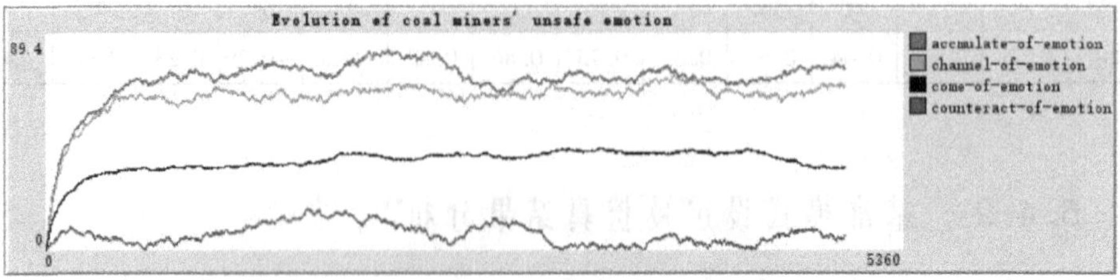

图 5－22　科研人员理想状态情绪能量变化

整体来看，各区域所表现出的仿真结果和个体自身所能承受的情绪积累量和排解量波动大致相同，从心理资本的消耗量来看在较低趋势的水平波动。根据现实情况进行分析比对，可以将这样的状态看成个人情绪较稳定的理想情绪能量值变化过程。

5.4.3　分析模式建立及仿真结果分析

通过调整全局变量和不同参数，模拟科研人员在进行科研工作过程中受到自身因素和外部环境的影响后所表现的倦怠情绪的时间演化过程，并考虑对倦怠情绪进行激励政策的干预，最后观察情绪能量的变化曲线状态。对不同情绪区域进行名称的赋予，Come－of－emotion 表示的区域代表外部复杂环境中个体对组织公平程度的认知后自身情绪的变化曲线；Counteract－of－emotion 表示的区域代表个体心理资本的自我消化后情绪变化的曲线，也就是对员工自身心理资本水平的体现用曲线来表示；Accumulate－of－emotion表示的区域代表个体受到压力后的应激反应，也就是对工作中倦怠情绪发生的风险程度以曲线的形式表现出来；Channel－of－emotion 表示的区域代表排解情绪的外部资源干预下的情绪变化的曲线，也就是社会支持干预后，个体对倦怠情绪的排解能力的演化。

模拟心理资本良好状态下员工倦怠情绪表现在各区域的情绪能量变化

曲线如图 5 - 23 所示，在保持工作环境一致的条件下，员工心理资本提升后，员工对情绪的自我消化与外部环境干预所表现的情绪波动状态大致呈现出相同的变化趋势，说明员工心理资本的状态与自身对应激的消解呈现出显著的相关性。由此可以看出，在科研人员所处的复杂环境下，感知较强的压力知觉以及不公平的感知后，自身心理资本的增加可以降低工作倦怠情绪发生的概率。

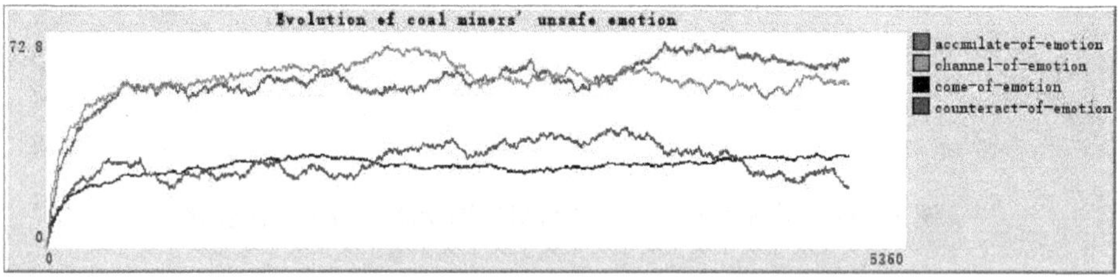

图 5 - 23　科研人员心理资本良好状态下情绪能量变化

科研人员心理资本的提升，可适当设定趋向目标，避免回避目标所带来的障碍，并以此建立强大的心理建设以及外界支持。其分为以下四个步骤：第一，目标设定需要由员工和企业共同完成。一方面，科研人员通过自我剖析对自身职业规划和项目进展进行目标的设定，并保证目标的细节化和可实现化；另一方面，企业对于员工的引导显得尤为重要，适时增加培训和监督，提升员工的抗压能力和自我情绪排解能力。第二，路径形成需要科研人员对自身心理资本进行不断调整和认知更新，组织对于员工反馈进行倦怠情绪的预防与监测，削弱对组织和项目负面影响带来的消极反应。第三，心理反思是通过与同事、家人、领导谈心中反映出自身情绪状态，并及时止损负面情绪带来的心理压力。第四，计划克服障碍一方面需要科研人员自身情绪的排解，另一方面组织可以通过建立心理咨询的服务对员工心理负担进行疏导。不同参数设定情形下的系统输出如下。

模拟科研人员的心理资本瞬间崩塌结果如图 5 - 24 所示。个体心理资本的阻隔率设置为上限后，观察心理资本对于外界环境的应激反应阻隔量达到近 200 的极限值，迅速调整心理资本至下限，演绎心理资本瞬间崩塌的状态。崩塌瞬间表现出人员的心理崩溃，心理活动区域呈爆发式增长，随即调整社会支持的排解量直至与积累的情绪能量阈值范围相当。在该情形下，个体表现出的心理状态崩溃可能是自身受到压力或是刺激情绪的威胁后产生的倦怠情绪风险的可能性增加，组织忽视此状态并未及时进行社会支持的干预，则会迸发倦怠情绪的反馈而使组织失去人员管理的意义。

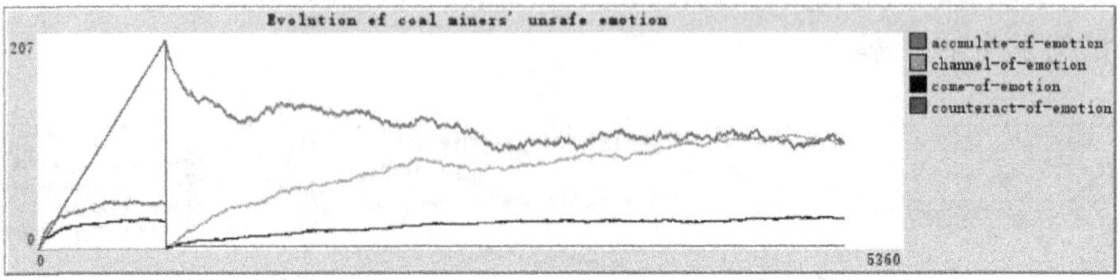

图 5-24　科研人员心理资本瞬间崩塌状态下情绪能量变化

基于此，心理资本作为人力、财力、社会三大资本以外的第四大资本，科研人员的心理状态好坏是倦怠风险发生的重要预警，而心理资本的健全是一个可持续的演进过程，为组织管理人员提出更高的“察言观色”的要求。从组织层面来看，汲取“霍桑实验”中以人为本的思想：首先，组织通过定期的心理测试，对员工的人格特质进行考量，及时从招聘时止损，筛选出抗压能力较差的人员并予以剔除；其次，对于科研项目中各项环节的人员配置加以管理和分配，根据科研人员存在的异质性进行人格特质的划分，科学高效地对人员工作进行分配减少倦怠情绪带来的低效工作以及风险隐患，提升创新能力，加快项目的高质量进展；对倦怠的监测与事后的处理上加强干预，减少信息不对称带来的不公平事件的发生，鼓励员工积极参与创新工作，实施激励策略以提升科研工作的主观能动性。从科研人员的角度来看，心理资本作为提升个人绩效和成长的积极因素，提升心理资本缓解心理压力增强抗压能力成为当今科研从业人员进步的重要条件。首先，减少倦怠情绪对精神状态的影响，加强自身对工作的认可，提升职业满意程度的同时加强对组织管理的认可；其次，情绪管理中优化坚韧的品格，避免将自身的倦怠情绪进行同化；最后，及时反馈情绪并适时为自己保持良好心态进行唤醒，做好每日计划，建立良好的社会关系。

科研人员接受社会支持不足，并且情绪排解能力较弱的状态模拟如

图 5－25 所示，心理资本的活动区域内曲线值的增加与社会支持的情绪区域逐步到达阈值的路径保持大致相同，但科研人员的倦怠情绪发生的概率提升，说明可排解的情绪尚未满足自身心理状态。在科研工作过程中，受到组织公平、外部压力以及信息不对称等因素的刺激，心理情绪能量积累无法排解，则会造成倦怠情绪产生的风险。因此，排解情绪不单需要心理活动的排解，也需要借助社会支持进行辅佐，从而预防积累负面情绪后刺激倦怠情绪的迸发。

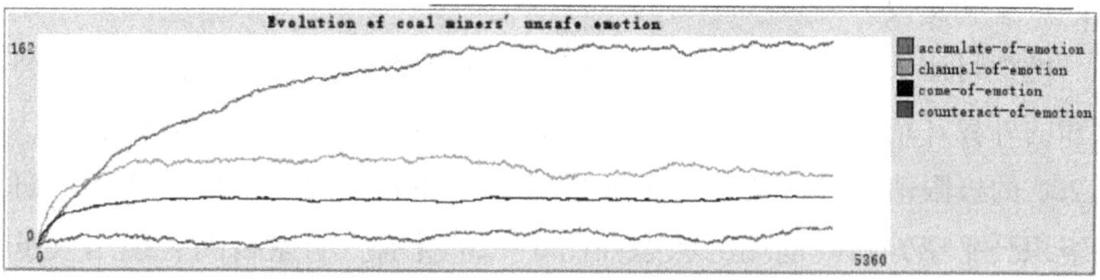

图 5－25 科研人员社会支持不足状态下情绪能量变化

在心理排解能力不足的状态下，提升社会支持水平，模拟科研人员的情绪恢复变化状态如图 5－26 所示。排解能力的增强，为倦怠情绪所引发的消极工作以及低迷精神状态提供了情绪的恢复与舒缓路径。因此，科研工作中组织应及时排解员工消极情绪，为提升积极自主工作状态提供社会支持，减少心理负担。

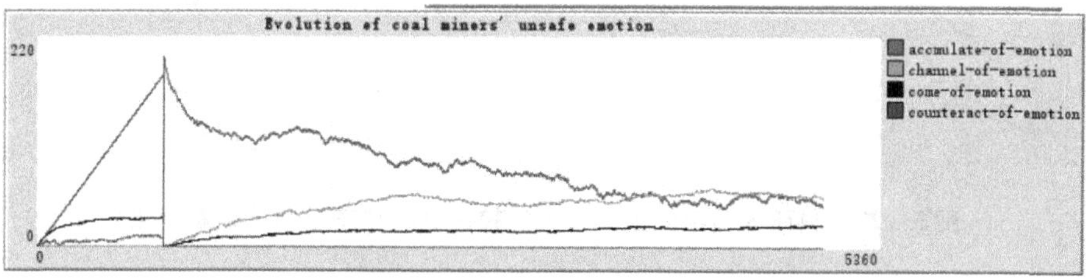

图 5－26 科研人员提高社会支持状态下情绪能量变化

加强社会联系是降低科研人员工作中无助感的重要方式，而科研人员社会支持来源于领导、家庭和同伴给予的外部资源。对于科研工作而言，社会网络中的工作格局离不开创新氛围的营造，从国家层面来看，激发人才创造力，加快科技自立自强是将科技作为财政支出的重点领域的支撑，创新基金的投入对成为技术创新的主体——企业来说得到了资金支持；从企业层面来看，培养组织创新氛围，让科研人员在组织工作中以积极进取的工作热情相互感染产生共情；通过激励和约束的测试调整企业人力管理的政策，关注员工创新能力与工作积极性之间存在的内在联系；时刻关注科研人员的情绪变化及需求，切实为科研人员提供物质所需和精神支持，满足科研人员在社会网络格局中的个人心理储备、家庭日常需要以及对组织的意见和建议。

模拟科研人员组织公平感知良好状态如图 5－27 所示，个体组织公平感知的外界环境阻隔率设置为上限，观察外界环境的应激反应阻隔量达到近 200 的极限值，迅速调整组织公平感知的外界资源至下限，演绎科研人员组织公平感知瞬间崩塌的状态如图 5－28 所示。崩塌瞬间表现出人员对组织不公平的强烈认知，外界环境演绎区域呈爆发式增长，随即调整社会支持的排解量与心理资本的调节量直至与积累的情绪能量阈值范围相当。外界环境应激状态的感知的崩溃可能受到组织不公平认知的刺激，随后长时间演化产生倦怠情绪风险的概率增加，若不及时对人员心理进行调整，补充心理资本能量，则会失去危机管理对倦怠情绪的管理价值。

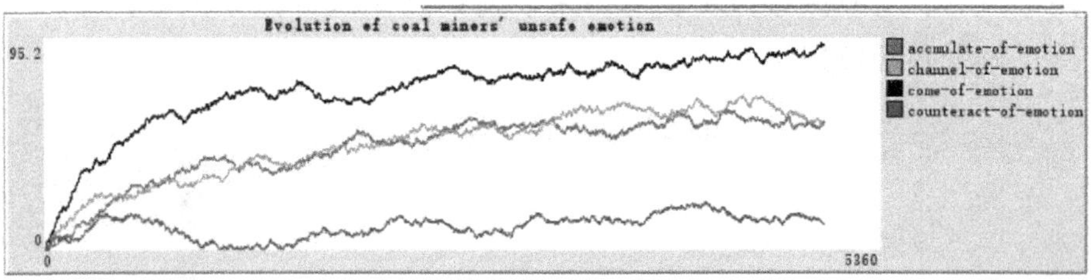

图 5－27　科研人员感知组织公平感较良好的状态下情绪能量变化

因此，在信息不对称的状态下，组织对于“公平制度”以及信息透明公开化程度的设置，成为公平评价的重要因素。首先，报酬的公平，利益是关系科研人员工作积极性的重要条件，重建手段既包括对自身投入与产出认知的重新改变，又包括对他人所采取的行动；其次，制度的公平，在避免偏见和一致性准则条件下，需要秩序既要体现相关人员利益，又要抛弃设定秩序时对于一些科研人员的偏见；再次，人际交往的公平，体现在执行结果的尊重与人权的考量；最后，信息的公平，公开透明的流程中是否为以科研人员为当事人参与分配时的解释说明（见图5－28）。

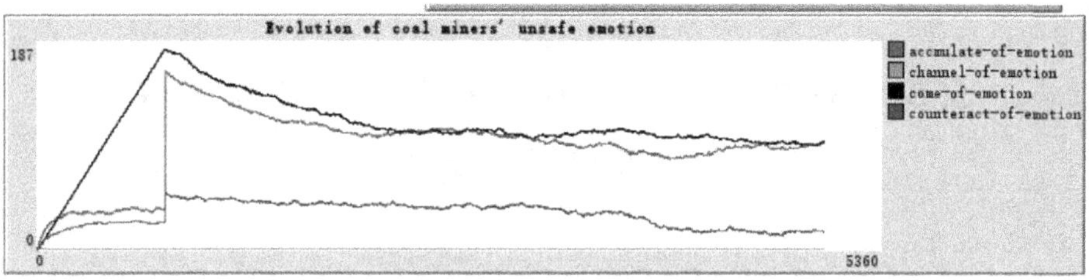

图5－28　科研人员感知组织公平感崩塌状态下情绪能量变化

模拟情绪激励策略干预后各区域情绪阈值的变化状态，观测实施激励政策干预后内外资源的变化是否会影响科研人员心理阈值的波动。从仿真测试结果可以看出，实施激励策略后仅在环境阈值出现波动，心理活动的情绪能量较少，说明激励策略的实施是缓解心理活动情绪，是激发员工工作主观能动性的有效手段。

情绪激励政策仿真结果如图5－29所示。首先，心理资本的阈值水平既是影响科研人员情绪的重要因素，也是阻隔外部刺激带来压力感知的有效防御，心理资本作为个体内在资源，是补足工作强度导致的负面情绪积压带来心理资源的有效措施；其次，社会支持水平所带来的领导认可、同伴鼓励以及家庭和睦带来的外部资源，是排解负面情绪的有效途径；再次，组织公平所带来的外部刺激能量，对于科研人员的负面情绪积累起到了正

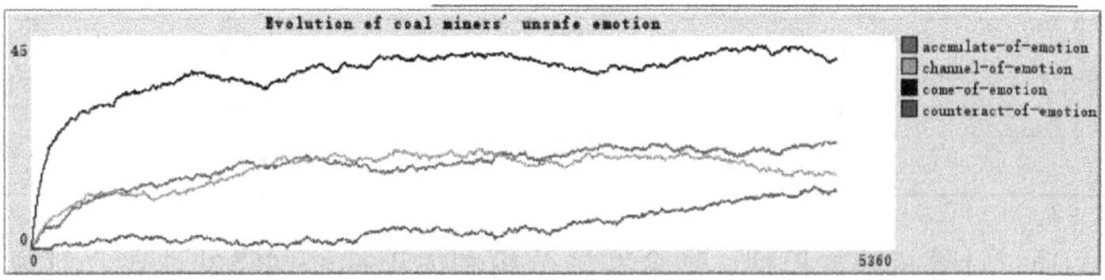

图5－29　情绪激励政策对科研人员情绪能量变化的影响

相关的作用效果，减少信息不对称现象的扩展，完善公平制度是减少倦怠情绪产生的重要条件；最后，组织激励措施的实施能够从源头上控制科研人员的倦怠情绪产生，削弱刺激源的应激。

5.5 科研人员工作投入社会网络传播过程及仿真结果分析

5.5.1 Social Network 基准模式设定

社会网络的基准模式进行初始准备后，将数据进行整理并代入仿真模型中进行进一步的验证。结合实证分析并经过多次反复实验，对系统参数进行记录，并将参数设置成如表 5－3 所示的取值。

表 5－3 模型中相关变量关系取值

参数	数值
科研人员 AGENT 数量	1060
个体平均连接数	8
R_1	25
C_1	24
R_2	18
X	0.41
L	15
N	0.78
M	0.69
G_p	5

通过计算机建立模型，结合实证分析和人工神经网络的迭代，对现实环境进行模拟，仿真出不同参数下主体演化的系统运行状态，不断对认知系统进行运行和分析。

5.5.2　不同参数设定情形下的路径分析

科研人员工作投入行为社会网络的初始界面如图 5 - 30 所示，将社会网络的传播分为两个板块进行研究，一方面观测以科研人员为主体的各受众个体阈值的变化，另一方面关注在外部工作环境的压制下科研人员工作倦怠行为传播的状态。

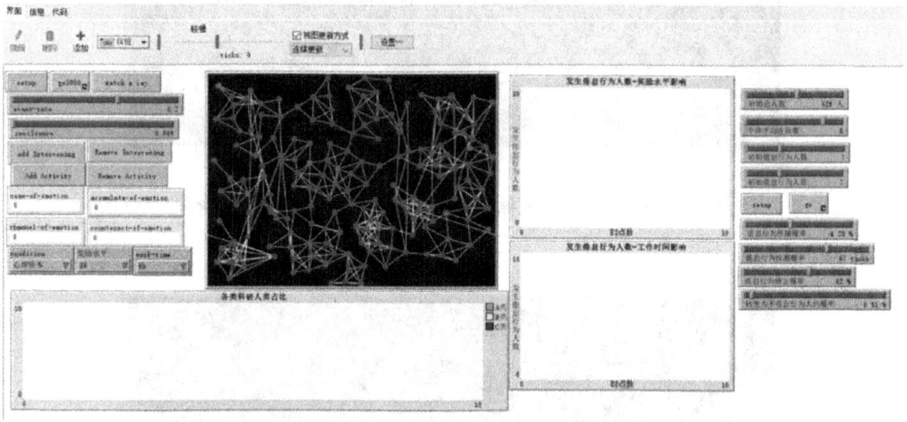

图 5 - 30　科研人员投入行为社会网络的初始界面设计

通过模拟社会网络中科研人员倦怠情绪的传播状态，由初始阶段至在 1300ticks 循环图 5 - 31 中可以看出，科研人员倦怠行为传播路径十分紧密，且通过仿真数据，倦怠行为检测频率在 30ticks，此时科研人员组织内部人员倦怠行为的传播范围较大，涉及人员较多。

当科研人员倦怠行为传播仿真演绎到 4136 ticks 附近时，转变成不倦怠行为人的比例在 47.76% 左右，在整个仿真周期内比重较高，随后倦怠行为传播概率减少，如图 5 - 32 所示。

分析可知，由于此时不倦怠行为人的比例到达一定的高度，倦怠行为无法传播给不倦怠人群，网络中很多连接失效，网络集群系数 C 值在 0.152，倦怠行为传播网络在初始阶段的集聚系数为 0.445，因而此时大幅度的网络集群系数的降低所带来的节点之间传播路径明显下降，倦怠行为

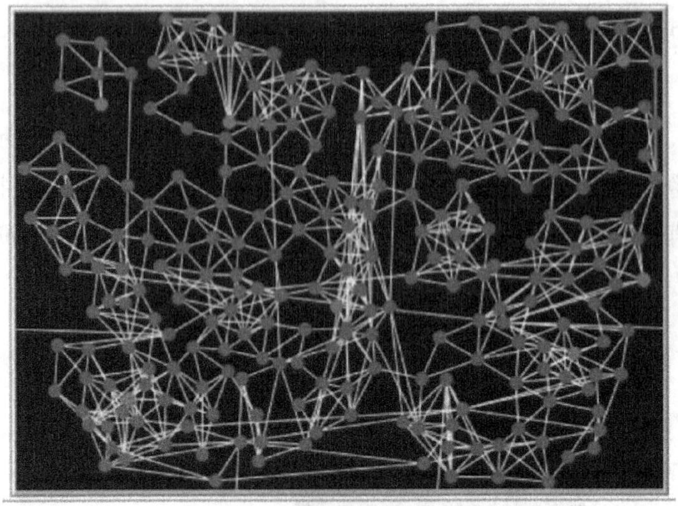

图 5-31　1300ticks 循环科研人员倦怠行为传播路径

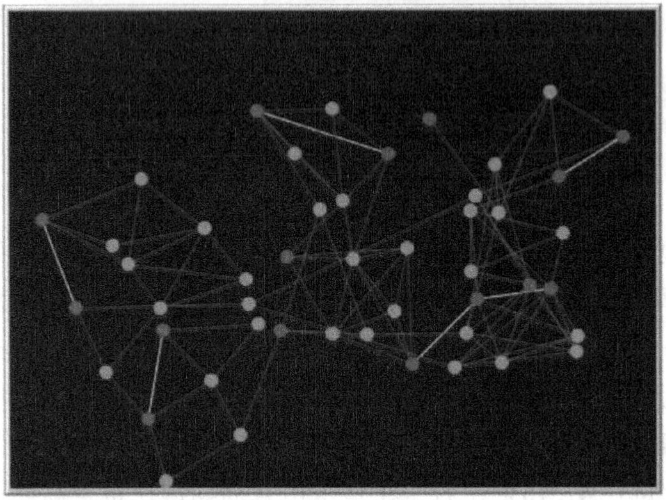

图 5-32　4136ticks 循环科研人员倦怠行为传播路径

校正概率为 77.6%。由此可知，此时网络集群系数较低，节点之间关系的密切程度及不安全行为传播途径都明显减少，图中灰色线段展示出失效连接。

5.5.3 系统输出汇总分析

科研人员分类占比的情况如图5-33所示，信息共享和资源共享速度的加快是当今经济社会发展的趋势，因此在初期较其他类B类科研人员的传播水平较高，表明了该组科研人员倦怠行为初期传播速度较快，从多次仿真试验可以看出，及早校正科研人员的工作倦怠行为，可以保持A类科研人员的所占比例不受影响。B类科研人员的占比数量也不容忽视，仅次于A类科研人员的发展趋势，B类科研人员易受到外界因素的影响，因此，密切关注科研人员的心理变化，将心理资源的补足以及外界资源的供给保持合理水平，从程序运行时长较长的情况下可以看出，科研人员的整体情绪阈值变化趋于稳定，心理资本较为充足，则能有效减少倦怠行为的传播。若不施加干预，C类科研人员难以从工作倦怠的消极情绪中走出，很难转变自身思维和角色，表现出较为孤立的倦怠状态对自我效能感的无力调节状态所导致的失衡。可视化仿真后对某科研项目团队进行跟踪调查发现，虽然模拟中的数据与实际数据无法达到完全一致，但整体来看科研人员倦怠行为的各阶段传播与仿真的结果大致相吻合。

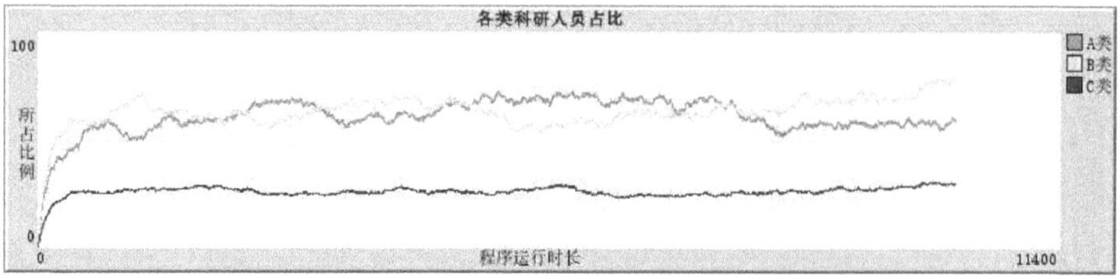

图5-33 多次循环后各类科研人员占比变化

奖励水平对倦怠行为人的影响进行模拟，以创新为目标导向，创新绩效产出效益是影响组织管理人员的重要因素，在一定时期内科研类企业/组织对于积极自主创新工作无倦怠行为的科研人员奖励是影响科研人员工作积极性收益的主要因素。通过增加自主积极性行为带来的创新绩效的期望收益，运行 Netlogo，将收益调试降低至 18，得到如图 5－34 所示结果后再将收益增加。当奖励水平设置较高时，从仿真结果可以看出将收益增加 36 后（见图 5－35），初始状态倦怠行为最大值由 951 降至 910，待变化的曲线趋于平稳后倦怠行为的科研人员数目有所调整，从 216 下降至 92，由此可见，正向的激励政策对有限理性状态下科研人员的工作倦怠对其行为决策影响较大。

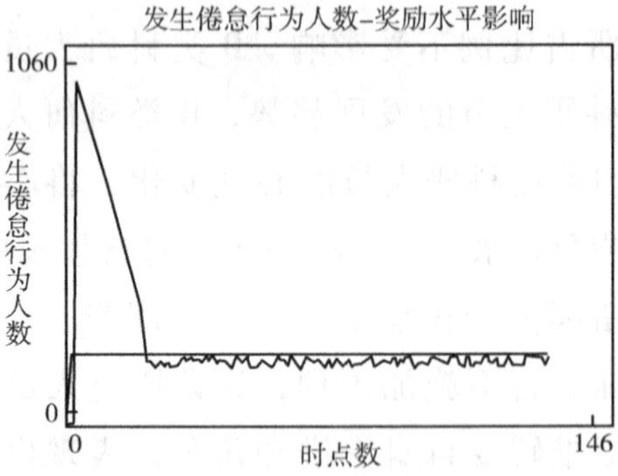

图 5－34　收益 18H 奖励水平对科研人员决策的影响

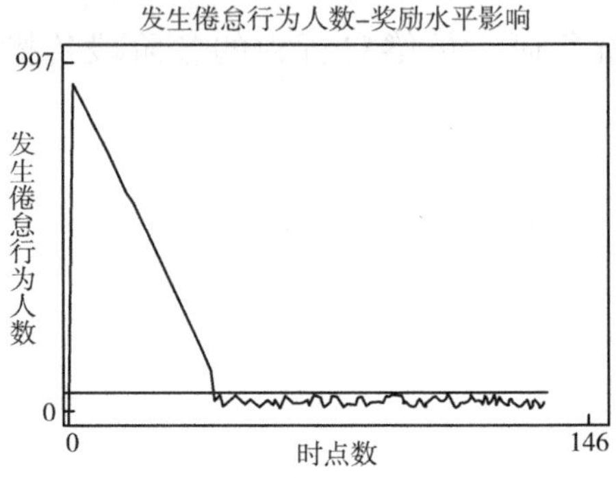

图 5－35　收益 36H 奖励水平对科研人员决策的影响

而获取奖励后的科研人员心理状态如图 5－36 所示，在逐步增加的社会支持和激励政策的调整下，科研人员心理资本得到满足，从而展示出情绪排解能力与所承担情绪压力之间保持相当的水平。

从压力感知后所达到的倦怠程度对消极行为的影响可以看出，面对长

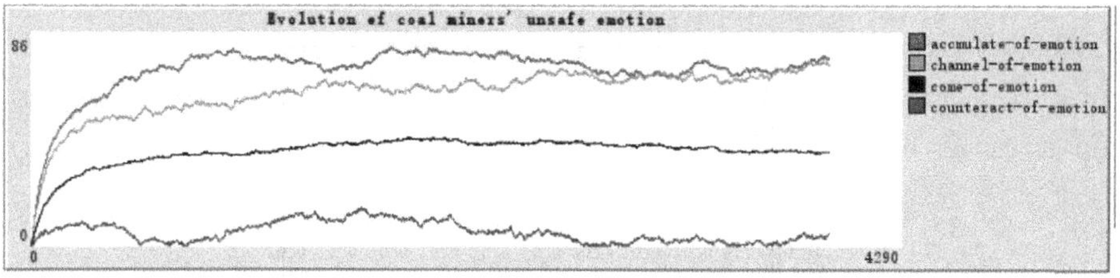

图5－36　收益36H科研人员情绪状态变化

时间脑力劳动、创新突破以及核心技术创新等内外压力，科研人员面临自身心理资源短缺和外部环境压抑的双重重负，通过公式可以看出，工作时间的累加是增加倦怠的重要影响因素，而工作时间不单单是工作岗位上正常的工作时间，还包括居家办公、节假日加班等超长时间。

随机将工作压力增长率控制在（3%，5%）之间，ε 设置为5。对比工作时间设定为6H和8H不同状态下，即，对比图5－37和图5－38可以看出，仅仅将工作时间增量设置为2H的情况下，倦怠行为所表现在曲线上的拐点和稳定值均有增加，最大值稳定值从103升至139，最高值由1010升至1050。

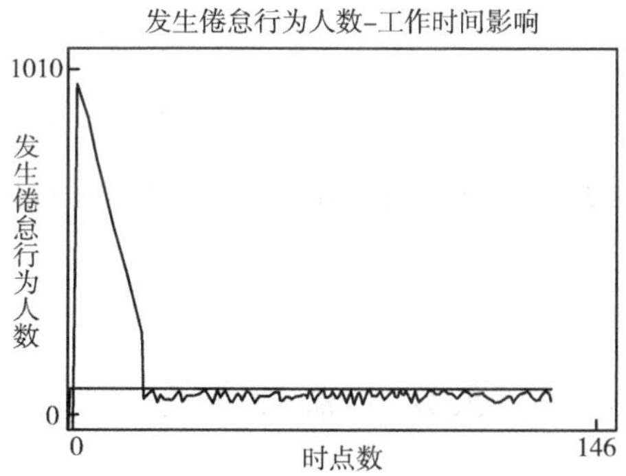

图5－37　工作时间为6H时对决策的影响

此时科研人员的心理变化如图5－39所示，受到外部环境的重压所带来的压力崩溃影响到心理资本的缺失，从而对于心理资本阈值内出现无法排解情绪带来的崩溃，在及时增加社会支持的力量以及对心理资本

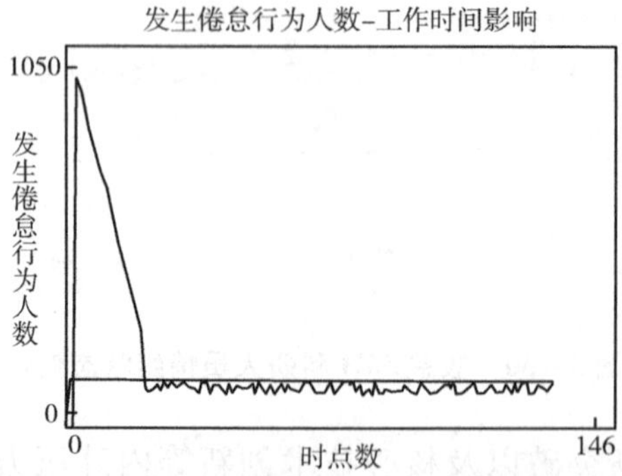

图 5-38　工作时间为 8H 时对决策的影响

进行调整后，情绪排解状态稍有缓解。因此，工作倦怠受到工时累加的影响，而科研工作者的心理资本受到创伤，若不能及时排解因缺少社会支持带来的消极情绪，将会导致其工作倦怠行为的产生，最终影响员工的行为决策。

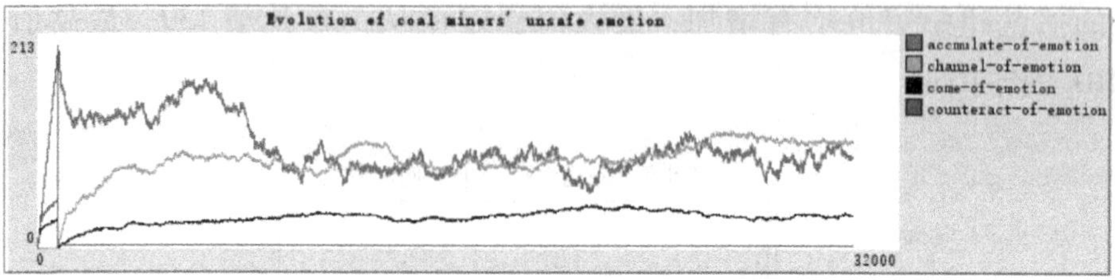

图 5-39　工作时间 8H 时科研人员情绪变化

5.6　本章小结

本章通过 Netlogo 软件对科研人员倦怠情绪的诱发机理以及工作投入行为的传播网络进行多主体建模，结合结构方程模型的实证结果，对主体间初始参数与连接系数进行设置，将科研人员工作投入影响因素进行仿真模拟和图像分析。首先，介绍 Netlogo 仿真平台的适用性和该仿真方法的有效性；其次，理论基础的阐述，将情绪进化理论和复杂系统适用理论运用到倦怠情绪的交互规则设计中，将社会网络理论和病毒传播理论运用到倦怠行为的传播机制设计中；再次，运用 BP 人工神经网络进行训练数据的生成，验证数据的可行性；最后，动态的仿真实验模拟科研人员倦怠情绪的演化过程，分析科研人员工作投入行为的社会网络传播变化。如何调动科研人员的主观能动性是第 6 章要解决的问题。

第 6 章

科研人员工作投入的激励研究

前面各章知晓科研人员工作投入与倦怠的诱发机理和行为路径，并考量影响因素之间的交互作用，为科研人员制定科学高效的情绪管控对策提供了支撑。因此，本章管控科研人员的工作投入与倦怠从个体干预评估和情绪监管及行为规避进行路径选择、评估设计和策略的优化，将内部资源的预控和外部资源的监管相结合，展开对科研人员工作投入的激励研究。

6.1 科研人员工作投入个体激励设计

6.1.1 个体干预设计的目标与原则

(1) 设计目标。

充分了解科研人员工作倦怠中消极倦怠情绪和消极行为所带来的风险损失，及时关注该类群体的情绪变化和行为状态并进行干预，缓解消极倦怠情绪带来的负面影响，降低消极倦怠行为产生的概率，以此鼓励科研人员向积极主动性工作状态的转型。

(2) 设计原则。

①可操作性。干预设计的最终目标是评估科研人员的工作倦怠状态并

进行及时止损，因此设计原则要保证实际工作中的可操作性，以便实际应用。

②灵活性。干预策略并不是一成不变的，而是需要因材施教，因此设计时要考虑全面、详细的应对措施，能够方便实际应用中的管理。

6.1.2 个体干预的路径

根据科研人员工作倦怠的诱发机理理论框架和研究假设，从源头控制科研人员工作倦怠的产生成为从异质性个体出发的工作倦怠防控的重点。从结构方程模型的实证研究结论可以看出，诱发工作倦怠的路径可以从“组织公平感→心理资本→工作倦怠”和“组织公平感知→压力知觉→心理资本→工作倦怠”两条路径进行干预研究，并且都包含组织公平感知与心理资本资源的要素。从动态模拟科研人员工作倦怠的演化过程和行为社会网络传播状态中发现，干预个体感知成为管控科研人员工作倦怠的方法之一。因此，干预工作倦怠的关键路径可以通过调节个人心理资本干预科研人员对于压力的感知状态。

从图6-1的路径1可以看出，干预路径的目的在于提升心理资本的内在资源充裕，以此预防消极倦怠情绪的迸发。根据调研及分析可知，在相同外部环境的情况下，异质性科研人员心理资本的不同会导致工作倦怠诱发的时间和频次不同；在实证分析中，组织公平感知程度会影响到个体心理资本资源的缺失状态。考量科研人员对组织公平的评估，及时了解科研人员对于组织管理工作的满意程度，是帮助个体重新审视企业公平程度及信息公开透明程度的过程，同时帮助管理者调整信息透明、考核公平的制度设计。

对于图6-1的路径2而言，结合实证结果，判断科研人员压力知觉负向影响心理资本的情形成为第二个关键路径，因此压力知觉→个体心理资本路径的干预也是预防工作倦怠的重要途径。阻断该路径的目的是面对工作负荷、角色模糊、角色冲突、资源不足等压力感知时，在心理资本的屏障作用下，认知资源所给科研人员带来的压力感知水平有所差异，因此，

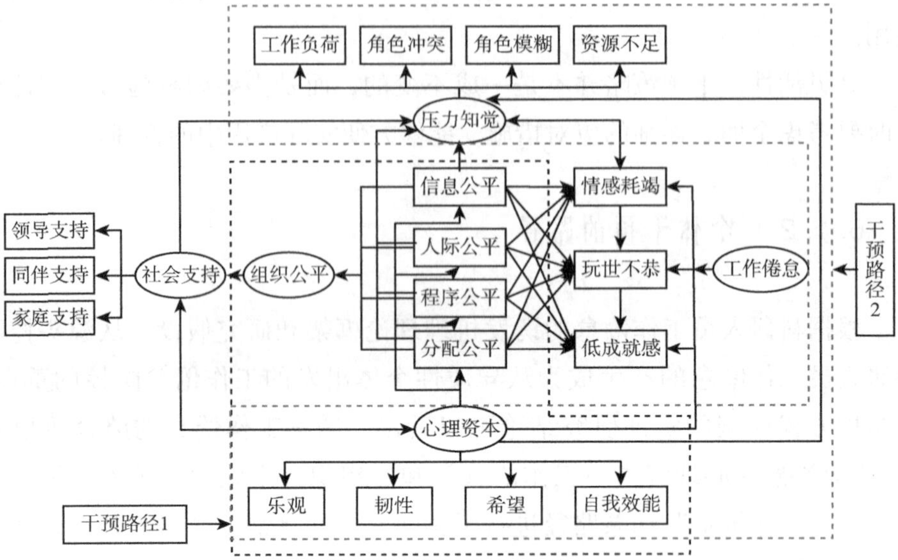

图6-1 科研人员个体干预路径

保持心理资本作为个人资源的充裕状态，可以降低科研人员对工作压力知觉的感知程度。因此，心理资本的衡量以及压力知觉的评估，能够辅助管理者预知科研人员工作时的情绪状态，通过自我调节的方式及时预防工作倦怠的发生。

6.1.3 个体干预的评估设计

6.1.3.1 组织公平感评估

组织中的公平状况受到多方面因素的影响，因此具有多样性、主观性等特点，在信息不对称的大环境下，科研人员和管理人员都无法完全遏制不公平事件的发生，只能从影响强度上进行干预。如图6-2所示，对于组织公平感的评估分为两个部分，即人员反馈和企业自评。一方面，科研人员通过个人反馈，将经历的公平事件自我衡量，对组织公平感知状况进行信息收集，作为上报主体的科研人员将其所认为的不公平待遇与公平感知进行信息反馈，并在有关部门的接收下形成数据库，企业管理者在接收反馈后进行信息确认；另一方面，企业通过自我评价、自我反省，优化公平制度，补充不公平事件汇总的数据库。

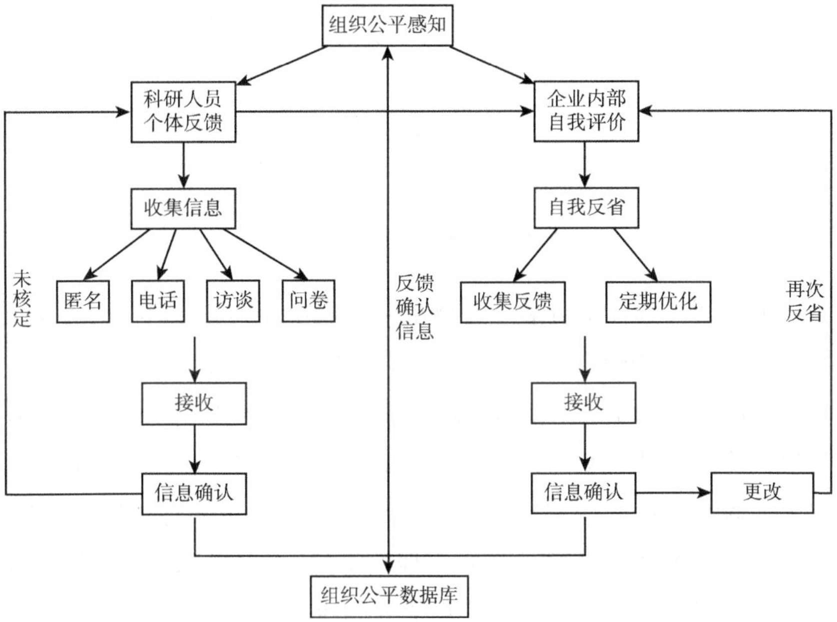

图6-2　组织公平感知评估框架

组织公平感知评估机制的实施需要组织管理者及时对存在的不公平现象进行干预，营造组织公平的工作环境，鼓励科研人员反馈相关不公待遇，激励双方共同营造公平公开透明的工作氛围。

6.1.3.2　压力知觉评估

从个体感知压力的角度出发，一方面科研人员可以提前了解自我心理可承受的压力负荷，并进行轻微调整；另一方面为企业管理者提供员工心理状况的初步判断依据。压力知觉评估流程如图6-3所示。

汇总人员情况，将易引发压力的因素组合数据库，结合主观量表和客观生理指标心率评估科研人员对压力的知觉，并得到评估分数。对比评估

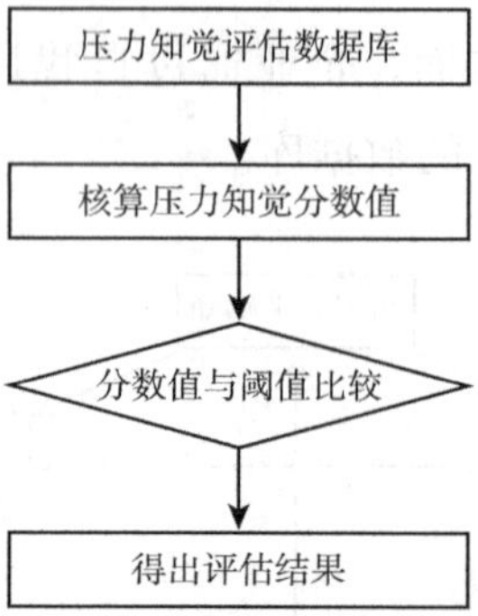

图 6-3 压力知觉评估框架

分数与阈值区间，当评估分数小于阈值时，表示压力在个体可承受范围内；反之则引发警报，阈值过大或小于 10% 的状态表示引起关注，应加强疏导，超过阈值 10% 后预警该人员的压力测试结果并加以干预。基于第 4 章的实证研究，当心理资本资源表现为充裕状态时，个体对压力知觉的负面影响效果能起到一定的缓冲作用，而评估中心将警报提示下的人员状态及时反馈给心理资本评估平台，并对心理资本进行评估，将需要干预的信息反馈给干预部门，以便及时加强心理疏导和压力管理。

6.1.3.3 心理资本评估

科研人员的压力知觉评估机制的设计可以使在企业及时了解科研人员的压力的可承受范围。而由于心理压力过大引发的情绪承载能力不足是消极倦怠情绪产生的重要因素。心理资本评估流程如图 6-4 所示。因此，建立科研人员心理资本评估机制，科学估计科研人员的心理资本与可承受压力之间的平衡状态，可划分为可适应性的心理健康和症状性心理健康的评估。根据压力知觉的评估结果，将预警及危险警报的科研人员信息汇总，构建心理资本资源的数据库。运用主观的心理资本量表评估科研人员心理资本分数，将科研人员测试的心理资本阈值进行比较。当心理资本分数小于阈值范围时，表示心理资本资源充裕；反之则进行警报提示，形成心理资本评估结果，并将结果交付情绪干预部门。

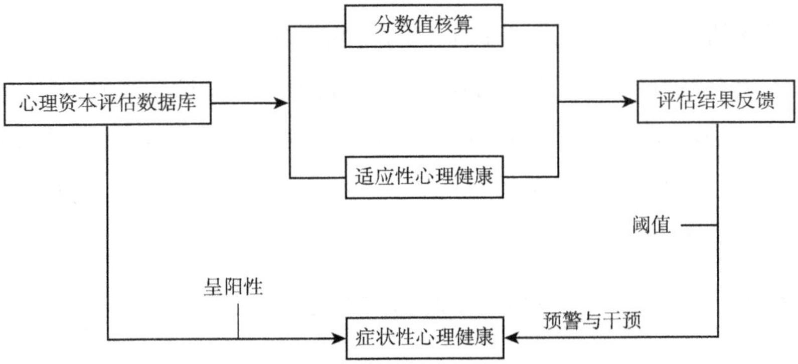

图6-4 心理资本评估框架

6.1.3.4 情绪恢复评估

将前期评估中的预警信息进行汇总，筛选出科研人员倦怠情绪高风险群体并传送至干预部门，形成情绪干预数据后，根据科研人员的人格特质和情绪智力进行干预，定制工作倦怠干预方案，鼓励转向积极情绪。实施方案后，需要进行二次评估，检验恢复状态，对已恢复积极工作状态的科研人员停止情绪干预，提高资源利用率；对未恢复积极状态转变的科研人员进行策略的调整，以免造成风险损失的扩大。具体流程如图6-5所示。

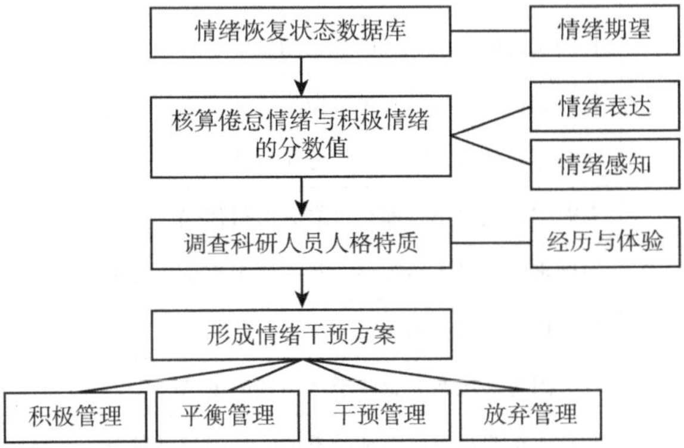

图6-5 情绪恢复评估框架

人格特质的差异化是导致个体认知存在分歧的重要因素，也是个人行为决策多样化的主要原因，还是个体对同类刺激作出不同应激源的反应倾向。对科研人员人格特质的属性进行调查，调查内容和获取方式分为三个类别，如表6－1所示。从个人基本情况、人格特质状况和社会支持状态三个方面入手，其中，人格特质的调查问卷从自尊、谨慎、自控和神经质考量个体人格特质，如表6－2所示。

表6－1　科研人员人格特质属性调查

序号	类别	调查内容	获取方式
1	个人基本情况	个人年龄、学历、婚姻状态、健康程度、家庭收入等现实情况	档案资料；访问亲属、同事、领导
2	人格特质	人格特质包括自尊、谨慎性、自控能力、神经质等价值观、性格所展示出的心理特征	问卷调查的方式对科研人员进行测验；访谈同事、领导及家属
3	社会支持状态	了解领导、同伴、家庭所给予的物质支持与非物质支持情况	访问科研人员及家属、同伴、领导

表6－2　科研人员人格特质调查问卷

维度	项目
自尊	我感到自己是一个有价值的人，至少与其他人在同一水平上
	我能像大多数人一样把事情做好
	我希望我能为自己赢得更多尊重
	我确实是时常感到自己毫无用处
谨慎	我比较擅长为自己安排好做事进度，以便按时完成任务
	我会尽量认真地完成一切分派给我的任务
	有时候，我并不是那么可靠和值得信赖
	我做事情总是善始善终，是一个很有做事能力的人
自控	我能控制好自己的脾气
	我会因为好玩而去做些于己不利的事情
	我善于拒绝对自己不利的事情，保护自己利益
	我的自我约束力有待加强

续表

维度	项目
神经质	我不是一个容易忧虑的人
	当面对极大的压力时，有时我会感到好像就要垮了似的
	我经常感到紧张而心神不定
	有时我会感到十分羞愧，以至于只想躲起来，不见任何人

因此，在科研人员情绪恢复机制的设计中，应考虑个人人格特质属性与工作需求、所提供的资源之间的相互作用下对工作倦怠的认知，进而为更好地破解工作倦怠状态提供参考。

6.1.4 科研人员工作投入不足的个体激励策略

综上所述，针对可能存在同侪效应的科研人员进行创新工作时倦怠情绪的干预，可以从以下两个方面进行。

（1）根据评估结果，干预科研人员自我调节情绪的意识，从本质上预防倦怠情绪的产生。借鉴美国心理学家 Albert Ellis 的理性疗法（REBT），强调个体认知、自我疏导、自我调整的重要性。将 4A 模型的情绪管理和 ACT 情绪调整工具（Acceptance and Commitment Therapy）相结合，识别（Aware）科研人员情绪、接受（Accept）科研人员情绪、分析（Analyze）科研人员情绪、调整（Adjust）科研人员情绪，提升科研人员的情绪管理能力，并对组织管理者干预科研人员工作情绪提出更高的要求，具体措施包括：首先，对于不公平待遇或不公平感知较为强烈时，及时反馈信息，适当提升自我排解能力；其次，员工自身心理建设的强大，关注心理资本的充裕程度，提升心理承受能力，调节自身情绪；最后，明确自身责任，提升职业幸福感和组织认同感，选择更适合自己的情绪调节方式。

（2）加强对科研人员心理、情绪等方面的关注，及时处理预警信息，树立积极的企业文化感染个人工作状态。通过人性化的文化建设管理他人情绪，促使个体产生强烈的组织认同感，具体措施包括：首先，为科研人员提供寻求帮助的渠道以及心理疏导的方法，通过建立心理咨询室或谈心活动了解科研人员的工作状态和心理反馈，减少负面情绪带来的隐患；其次，针对员工组织公平感的评估结果，营造公平氛围，保障信息公开化和透明度；最后，要求各部门落实评估运行，充分了解员工的压力知觉状态、心理资本资源的充裕程度，及时调整情绪恢复策略，分工明确，及时个体干预自我调节，以免带来负面影响。

6.2　科研人员工作投入情绪监管

6.2.1　企业激励员工情绪转型的策略博弈

企业组织与消极倦怠情绪的员工的博弈中，产生对消极倦怠情绪的员工实施激励政策或者不实施激励政策；对于企业内消极倦怠的科研人员来说，面对企业的激励行为时，可以选择转为积极自主情绪的工作，或者选择继续消极倦怠情绪的工作，如图6－6所示。

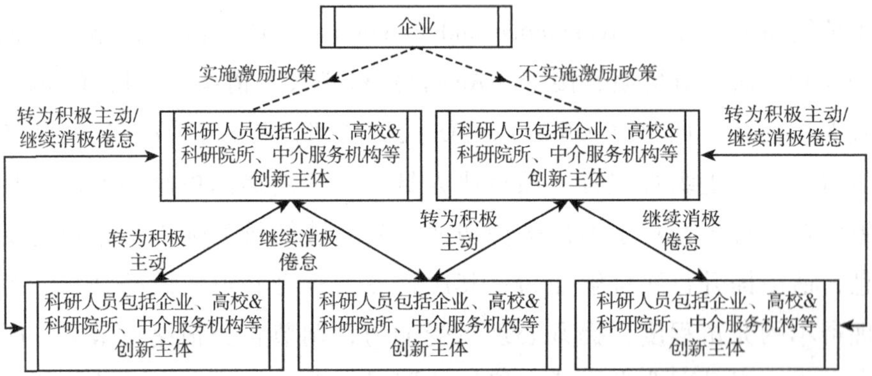

图6－6　企业激励与倦怠员工情绪转型的演化博弈过程

在假设两者均为有限理性主体的情况下，将策略空间分为（实施激励政策，不实施激励政策）和（转为积极自主情绪，继续消极倦怠情绪），若无备注，则变量取值均为正值，收益矩阵如表6－3所示。

表6－3 企业是否推行激励政策与科研人员情绪转型的博弈收益矩阵

科研人员/企业	推行激励政策，y	不推行激励政策，$1-y$
转为积极主动情绪，x	R_1+R_2，I_2-C_1	R_1，I_3
继续消极倦怠情绪，$1-x$	$R_1+R_3-P-D_1$，$I_1-C_1-C_2$	$R_1+R_3-D_2$，I_1-C_2

首先，在较为稳定状态的企业营运状态下，科研人员所表现出的继续消极倦怠的情绪状态，那么，无论企业是否施行激励政策，此时的企业的基本收益为I_1，科研人员的基本收益为R_1，企业此时的损失为面临的损失为C_2，节省下因消极怠工所导致时间和精力成本所获得的额外收益为R_2。其次，在企业不推行鼓励政策的情况下，消极倦怠的科研人员受到自身调节或外部其他因素的影响后转为积极主动的工作情绪，此时企业收益则为I_3，消极倦怠的科研人员则在企业实施激励政策的情况下获得额外奖励R_1；但是若消极倦怠的科研人员保持消极倦怠情绪，那么科研人员所承担的损失为P。再次，如果企业推行激励政策，则付出的激励成本为C_1；若企业不推行激励政策，企业的激励成本为0，无须支出额外的激励成本，此时并无额外支出。最后，企业推行激励政策，消极倦怠科研人员为怠工状态所付出的风险损失为D_1；若企业不推行激励政策，消极倦怠的科研人员为怠工所获的风险损失为D_2，其中（$D_1>D_2$）。

工作倦怠员工转为积极主动情绪时的期望收益为：

$$U_{11}=R_1+YR_2 \tag{6.1}$$

工作倦怠员工继续保持消极倦怠情绪时的期望收益为：

$$U_{12}=R_1+R_3-D_2-Py-D_1y+D_2y \tag{6.2}$$

工作倦怠状态员工的平均期望收益为：

$$U_1=U_{11}x+U_{12}(1-x) \tag{6.3}$$

企业实施激励政策的期望收益为：

$$U_{21}=I_2x+I_1-C_1-C_2-I_1x+C_2x \tag{6.4}$$

企业不实施激励政策的期望收益为：

$$U_{22}=I_3x+I_1-C_2-I_1x+C_2x \tag{6.5}$$

企业的平均期望收益为：

$$U_2 = U_{21}y + U_{22}(1-y) \tag{6.6}$$

将工作倦怠员工和企业的复制动态方程分别记为 $F(x)$ 和 $F(y)$，得到二维动态系统方程组：

$$F(x) = \frac{dx}{dt} = x(1-x)(R_2y - R_3 + D_2 + Py + D_1y - D_2y) \tag{6.7}$$

$$F(y) = \frac{dy}{dt} = y(1-y)(I_2x - C_1 - I_3x) \tag{6.8}$$

令 $F(x) = F(y) = 0$ 求得该系统的均衡点为 $E_1(0,0)$、$E_2(1,0)$、$E_3(0,1)$、$E_4(1,1)$、$E_5\left(\frac{C_1}{I_2 - I_3}, \frac{-D_2 + R_3}{P + D_1 - D_2 + R_2}\right)$。

根据 Friedman 的理论，得到该系统的雅可比矩阵为 J：

$$J = \begin{bmatrix} F'(x)_x & F'(x)_y \\ F'(y)_x & F'(y)_y \end{bmatrix}$$

$$= \begin{bmatrix} (1-2x)(R_2y - R_3 + D_2 + Py + D_1y - D_2y) & (1-x)x(P + D_1 - D_2 + R_2) \\ (1-y)y(I_2 - I_3) & (1-2y)(I_2x - C_1 - I_3x) \end{bmatrix} \tag{6.9}$$

则雅可比矩阵的行列式 $DetJ = F'(x)_x \cdot F'(y)_y - F'(x)_y \cdot F'(y)_x$，相应的迹 $TrJ = F'(x)_x + F'(y)_y$。由相关文献可知，雅可比矩阵判定条件为：(1) $DetJ>0$，$TrJ<0$ 是 ESS 状态；(2) $DetJ>0$，$TrJ>0$ 为不稳定点；(3) $DetJ<0$，$TrJ=0$ 或不确定为鞍点。求得稳定点 E_5 的迹为0，故该稳定状态不会是系统的 ESS 点。$E_1(0,0)$、$E_2(1,0)$、$E_3(0,1)$、$E_4(1,1)$、$E_5(x^*,y^*)$ 的 Jaccobi 矩阵行列式和迹。基于以上分析可得行列式的值 $|J|$ 和矩阵对应的迹 $tr(J)$，具体如表 6-4 所示。

表 6-4　均衡点对应行列式和迹的表达式

平衡点	行列式	迹
$E_1(0,0)$	$(D_2 - R_3)\cdot(-C_1)$	$(D_2 - R_3)+(-C_1)$
$E_2(0,1)$	$(P + D_1 + R_2 - R_3)\cdot(C_1)$	$(P + D_1 + R_2 - R_3)+(-C_1)$
$E_3(1,0)$	$(R_3 - D_2)\cdot(-C_1 + I_2 - I_3)$	$(D_2 - R_3)+(-C_1 + I_2 - I_3)$

续表

平衡点	行列式	迹
$E_4(1,1)$	$(-P-D_1-R_2+R_3)\cdot(C_1-I_2+I_3)$	$(P+D_1+R_2-R_3)+(-C_1+I_2-I_3)$
$E_5(x^*,y^*)$	$-\dfrac{C_1(C_1-I_2+I_3)(D_2-R_3)(P+D_1+R_2-R_3)}{(I_2-I_3)(P+D_1-D_2+R_2)}$	0

综上计算出雅克比矩阵在各平衡点迹和行列式的值，整理演化博弈的相位图。各均衡点在八种情形下的系统稳定状态如表6－5至表6－8所示。

表6－5　　　　情况1和情况2的平衡点状况

情况1：A<0，B<0，C<0，D<0				情况2：A<0，B>0，C<0，D<0			
平衡点	行列式符号	迹符号	结果	平衡点	行列式符号	迹符号	结果
$E_1(0,0)$	+	－	ESS	$E_1(0,0)$	－	±	鞍点
$E_2(0,1)$	－	±	鞍点	$E_2(0,1)$	－	±	鞍点
$E_3(1,0)$	－	±	鞍点	$E_3(1,0)$	+	－	ESS
$E_4(1,1)$	+	+	不稳定点	$E_4(1,1)$	+	+	不稳定点

表6－6　　　　情况3和情况4的平衡点状况

情况3：A<0，B<0，C>0，D<0				情况4：A<0，B<0，C<0，D>0			
平衡点	行列式符号	迹符号	结果	平衡点	行列式符号	迹符号	结果
$E_1(0,0)$	+	－	ESS	$E_1(0,0)$	+	－	ESS
$E_2(0,1)$	－	±	鞍点	$E_2(0,1)$	+	+	不稳定点
$E_3(1,0)$	+	+	不稳定点	$E_3(1,0)$	－	±	鞍点
$E_4(1,1)$	－	±	鞍点	$E_4(1,1)$	－	±	鞍点

表6－7　　　　情况5和情况6的平衡点状况

情况5：A<0，B>0，C>0，D<0				情况6：A<0，B>0，C<0，D>0			
平衡点	行列式符号	迹符号	结果	平衡点	行列式符号	迹符号	结果
$E_1(0,0)$	－	±	鞍点	$E_1(0,0)$	－	±	鞍点
$E_2(0,1)$	－	±	鞍点	$E_2(0,1)$	+	+	不稳定点
$E_3(1,0)$	－	±	鞍点	$E_3(1,0)$	+	－	ESS
$E_4(1,1)$	－	±	鞍点	$E_4(1,1)$	－	±	鞍点

表 6-8　　情况 7 和情况 8 的平衡点状况

情况7：A<0，B<0，C>0，D>0				情况8：A<0，B>0，C>0，D>0			
平衡点	行列式符号	迹符号	结果	平衡点	行列式符号	迹符号	结果
$E_1(0,0)$	+	-	ESS	$E_1(0,0)$	-	±	鞍点
$E_2(0,1)$	+	+	不稳定点	$E_2(0,1)$	+	+	不稳定点
$E_3(1,0)$	+	+	不稳定点	$E_3(1,0)$	-	±	鞍点
$E_4(1,1)$	+	-	ESS	$E_4(1,1)$	+	-	ESS

将均衡点分别代入上述矩阵 J 中，分为八种情形对博弈双方的演化稳定策略进行探究。

八种情形如表 6-9 所示，进行动态演化相位图构建如图 6-7 并分析。

表 6-9　　情况编号汇总

状态	参数假设	对应条件
情形 1	$D_2-R_3<0$，$-C_1+I_2-I_3<0$，$P+D_1+R_2-R_3<0$	$\max\{D_2, P+D_1+R_2\}<R_3$ 且 $I_2-I_3<C_1$
情形 2	$D_2-R_3>0$，$-C_1+I_2-I_3<0$，$P+D_1+R_2-R_3<0$	$P+D_1+R_2<R_3<D_2$ 且 $I_2-I_3<C_1$
情形 3	$D_2-R_3<0$，$-C_1+I_2-I_3>0$，$P+D_1+R_2-R_3<0$	$\max\{D_2, P+D_1+R_2\}<R_3$ 且 $I_2-I_3>C_1$
情形 4	$D_2-R_3<0$，$-C_1+I_2-I_3<0$，$P+D_1+R_2-R_3>0$	$D_2<R_3<P+D_1+R_2$ 且 $I_2-I_3<C_1$
情形 5	$D_2-R_3>0$，$-C_1+I_2-I_3>0$，$P+D_1+R_2-R_3<0$	$P+D_1+R_2<R_3<D_2$ 且 $I_2-I_3>C_1$
情形 6	$D_2-R_3>0$，$-C_1+I_2-I_3<0$，$P+D_1+R_2-R_3>0$	$R_3<\min\{D_2, P+D_1+R_2\}$ 且 $I_2-I_3<C_1$
情形 7	$D_2-R_3<0$，$-C_1+I_2-I_3>0$，$P+D_1+R_2-R_3>0$	$D_2<R_3<P+D_1+R_2$ 且 $I_2-I_3>C_1$
情形 8	$D_2-R_3>0$，$-C_1+I_2-I_3>0$，$P+D_1+R_2-R_3>0$	$R_3<\min\{D_2, P+D_1+R_2\}$ 且 $I_2-I_3>C_1$

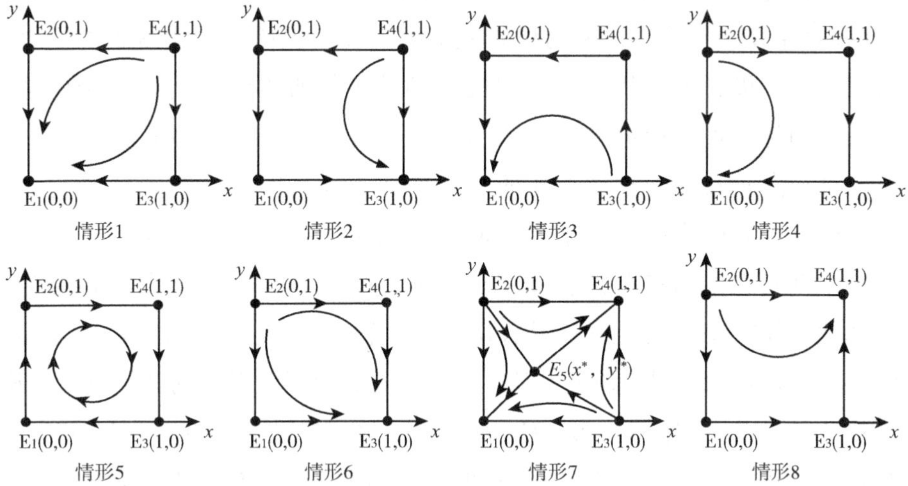

图6－7 八种情形下演化博弈动态相位图

首先，科研人员的消极履职状态所能得到的回报且科研人员从消极怠工的状态转为积极主动性工作所得到的奖励小于保持消极怠工的额外回报，当 $D_2-R_3<0$，$-C_1+I_2-I_3<0$，$P+D_1+R_2-R_3<0$ 的状态下，科研人员决策选择“继续保持”消极倦怠状态，维持原有收益，此时平衡点的意义在于企业在是否推行激励政策中摇摆不定，两者收益差较大时，企业倾向于不推行激励策略，趋向于“囚徒困境”的状态，双方策略选择最终在平衡点（0，0），所面临的策略如图6－7中情形1所示，企业不推行激励政策，消极倦怠的科研人员并未转型的局面，是企业最不愿面对的情景；类似于情形3的状态，有所不同的是科研人员面对推行激励政策时科研人员消极倦怠的工作状态所付出的成本相对于不推行激励政策而言更多，因而科研人员在消极倦怠下企业是否推行激励措施与企业所期望收益并未达到预期，因此双方策略选择最终在平衡点（0，0）企业认同不推行积极政策的策略规划；平衡点最终在（0，0）的情形4，$P+D_1+R_2-R_3>0$，企业推行激励政策下，科研人员从消极倦怠情绪转向积极主动情绪后成本随之增高，但期望收益并未产生较大的变化，因此对于企业而言，更倾向于选择不推行激励政策。

其次，与图6-7中情形1相悖而行的$D_2-R_3>0$，$-C_1+I_2-I_3>0$，$P+D_1+R_2-R_3<0$状态，说明科研人员的消极履职状态所能得到的回报且科研人员从消极怠工的状态转为积极主动性工作所得到的奖励大于保持消极怠工的额外回报，稳定点在（1，0）时，双方策略有所变化，对于企业来讲，推行激励政策的收益相比所承担的成本而言略低，则企业推行激励政策的概率则有所降低，对于企业而言倾向于不推行激励政策；对于科研人员来说消极怠工的状态无法满足员工的期望收益，则科研人员转型为积极主动性工作状态。最终策略图示b表现为企业不实施激励政策的情况但消极倦怠的科研人员转型为积极主动性工作状态；对于情形6的图示进行分析，$D_2-R_3>0$，$-C_1+I_2-I_3<0$，$P+D_1+R_2-R_3>0$且平衡点在（1，0），企业推行激励政策后，科研人员衡量期望收益时发现，消极倦怠时的期望收益达到科研人员的预期，因此科研人员倾向于保持消极倦怠状态，企业不推行激励措施。

再次，情形8对于消极倦怠的科研人员来说，负面情绪的积累并保持继续消极倦怠所带来的风险损失远大于消极履职时的额外回报，或消极倦怠科研人员自身转变为积极主动型工作所能得到的奖赏大于继续消极倦怠的收益，对应图6-7中情形8，面对$D_2-R_3>0$，$-C_1+I_2-I_3<0$，$P+D_1+R_2-R_3>0$，消极倦怠的科研人员偏向选择"积极策略"的转型刺激，此时所获取的转型后的收益能够弥补消极倦怠工作的风险损失，最终平衡点稳定在（1，1）。

最后，情形7在$D_2<R_3<P+D_1+R_2$且$I_2-I_3>C_1$的情况下，博弈模型有两种渐进稳定点$E_1(0,0)$和$E_4(1,1)$，由情形7的相位图可知落在不规则四边形$E_1E_2E_5E_3$区域内的点将向$E_1(0,0)$动态演进，科研人员与企业的行为选择倾向于（消极倦怠，不推行激励政策）；落在不规则四边形$E_4E_2E_5E_3$区域内的点将向$E_4(1,1)$演化，科研人员与企业的策略组合为（积极主动，推行激励政策）。演化为$E_1(0,0)$的概率为$S_{E_1E_2E_5E_3}$，演化为$E_4(1,1)$的概率为$S_{E_4E_2E_5E_3}$。

$$S_{E_4E_2E_5E_3}=S_{\Delta E_4E_2E_5}+S_{\Delta E_4E_3E_5}=1-\frac{1}{2}\left(\frac{C_1}{I_2-I_3}+\frac{-D_2+R_3}{P+D_1-D_2+R_2}\right) \quad (6.10)$$

对重要参数进行求导可知，$\frac{\partial S_{E_4E_2E_5E_3}}{\partial C_1}<0$，$\frac{\partial S_{E_4E_2E_5E_3}}{\partial R_3}<0$，$\frac{\partial S_{E_4E_2E_5E_3}}{\partial I_3}<0$，可知 C_1、R_3、I_3 的增大会导致不规则四边形 $E_4E_2E_5E_3$ 的面积减小，决策组合（积极主动，推行激励政策）出现的可能性降低。$\frac{\partial S_{E_4E_2E_5E_3}}{\partial I_2}>0$，$\frac{\partial S_{E_4E_2E_5E_3}}{\partial P}>0$，$\frac{\partial S_{E_4E_2E_5E_3}}{\partial D_1}>0$，$\frac{\partial S_{E_4E_2E_5E_3}}{\partial R_2}>0$，$\frac{\partial S_{E_4E_2E_5E_3}}{\partial D_2}>0$，可知 R_2、P、I_2、D_1、D_2 的增大会导致不规则四边形 $E_4E_2E_5E_3$ 的面积增大，策略组合（积极主动，推行激励策略）被选择的概率提升。

将倦怠型科研人员和积极转型科研人员的复制动态关系呈现于同一坐标系，展示科研人员复制动态和稳定性。

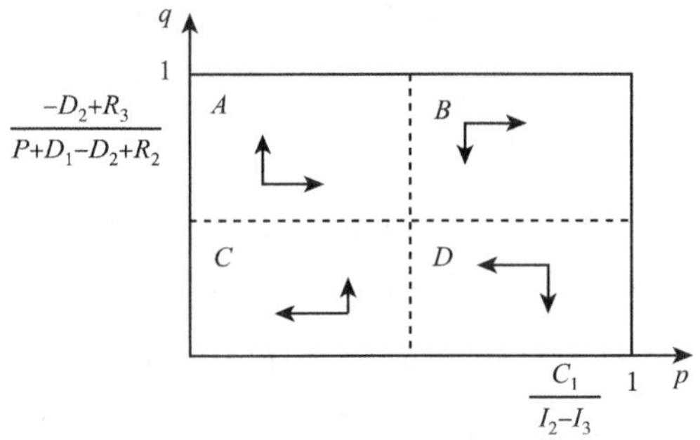

图6-8 复制动态和稳定性

如图6-8所示，不论是倦怠型科研人员还是积极转型的科研人员，其决策行为的博弈过程是不断循环、演化的。由于在实际经验或统计中，参数表达式所表示的各个参数已确定，因此初始状况可能会在 A、B、C、D 任一范围内。当倦怠型科研人员和积极转型的科研人员的初始行为决策在 A 区域时，倦怠型科研人员在不推行激励政策的引导下较为稳定，但所获收益甚微；积极转型科研人员在推行激励政策的引导下达到期望收益。当倦怠型科研人员和积极转型科研人员的初始行为决策在 D 区域时，也就是说，倦怠型科研人员在选择激励政策后，所获取期望收益得到了趋于稳定的缓和。当倦怠型科研人员和积极转型科研人员的初始行为决策在 B、C

区域时，策略选择关系并不明朗，一方面是向 D 区域的演化，另一方面向 A 区域的演化。

6.2.2 双方策略选择行为的重要影响参数分析

通过 MATLAB 软件，模拟多样化条件下的八种状况，演示演化博弈的仿真过程。

仿真图中的 x 轴数值代表了科研人员工作倦怠的可能性，y 轴数值代表企业选择推广激励政策的概率。在保障图像分辨率的前提下，设置 $x \in [0,\ 1]$ 且 $y \in [0,\ 1]$，初始值的间隔设定为 0.1，时间 T 的区间范畴在 [0, 10]，其他参数选择符合初始条件假设的相对值，将数值代入并计算。MATLAB 软件仿真时对差异化初始条件下的八种科研人员决策是否保持倦怠情绪与企业选择是否推行激励策略的行为策略组合进行的，演化路径如图 6-9 所示。

分析图 6-9 中不同初始条件下的演化博弈路径的八种情形图，图 a 科研人员和企业的策略组合演化稳定于（消极倦怠，不推行激励政策）。图 b 科研人员和企业的策略组合演化稳定于（积极主动，不推行激励政策）。图 c 科研人员和企业的策略组合演化稳定于（消极倦怠，不推行激励）。图 d 科研人员和企业的策略组合演化稳定于（消极倦怠，不推行激励政策）。图 e 科研人员和企业均没有稳定策略。图 f 科研人员和企业的策略组合演化稳定于（积极主动，不推行激励政策）。图 g 体现出科研人员积极还是倦怠与企业选择激励政策与否显著性相关，博弈双方随着策略组合选择出现的概率彼此影响，一旦出现初始概率“双高”的策略组织选择时，演化偏向于（积极主动，推行激励政策）组合，反之则会稳定在（消极倦怠，不推行激励政策）的非理想决策组合模块。图 h 展示出科研人员和企业的行为选择演化趋近于（积极主动，推行激励政策）。所得仿真结果与前述理论分析相吻合，进一步证实了理论的适用性和科学性。

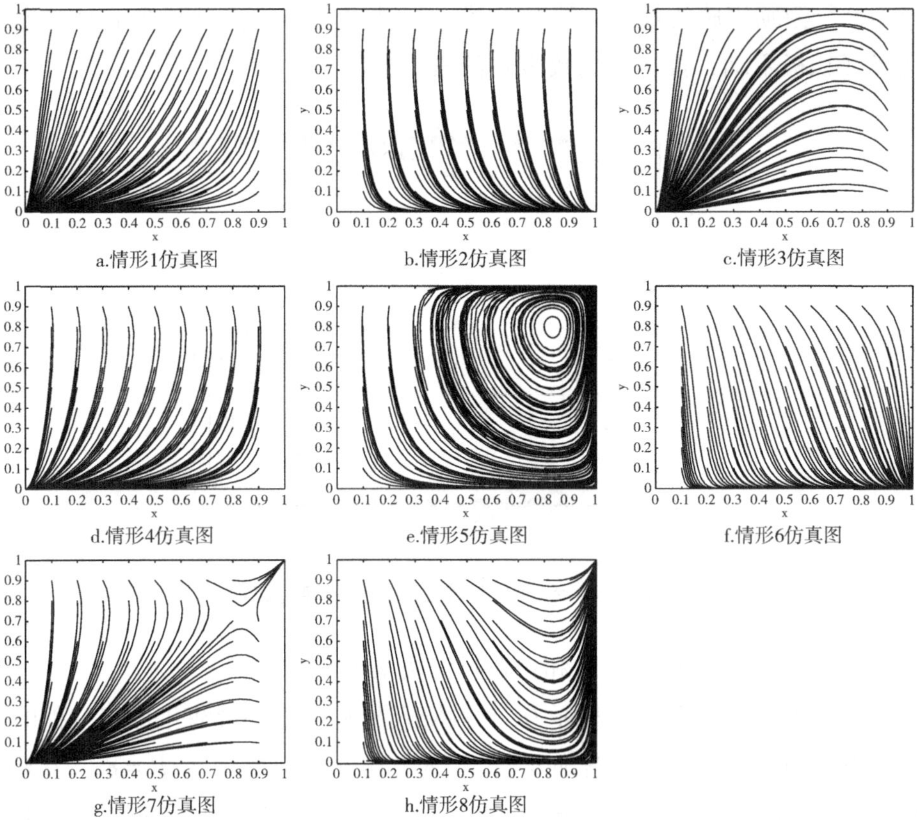

图6-9 不同初始条件下的演化博弈路径

6.2.3 参数变化对演化结果的影响分析

(1) R_2 变化对科研人员和企业行为决策的影响。

根据本书研究，为验证 R_2 对科研人员和企业决策演化稳定过程的影响，将 R_2 从10开始每次增加4直至22，其他参数赋值为 $R_3=12$；$D_2=6$；$P=8$；$D_1=4$；$I_2=18$；$C_1=10$；$I_3=6$，具体的演化轨迹如图6-10所示。从图6-10可知，该赋值情况下，科研人员和企业临界值位于14~18，当大于等于18时，科研人员选择积极主动的情绪策略，企业选择推行激励政策的策略；当小于等于14时，科研人员选择消极倦怠的情绪策略，企业选择不推行激励措施的策略。综上所述，R_2 越大，科研人员和企业越趋向于选择（积极主动，推行激励政策）的策略。

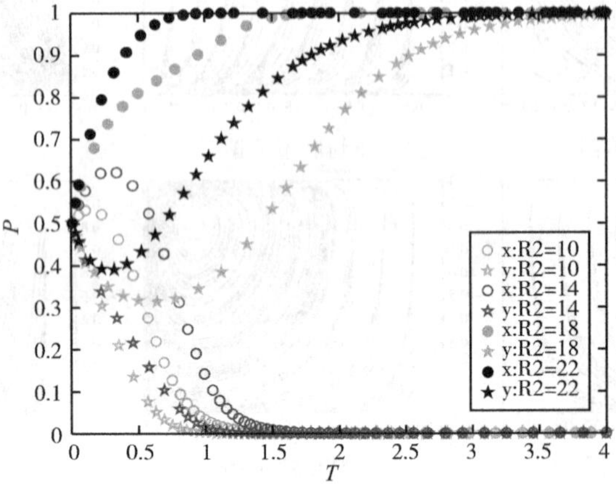

图 6-10　R_2 变化下员工和企业的演化路径

（2）D_2 变化对科研人员和企业行为决策的影响。

根据本书的研究，为验证 D_2 对科研人员和企业决策演化稳定过程的影响，将 D_2 从 6 开始每次增加 4 直至 18，其他参数赋值为 $P=8$；$D_1=4$；$I_2=18$；$C_1=10$；$I_3=6$；$R_2=2$；$R_3=12$，具体的演化轨迹如图 6-11 所示。从图 6-11 可知，该赋值情况下，科研人员和企业临界值位于 10～14，

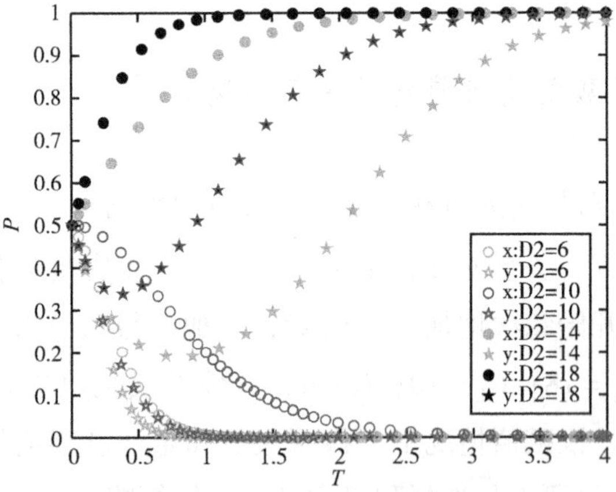

图 6-11　D_2 变化下员工和企业的演化路径

当大于等于 14 时，科研人员选择积极主动的情绪策略，企业选择推行激励政策的策略；当小于等于 10 时，科研人员选择消极倦怠的情绪策略，企业选择不推行激励政策的策略。综上所述，D_2 越大，科研人员和企业越趋向于选择（积极主动，推行激励政策）的策略。

（3）P 变化对科研人员和企业行为决策的影响。

根据本书的研究，为验证 P 对科研人员和企业决策演化稳定过程的影响，将 P 从 16 开始每次增加 4 直至 28，其他参数赋值为 $D_1=4$；$I_2=18$；$C_1=10$；$I_3=6$；$R_2=2$；$R_3=12$；$D_2=6$，具体的演化轨迹如图 6－12 所示。从图 6－12 可知，该赋值情况下，科研人员和企业临界值位于 20～24，当大于等于 24 时，科研人员选择积极主动的情绪策略，企业选择推行激励政策的策略；当小于等于 20 时，科研人员选择消极倦怠的情绪策略，企业选择不推行激励政策的策略。综上所述，P 越大，科研人员和企业越趋向于选择（积极主动，推行激励政策）的策略。

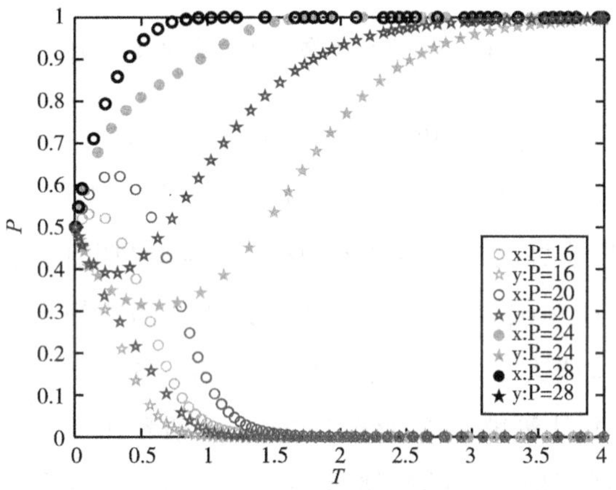

图 6－12　P 变化下员工和企业的演化路径

（4）D_1 变化对科研人员和企业行为决策的影响。

根据本书的研究，为验证 D_1 对科研人员和企业决策演化稳定过程的影响，将 D_1 从 12 开始每次增加 4 直至 24，其他参数赋值为 $I_2=18$；$C_1=10$；$I_3=6$；$R_2=2$；$R_3=12$；$D_2=6$；$P=8$，具体的演化轨迹如图 6－13 所示。该赋值情况下，科研人员和企业临界值位于 16～20，当大于等于 20 时，科研人员选择积极主动的情绪策略，企业选择推行激励政策的策略；当小于等于16时，科研人员选择消极倦怠的情绪策略，企业选择不推行激励政策的策略。综上所述，D_1 越大，科研人员和企业越趋向于选择（积极主动，推行激励政策）的策略。

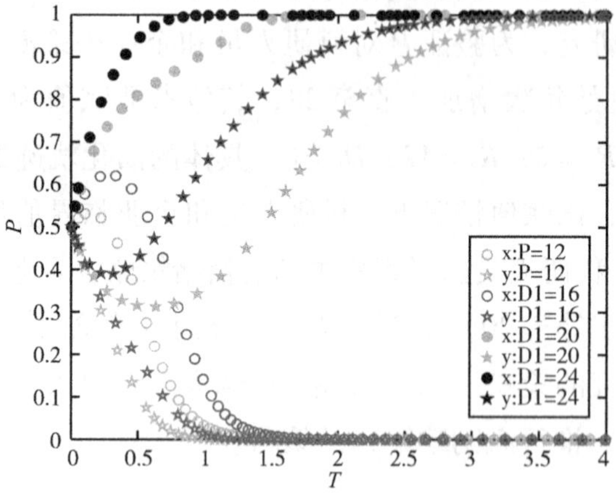

图 6－13　D_1 变化下员工和企业的演化路径

（5）I_2 变化对科研人员和企业行为决策的影响。

根据本书的研究，为验证 I_2 对科研人员和企业决策演化稳定过程的影响，将 I_2 从 26 开始每次增加 4 直至 38，其他参数赋值为 $C_1=10$；$I_3=6$；$R_2=2$；$R_3=12$；$D_2=6$；$P=8$；$D_1=4$，具体的演化轨迹如图 6－14 所示。该赋值情况下，科研人员和企业临界值位于 30～34，当大于等于 34 时，科研人员选择积极主动策略，企业选择推行激励政策策略；当小于等于 30 时，科研人员选择消极倦怠的情绪策略，企业选择不推行激励政策的策略。综上所述，I_2 越大，科研人员和企业越趋向于选择（积极主动，推行激励政策）的策略。

（6）R_3 变化对科研人员和企业行为决策的影响。

根据本书的研究，为验证 R_3 对科研人员和企业决策演化稳定过程的影响，将 R_3 从 2 开始每次增加 4 直至 14，其他参数赋值为 $D_2=6$；$P=8$；$D_1=4$；$I_2=18$；$C_1=10$；$I_3=6$；$R_2=2$，具体的演化轨迹图如图 6－15 所示。该赋值情

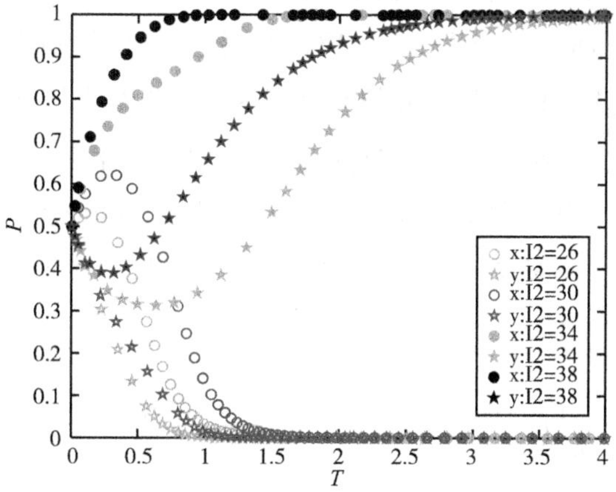

图6-14　I_2 变化下员工和企业的演化路径

况下，科研人员和企业临界值位于6~10，当大于等于10时，科研人员选择消极倦怠策略，企业选择不推行激励政策策略；当小于等于6时，科研人员选择积极主动的情绪策略，企业选择推行激励政策的策略。综上所述，R_3 越大，科研人员和企业越趋向于选择（消极倦怠，不推行激励政策）的策略。

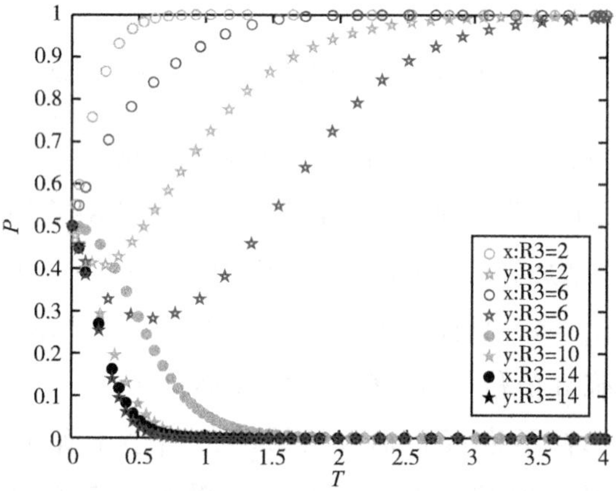

图6-15　R_3 变化下员工和企业的演化路径

（7）C_1 变化对科研人员和企业行为决策的影响。

根据本书的研究，为验证 C_1 对科研人员和企业决策演化稳定过程的影响，将 C_1 从 2 开始每次增加 2 直至 8，其他参数赋值为 $I_3=6$；$R_2=2$；$R_3=12$；$D_2=6$；$P=8$；$D_1=4$；$I_2=18$，具体的演化轨迹如图 6－16 所示。该赋值情况下，员工和企业临界值位于 2～4，当大于等于 4 时，此时科研人员选择消极倦怠策略，企业选择不推行激励政策策略；当小于等于 2 时，此时科研人员选择积极主动的情绪策略，企业选择推行激励政策策略。综上所述，C_1 越大，科研人员和企业越趋向于选择（消极倦怠，不推行激励政策）的策略。

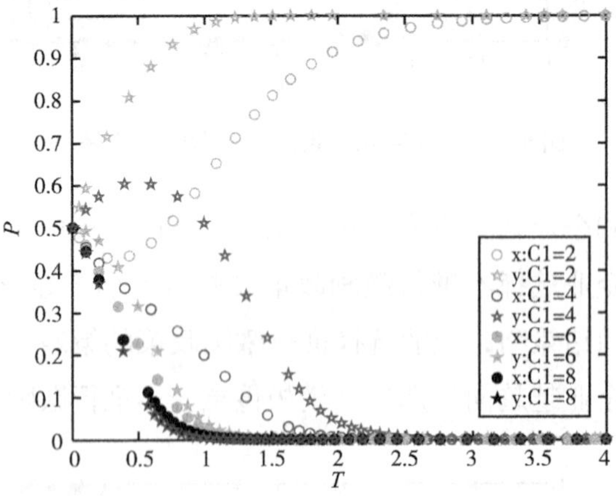

图 6－16 C_1 变化下员工和企业的演化路径

（8）I_3 变化对科研人员和企业行为决策的影响。

根据本书的研究，为验证 I_3 对科研人员和企业决策演化稳定过程的影响，将 I_3 从 2 以 2 增加到 8，其他参数赋值为 $R_2=2$；$R_3=12$；$D_2=6$；$P=8$；$D_1=4$；$I_2=18$；$C_1=4$，具体的演化轨迹如图 6－17 所示。该赋值情况下，科研人员和企业临界值位于 4～6，当大于等于 6 时，科研人员选择消极倦怠策略，企业选择不推行激励政策策略；当小于等于 4 时，科研人员选择积极主动的情绪策略，企业选择推行激励政策的策略。综上所述，I_3 越大，科研人员和企业越趋向于选择（消极倦怠，不推行激励政策）的策略。

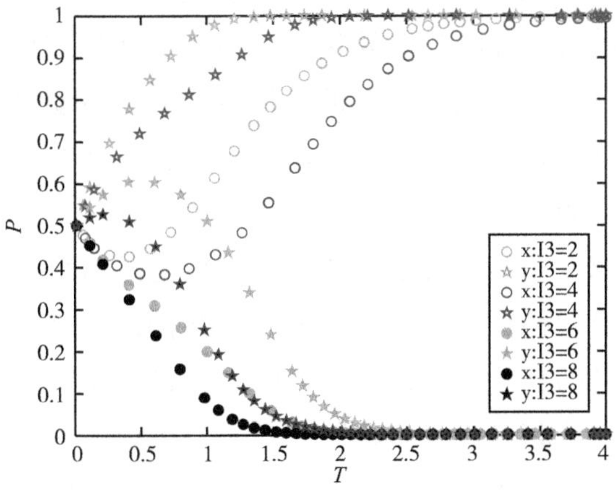

图6-17 I_3 变化下员工和企业的演化路径

6.2.4 科研人员工作倦怠情绪监管策略

通过上述分析，对科研人员情绪的选择以及企业是否推行激励措施进行策略选择的分析。

（1）接纳情绪数据并进行大数据统计，实现人员管理的数字化转型，关注成本损益。一方面，接纳倦怠情绪并关注科研人员的期望。当不推行激励政策时，消极倦怠情绪的科研人员所面临的风险损失高于所获收益，对科研人员而言会间接加大从消极倦怠情绪转向积极主动情绪的概率。积极实现人力数字化转型，应用大数据的可视化功能，提升企业的履责程度，关注以科研人员为核心员工的创新绩效产出，避免企业实施激励措施时沉没成本的产生。另一方面，组织对倦怠情绪的接纳并进行数据的处理，是可视化管理进程的推动力。企业推行激励政策与不推行激励政策相比，所付出的成本与收益的差值达到企业的期望收益时，企业的行为选择向推行激励政策趋近，而且，通过付出较低的激励成本支付后能够达到刺激科研人员从消极倦怠情绪转为积极主动情绪，企业在推行激励政策的意愿尤为强烈。

（2）测评科研人员能力与素质，对所表达的情绪设计有差别的应对政策，将人力资本的合理分配与差异化激励措施管理相结合。科研人员的分类管理有利于充分了解异质性员工的人格特质和消极动机，将组织发展目标与人员的职业规划相结合，激发科研工作的积极情绪，将科研人员所表达的情绪进行物质激励与精神激励的双重结合，为员工从消极到积极的转型提供组织认同感。尤其是对于一些处于消极倦怠情绪和积极主动情绪临界边缘的科研人员，科研人员自我效能的提升是促进科研人员内部消耗减少、组织绩效提升的有效手段，也是实现“智猪博弈”良性循环的措施改进。若长期出现“小猪躺着大猪跑”的状态，则企业内部科研人员之间的公平感知出现偏差则会激化核心人员与普通人员之间的矛盾，因此管理模型差异化激励改进，也是达成良性互助、利益最优的效果。

（3）对宣泄情绪的反馈进行释放管理，汇总压抑情绪的不公平根源，调整公平考核的信息公开透明程度。企业将薪酬差距以及奖励水平进行差别管理，及时听取员工的反馈意见并进行调整。企业内部的和谐竞争环境是科研人员积极投身于科学研究工作的重要保障，也是组织环境所能给予的持续发展外部环境；对于科研人员而言，宣泄情绪目的在于缓解负面情绪，提升工作幸福感和组织认同感，也是对企业加强信息公开透明以及对称程度的肯定，达到心理平衡。

6.3 科研人员工作倦怠行为规避

6.3.1 企业克服员工倦怠行为的策略博弈

前面针对企业推行激励政策是否在科研人员消极倦怠情绪转为积极主动情绪之间进行博弈可知，推行激励政策在一定程度上能刺激科研人员的积极情绪迸发。但对情绪演化结果的行为而言，倦怠情绪引发的消极行为，成为科研工作进程的“绊脚石”，仅凭借激励无法实现对倦怠行为的规避。基于此，对员工倦怠行为与企业策略选择进行博弈，如图 6－18 所示，描述出科研管理者所采取约束或激励措施后所引发的科研人员工作倦怠的行为变化历程。

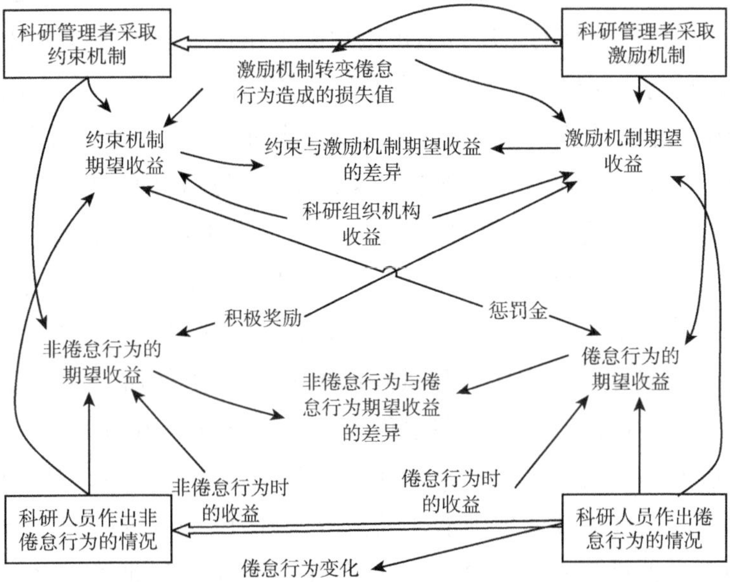

图6-18　企业克服员工倦怠行为的策略博弈流程

（1）研究思路。

基于演化博弈理论中的基本假设，在行动个体有限理性的条件下，企业和科研人员受到诸多理性因素的约束，并在动态学习的过程中不断调整策略。在不完全信息的环境下，博弈双方对于策略的选择保持踌躇不定的状态，因此需要反复博弈才能探索出理性稳定的策略选择。在社会网络快速发展的时代背景下，企业作为管理者既是组织管理的监管者，又是员工管理的动员者，即科研人员既是被监管的对象，又能决定企业核心技术创新发展的路径，因此决定了企业与科研人员激励管理间博弈局面的复杂性。

对科研人员和企业之间的激励与约束机制设计博弈进行深入剖析，在数字化发展的社会网络大背景下对科研人员工作倦怠与企业激励机制设计的情景构建演化博弈模型。两者作为有限理性的博弈双方，进行损益策略的选择。就企业而言，对于工作倦怠的科研人员有两种策略：一种是“激励”，通过奖励、奖金、额外补偿等措施对工作倦怠的科研人员进行鼓励；另一种是“约束”，通过惩罚、绩效考核不达标进行扣款、积分制等措施对工作倦怠的科研人员进行奖惩分明的激励措施。而对于处于工作倦怠的科研工作者来说，此时面临的是保持消极倦怠的工作状态，获取短期内的正常报酬或为自己的行为付出损失利益的代价。另外，科研人员由消极倦怠的工作态度转为积极乐观的工作态度，转型为主观能动性较强的工作投入态度。

在科研人员与企业双方博弈进行策略的选择过程中，从科研人员的角度来看，假设在非倦怠工作行为中参与科研工作所获取的收益为 B_1，此时企业若推行正向激励政策，则科研人员可获取额外的奖励收益为 B_2，包括所获奖金或其他正向激励的额外补偿，并且，将科研人员在非倦怠工作行为中所付出的脑力、花费精力等风险成本的费用设为 E_1。对于企业而言，企业与科研人员在积极配合状态中科研人员非倦怠行为的工作效率下给企业带来的收益与回报为 B_3，企业在进行科研人员的管理中，对于科研人员非倦怠行为的筛选以及处理中消耗的精力、财力、物力的成本设为 E_2，并且，鼓励科研人员积极主动工作时所付出的宣传、培训等成本为 E_3。此外，企业定期调研科研人员工作状态时所付出的考察成本为 A，从企业角度来看，科研人员的积极主动性工作状态对企业激励政策带来的挑战而产生的风险设为 F。主要参数及定义如表 6 - 10所示。

表 6 - 10　参数设置及定义说明

参数设置	定义说明
B_1	科研人员在非倦怠行为下参与科研工作中获取的收益
B_2	科研人员在非倦怠行为下企业正向激励下所给予的奖励收益
B_3	企业与科研人员在积极配合状态中科研人员非倦怠行为的工作效率下给企业带来的收益与回报
E_1	科研人员所付出的脑力成本、花费的体力成本等风险成本
E_2	企业筛选科研人员非倦怠行为产生的成本以及传递与反馈消息产生的成本
E_3	企业宣传正能量工作、提供培训及聘请相关人员产生的成本
A	企业调研发现科研人员倦怠问题时付出的考察成本
F	科研人员非倦怠行为对企业权威的挑战而产生的风险

企业为科研人员的工作提供良好的组织环境，而科研人员的研究成果为企业带来收益，因此，两者之间既独立又相互关联。科研人员与企业之间在磨合之后会产生一定的相互依赖关系，想要维系两者之间的良好关联并达到平衡状态，则需要企业管理者对人才管理模式进行优化与改进。现实中受到诸多因素的影响，科研人员在长时间高压的工作中会产生倦怠行为，而信息不对称、公平环境无法完全保障的情况下，只能通过不断地学习、探索找到企业管理的最优激励方案，以此鼓励科研人员的创造性、可持续性的研究工作，匹配决策组合的选择方式与演化博弈理论的假设条件。基于此，分析博弈双方的收益状况，找出进化稳定策略（ESS），寻找合适的策略组合，以满足双方的期望收益。

（2）研究假设。

假设双方博弈主体的有限理性，博弈主体在信息不完全流通的企业背景下，科研人员以个人利益最大化、企业以企业利润最大化为原则，科研人员和企业双方在经过博弈经验指导下次的决策行为进行不断地学习探索，并分析动态学习变化过程。博弈双方为科研人员与企业，科研人员可以表现为倦怠行为和非倦怠行为，企业可以选择正向激励和负向激励，并对策略组合进行整理，共有以下四种形式，损益方程如表6-11所示。

表6-11　企业推行激励或约束政策与科研人员倦怠行为选择的损益矩阵

科研人员/企业行为选择	激励政策，q	约束政策 $1-q$
非倦怠行为，p	$B_1+B_2-E_1$，$B_3-E_2-E_3-F$	B_1-E_1，F
倦怠行为，$1-p$	0，$-A-E_3$	0，$-A$

假设科研人员和企业本身保持有限理性，并且在企业工作范围内信息不完全流通状态。利润最大化作为企业的目标，个人效益最大化作为科研人员工作的目标，因此，双方在不断工作学习的过程中，都会将前期的经验对下次决策行为产生影响，直到达到均衡状态（ESS），本次研究将科研人员和企业作为两方博弈的主体，科研人员的非倦怠行为和倦怠行为进行选择，企业则在推行正向激励和负向激励之间进行选择，损益矩阵如表6-11所示，并且双方策略组合可以分为以下四种情形。

①（非倦怠行为，激励政策）。在该行为组合选择下，从科研人员视角出发，所获收入为在科研工作中所感知的工作满意程度带来的职业幸福感与企业正向激励所给予科研人员的个人奖励 B_2；所付出的脑力成本、花费的体力成本以及保持非倦怠行为而面对的复杂人际关系的风险成本为 E_1。从企业的角度来看，科研人员非倦怠行为所带来的收益回报为 B_3；为鼓励科研人员规避倦怠行为，提升工作积极性保持职业满意程度而支付的宣传、培训及相关人员聘用成本 E_3。

②（非倦怠行为，约束政策）。在这种策略组合下，从科研人员角度来看，此时收益仅有在非倦怠行为的科研工作活动中获得的愉悦感受、参与管理的获得感 B_1；从企业的角度来看，此时无收益，成本仅为非倦怠行为对企业权威的挑战而产生的风险 F。

③（倦怠行为，激励政策）。选择该决策组合后，科研人员在没有付出成本的同时也未得到任何收益。并且，企业并未获得收入；成本的支出在于科研人员工作倦怠后，企业进行调研发现运营问题付出的考察成本，为鼓励科研人员规避倦怠行为，积极引导员工工作情绪、宣传正能量、培训学习新知识及相关人员的聘请而产生的费用 E_3。

④（倦怠行为，约束政策）。策略组合选择后，科研人员没有付出任何费用且未获得收益。企业此时无法获得收入，但仍然需要支付企业在调研过程中检查运营状况时的支出。

假设科研人员工作过程中表现出非倦怠状态的概率为 p，那么科研人员工作过程中表现出倦怠状态的概率则为 $1-p$；企业推行激励政策的概率为 q，推行约束政策的概率为 $1-q$。并且，受到时间和环境变化的影响，企业和科研人员的决策可能会随之发生改变，则 p、q 的数值也会随之变化。

科研人员平均期望收益公式为：

$$\bar{U}_z = p^*[q^*(B_1+B_2-E_1)(1-p)^*(B_1-E_1)] \tag{6.11}$$

企业平均期望收益公式为：

$$\bar{U}_o = q^*[p^*(B_3-B_2-E_2-E_3-F)+(1-p)^*(-A-E_3)] + (1-q)[p^*(-F)+(1-p)^*(-A)] \tag{6.12}$$

复制动态方程为：

$$F_z(p) = \frac{dp}{dt} = p^*(U_{z1} - \bar{U}_z)$$

$$= p^*(1-p)^*[(B_1 - E_1) + B_2 \times q] \tag{6.13}$$

$$F_o(q) = \frac{dq}{dt} = q^*(U_{o1} - \bar{U}_o)$$

$$= q^*(1-q)^*[(B_3 - B_2 - E_2)^*p - E_3] \tag{6.14}$$

令 $\frac{dp}{dt} = \frac{dq}{dt} = 0$ 求得该系统的均衡点为 $E_1(0,0)$、$E_2(1,0)$、$E_3(0,1)$、$E_4(1,1)$、$E_5\left(\frac{E_3}{B_3 - B_2 - E_2}, \frac{E_1 - B_1}{B_2}\right)$。

根据 Friedman 的理论，得到该系统的雅可比矩阵为：

$$J = \begin{bmatrix} (1-2p)(qB_2 + B_1 - E_1) & p(1-p)B_2 \\ q(1-q)(B_3 - B_2 - E_2) & (1-2q)[(B_3 - B_2 - E_2)p - E_3] \end{bmatrix} \tag{6.15}$$

由相关文献可知雅可比矩阵判定条件为：

（1）$DetJ>0$，$TrJ<0$ 是 ESS 状态；

（2）$DetJ>0$，$TrJ>0$ 为不稳定点；

（3）$DetJ<0$，$TrJ=0$ 或不确定为鞍点。

求得稳定点 E_5 的迹为 0，故该稳定状态不会是系统的 ESS 点。并且，E_1（0，0）、E_2（1，0）、E_3（0，1）、E_4（1，1）、E_5（x^*，y^*）的 Jaccobi 矩阵行列式和迹，得到行列式的值 $|J|$ 和矩阵对应的迹 tr（J），具体如表 6－12 所示。

表 6－12　　雅可比矩阵的行列式和迹

平衡点	行列式	迹
$E_2(0,1)$	$(B_1 + B_2 - E_1) \cdot (E_3)$	$(B_1 + B_2 - E_1) + (E_3)$
$E_3(1,0)$	$(-B_1 + E_1) \cdot (-B_2 + B_3 - E_2 - E_3)$	$(-B_1 + E_1) + (-B_2 + B_3 - E_2 - E_3)$
$E_4(1,1)$	$(-B_1 - B_2 + E_1) \cdot (B_2 - B_3 + E_2 + E_3)$	$(-B_1 - B_2 + E_1) + (B_2 - B_3 + E_2 + E_3)$

续表

平衡点	行列式	迹
$E_5(x^*,y^*)$	$\frac{E_3(B_1-E_1)(B_1+B_2-E_1)(B_2-B_3+E_2+E_3)}{B_2(B_2-B_3+E_2)}$	0

汇总雅克比矩阵在各个平衡点迹和行列式的值，整理并分析相对应的演化博弈的相位图，各均衡点在六种情形下的系统稳定状态如表 6－13 至表 6－15 所示。

表 6－13　　情形 1 和情形 2 的均衡点稳定性

情况 1：A<0，B<0，C<0，D<0				情况 2：A<0，B<0，C>0，D<0			
平衡点	行列式符号	迹符号	结果	平衡点	行列式符号	迹符号	结果
$E_1(0,0)$	+	−	ESS	$E_1(0,0)$	+	−	ESS
$E_2(0,1)$	−	±	鞍点	$E_2(0,1)$	−	±	鞍点
$E_3(1,0)$	−	±	鞍点	$E_3(1,0)$	+	+	不稳定点
$E_4(1,1)$	+	+	不稳定点	$E_4(1,1)$	−	±	鞍点

表 6－14　　情形 3 和情形 4 的均衡点稳定性

情况 3：A<0，B<0，C<0，D>0				情况 4：A<0，B>0，C<0，D>0			
平衡点	行列式符号	迹符号	结果	平衡点	行列式符号	迹符号	结果
$E_1(0,0)$	+	−	ESS	$E_1(0,0)$	−	±	鞍点
$E_2(0,1)$	+	+	不稳定点	$E_2(0,1)$	+	+	不稳定点
$E_3(1,0)$	−	±	鞍点	$E_3(1,0)$	+	−	ESS
$E_4(1,1)$	−	±	鞍点	$E_4(1,1)$	−	±	鞍点

表 6－15　　情形 5 和情形 6 的均衡点稳定性

情况 5：A<0，B<0，C>0，D>0				情况 6：A<0，B>0，C>0，D>0			
平衡点	行列式符号	迹符号	结果	平衡点	行列式符号	迹符号	结果
$E_1(0,0)$	+	−	ESS	$E_1(0,0)$	−	±	鞍点
$E_2(0,1)$	+	+	不稳定点	$E_2(0,1)$	+	+	不稳定点
$E_3(1,0)$	+	+	不稳定点	$E_3(1,0)$	−	±	鞍点
$E_4(1,1)$	+	−	ESS	$E_4(1,1)$	+	−	ESS

将均衡点分别代入上述矩阵 J 中，分为以下六种情形如表 6－16 所示，对博弈双方的演化稳定策略进行探究。

表 6－16　　　　情况编号汇总

状态	参数假设	对应条件
情形 1	$B_1-E_1<0, B_3-B_2-E_2-E_3<0, B_1+B_2-E_1<0$	$B_1+B_2<E_1, B_3<B_2+E_2+E_3$
情形 2	$B_1-E_1<0, B_3-B_2-E_2-E_3>0, B_1+B_2-E_1<0$	$B_1+B_2<E_1, B_3>B_2+E_2+E_3$
情形 3	$B_1-E_1<0, B_3-B_2-E_2-E_3<0, B_1+B_2-E_1>0$	$B_1<E_1<B_1+B_2, B_3<B_2+E_2+E_3$
情形 4	$B_1-E_1>0, B_3-B_2-E_2-E_3<0, B_1+B_2-E_1>0$	$E_1<B_1, B_3<B_2+E_2+E_3$
情形 5	$B_1-E_1<0, B_3-B_2-E_2-E_3>0, B_1+B_2-E_1>0$	$B_1<E_1<B_1+B_2, B_3>B_2+E_2+E_3$
情形 6	$B_1-E_1>0, B_3-B_2-E_2-E_3>0, B_1+B_2-E_1>0$	$E_1<B_1, B_3>B_2+E_2+E_3$

将各情形之间参数假设与对应条件进行整理，为演化博弈相位图的绘制提供条件。

6.3.2　双方策略选择行为的影响分析

汇总演化博弈相位图，对企业与科研人员决策机制的六种情形进行分析，博弈动态相位图如图 6－19 所示。

科研人员的行为策略只有当科研人员收益的初始条件位于 $B_1<E_1<B_1+B_2$ 时，企业行为策略的选择易起到干扰的作用；当企业收益满足 $B_3<B_2+E_2+E_3$ 初始条件时，该情况下则科研人员的行为策略完全受到企业的行为策略的影响；而当企业收益的初始条件满足 $B_3>B_2+E_2+E_3$ 时，该情况下科研人员的行为策略与企业的行为策略互相影响、互相制约，在策略组合（倦怠行为，约束政策）和（非倦怠行为，激励政策）之间抉择。当企业满足 $B_3>B_2+E_2+E_3$ 内的初始条件时，企业收益才会受到科研人员倦怠与否的行为策略

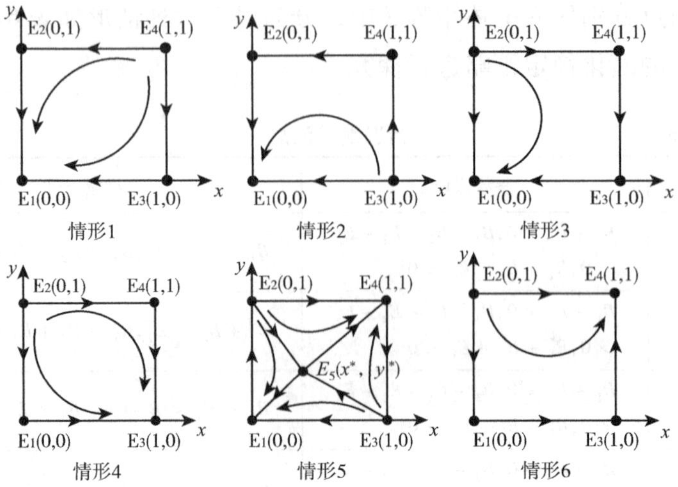

图 6-19　六种情形下演化博弈动态相位图

的影响；当科研人员收益的初始条件满足 $E_1 < B_1$ 时，则企业的行为策略完全受到科研人员的行为策略的影响；而当科研人员收益的初始条件满足 $B_1 < E_1 < B_1 + B_2$ 时，该情况下科研人员的行为策略与企业的行为策略互相影响、互相制约，在（倦怠行为，约束政策）和（非倦怠行为，激励政策）的策略组合中选择。

对重要影响参数进行分析可以看出，在情形 5 $B_1 < E_1 < B_1 + B_2$，$B_3 > B_2 + E_2 + E_3$ 的情况下，博弈模型存在两种进化稳定点 $E_1(0,0)$ 和 $E_4(1,1)$。由情形 5 的相位图可知，落在不规则四边形 $E_1E_2E_5E_3$ 区域内的点将向 $E_1(0,0)$ 演化，科研人员与企业的策略组合为（倦怠行为，约束政策）；落在不规则四边形 $E_4E_2E_5E_3$ 区域内的点将向 $E_4(1,1)$ 演化，科研人员与企业的策略组合为（非倦怠行为，激励政策）。演化为 $E_1(0,0)$ 的概率为 $S_{E_1E_2E_5E_3}$，演化为 $E_4(1,1)$ 的概率为 $S_{E_4E_2E_5E_3}$。

$$S_{E_4E_2E_5E_3} = S_{\Delta E_4E_2E_5} + S_{\Delta E_4E_3E_5} = 1 - \frac{1}{2}\left(\frac{E_3}{B_3 - B_2 - E_2} + \frac{E_1 - B_1}{B_2}\right) \quad (6.16)$$

对相关参数求导可知，$\frac{\partial S_{E_4E_2E_5E_3}}{\partial E_1} < 0$，$\frac{\partial S_{E_4E_2E_5E_3}}{\partial E_2} < 0$，$\frac{\partial S_{E_4E_2E_5E_3}}{\partial E_3} < 0$，可知 E_1、E_2、E_3 的增大会导致不规则四边形 $E_4E_2E_5E_3$ 的面积收缩，此时行为

抉择组合（非倦怠行为，激励政策）出现的概率降低。由 $\frac{\partial S_{E_4E_2E_5E_3}}{\partial B_1}>0$，$\frac{\partial S_{E_4E_2E_5E_3}}{\partial B_3}>0$ 可知，B_1、B_3 的增大会导致不规则四边形 $E_4E_2E_5E_3$ 的面积变大，（非倦怠行为，激励政策）该组合被选的可能性将会提升。因 B_2 的影响无法简单通过求导的方法进行判断，故通过数值仿真方法进行策略效果的验证性分析。

管理者所采用的激励或约束机制与工作倦怠之间的博弈是不断循环并进化的，其复制动态关系呈现于同一坐标系如图6-20所示。由于参数表达式中所表现的参数来源于统计分析或实践，因此初始博弈可能落在Ⅰ、Ⅱ、Ⅲ、Ⅳ任意区域中。

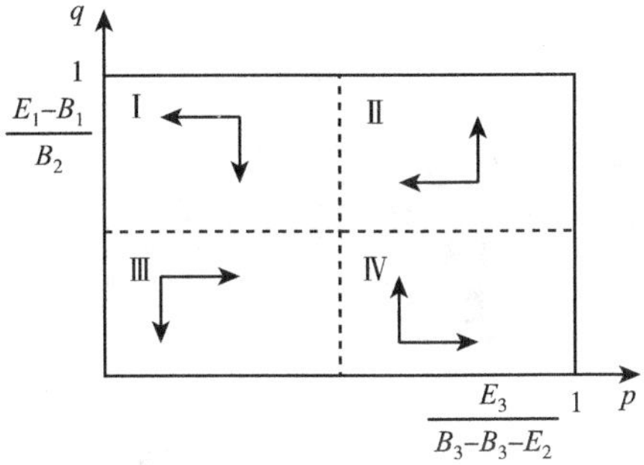

图6-20　复制动态关系与稳定性

以Ⅰ范围为例表现为科研人员在约束条件下的工作倦怠行为，此时的稳定策略表现出较不稳定的状态，科研人员会调整自身的倦怠行为以保障自身利益不受损，从而将策略组合转向Ⅲ区域；对于Ⅲ范围内，科研人员在激励条件下保持倦怠行为，但由于受到策略的影响，采用约束条件并不能比激励条件下获取更高的收益，因此科研人员作为有限理性的群体，会通过相互学习调整自身状态，因此保持非倦怠行为的工作状态。而策略组合由Ⅲ向Ⅳ区域偏转时，科研人员受到激励并保持非倦怠行为的状态并不稳定，这可能是由于科研人员对激励与约束机制的权衡，管理者考量所付出成本与收益是否匹配，而科研人员则考虑激励或约束政策是否会对自身利益带来影响。此时理性的组织管理者会调整策略，由Ⅱ向Ⅲ转变。由于群体之间共情及相互学习的效应，策略组合由Ⅰ向Ⅱ靠拢，此时又回到原点，继续循环。

6.3.3 数值仿真验证

应用 Matlab 软件仿真不同初始条件下的六种情形，并对演化博弈的过程进行模拟，得到演化路径如图 6－21 所示。仿真图中的 x 轴数值代表科研人员抉择非倦怠行为出现的可能性，y 轴数值表示企业采取实行激励政策的概率。保证 x∈[0，1] 且 y∈[0，1]，维持图像的可视化，设定初始值间隔是 0.1，时间 T 在 [0，10] 的区间内，其他参数使用符合初始条件假设的数值，并将其代入计算。

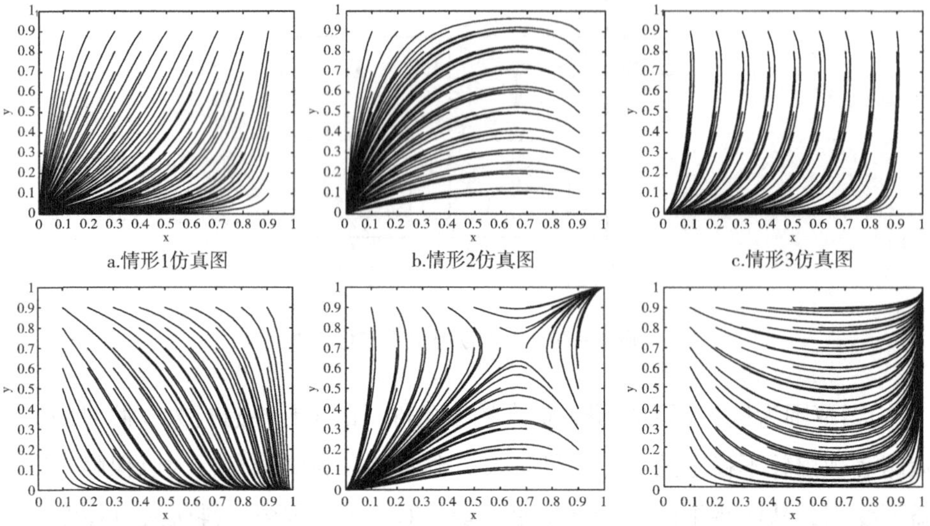

a.情形1仿真图　b.情形2仿真图　c.情形3仿真图

d.情形4仿真图　e.情形5仿真图　f.情形6仿真图

图 6－21　不同初始条件下的演化博弈路径图

从图 6－21 中的 a 情形可以看出，科研人员和企业的策略组合演化稳定于（倦怠行为，约束政策）的策略选择；b 情形下科研人员和企业的策略组合演化稳定于（倦怠行为，约束政策）的选择。c 情形下员工和企业的策略组合演化稳定于（倦怠行为，约束政策），当科研人员保持消极怠工的工作状态时，企业选择负向激励的方式对科研人员进行工作情绪的监管，以期达到双方利益的期望。d 情形下科研人员和企业的策略组合演化稳定于（非倦怠行为，约束政策）的选择，通过惩罚、绩效考核的压力对科研人员的非倦怠行为进行监管，并以此激励科研人员的工作积极状态，达到期望收益。e 情形体现出科研人员积极主动还是消极倦怠与企业选择激励政策与否呈现显著性相关，此时双方博弈所产生不同策略组合的概率变化起到彼此影响的作用，一旦初始概率出现“双高”，此时组合演化倾向于（非倦怠行为，激励政策）的趋势，反之，稳定在（倦怠行为，约束政策）非所期望的策略组合。f 情形下科研人员和企业的策略组合演化稳定于（非倦怠行为，激励政策）的选择，奖励、奖金等激励措施的完善，对科研人员积极主动的非倦怠行为进行鼓励，以期得到科研人员积极工作状态下的企业收益最佳模式。

基于情形 5 的状态下的 B_2 取值对 $S_{E_4E_2E_5E_3}$ 的影响以及与其他参数影响的交互作用。基于 $B_1<E_1<B_1+B_2$，$B_3>B_2+E_2+E_3$，参数具体赋值为：$B_1=2$；$B_2=10$；$B_3=36$；$E_1=8$；$E_2=10$；$E_3=10$。

第一种情况，令 B_2 的取值范围为［6，20］，$\dfrac{E_1-B_1}{2}$ 的取值范围为［1，3］。

第二种情况，令 B_2 的取值范围为［6，20］，E_3 的取值范围为［1，10］。

第三种情况，令 B_2 的取值范围为［6，20］，$2(B_3-E_2)$ 的取值范围为［52，252］。

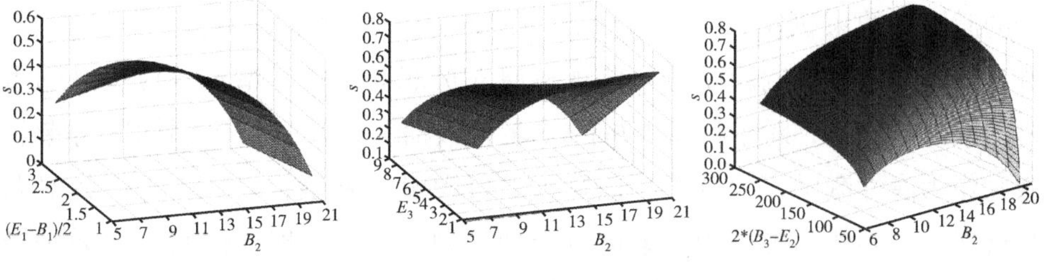

图 6-22　B_2 与不同要素共同影响的情况

从科研人员的角度来说，提高企业激励所给予科研人员的个人奖励可以减少科研人员工作状态中的倦怠行为，缓解消极倦怠情绪，但与此同时会增加企业激励政策的成本，从而抑制企业采取激励的决策。从图6-22可知，B_2与其他参数关系的图像呈倒“U”形，这说明存在最优激励金额，但给予科研人员的激励金额并不是越大越好。

从$B_2-\frac{E_1-B_1}{2}-S_{E_4E_2E_5E_3}$关系图可知，$\frac{E_1-B_1}{2}$越大，$B_2$与$S_{E_4E_2E_5E_3}$的最优关系点逐渐向右下方移动。从$B_2-E_3-S_{E_4E_2E_5E_3}$关系图可知，$E_3$增大，$B_2$与$S_{E_4E_2E_5E_3}$的最优关系点逐渐向左下方移动。从$B_2-2(B_3-E_2)-S_{E_4E_2E_5E_3}$关系图可知，$2(B_3-E_2)$增大，$B_2$与$S_{E_4E_2E_5E_3}$的最优关系点逐渐向左上方移动。

6.3.4 科研人员工作倦怠行为规避策略

（1）明确激励与约束政策，倦怠行为产生后通过辅助科研人员提升组织认同感和敬业度，降低倦怠行为带来的危害。异质性人格特质的科研人员存在消极动机和积极动机两种状态，临界的情绪变化科研人员工作状态可能会因受到外界刺激发生改变，因此面对公开透明的考核制度，科研工作的复杂性对员工工作能力的要求较高，积极的激励措施激发其工作状态的积极可持续性；但是，激励措施的施行会因员工能力与素质的差异而产生不同效果，因此，适时的约束包括绩效考核管理中的惩罚等措施，对差别管理以科研人员为核心的人力资源具有一定的反向推动作用。

（2）弹性激励约束措施，了解员工期望，完善显性激励和隐性激励结合的激励与约束机制，防范倦怠行为的萌芽。薪酬津贴福利、考核监督、晋升培训等激励机制的设计是体现科研人员职业幸福感增益效应提升的重要因素。一方面，对于科研人员的“名誉激励”以及“未来预期”等荣誉激励作为隐性激励，为员工心理资本的资源赋予补偿；另一方面，针对薪酬待遇、福利津贴等报酬方案进行合理规划，弹性、理性控制有效激励措施。激励措施的实行需要在外部环境与内部环境共同约束下不断完善，既包括企业内部的约束也包括资本市场的外部约束。

(3) 数字技术赋能及时可视化预知严重性并止损倦怠行为的负面效应，强化合作网络的稳定性。通过数字技术的革新与发展，从合作博弈到激励相容，将企业与员工之间的共享机制、共识机制、权责分明等要素进行优化与完善。以数字技术为赋能工具，对合作网络进行整合和优化，通过第三方评估进行公平考核制度的公开透明，一方面控制激励成本与收益的平衡，维护激励措施推行下的公平状态；另一方面用数字化进行科学合理的激励措施评定政策，差别管理以科研人员为核心的人力资源，管控科研人员的消极倦怠行为，提升科研人员工作主观能动性。协同合作利益的激励与机会利益的激励，将干扰科研人员倦怠工作状态与促进科研人员创新绩效提升相结合，完善创新工作的激励机制，推进公平利益的分配激励，恢复并优化考核的约束机制。

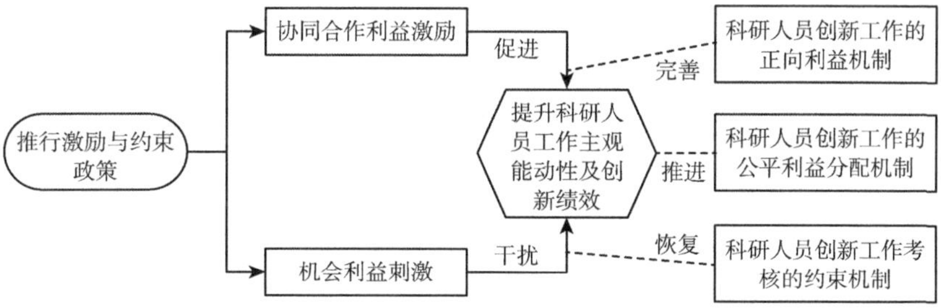

图6-23　科研人员工作倦怠行为规避

综上所述，科研人员工作倦怠行为规避由图6-23中可以看出，一方面进行协同合作利益激励，另一方面刺激机会利益。提升科研人员工作的主观能动性，调整企业正向利益的设计，推进对科研人员公平分配的政策监督，有针对性地优化对科研人员绩效考核的约束机制，对科研人员工作的倦怠行为进行外部刺激以便及时规避。

6.4　本章小结

本章首先基于科研人员工作倦怠的成因机理框架，提出个体干预“组织公平感知→心理资本→工作倦怠”和“组织公平感知→压力知觉→心理资本→工作倦怠”的两条路径，进行个体工作倦怠的干预设计；其次，梳理科研人员的工作倦怠情绪监管与行为规避状态，本章创新地以倦怠情绪转型和非倦怠行为规避为设计目标，分析双方策略选择；最后，对于所建的博弈模型进行参数变化及数值仿真验证，优化科研人员工作倦怠的管控策略。

第 7 章

总结与展望

本书首先对工作投入的研究对象、研究范畴、研究发展等状况进行分析，基于科研人员工作特征和职业特点设计出以“组织公平→压力知觉→心理资本→工作倦怠”为研究主线的创新理论框架模型；其次，二次开发并修订量表进行数据收集与处理，对于科研人员工作投入各影响因素之间所提出的研究假设进行验证，运用结构方程模型进行静态检验；再次，从动态视角出发，BP 人工神经网络训练数据后，采用 Netlogo 仿真平台模拟工作倦怠影响因素之间的交互作用效果，仿真科研人员工作投入与倦怠的行为传播，构建科研人员工作投入的多主体仿真模型；最后，本书采用演化博弈和归纳法对科研人员工作倦怠的干预、情绪监管与行为规避进行工作投入激励策略的优化。本章将各章的研究结论加以归纳，有助于更加系统、全面地总结科研人员工作倦怠的诱发机理，实现各相关组织、机构对工作倦怠管控的应用。此外，本章还总结本书的创新点并指出了研究的局限性与未来展望。

7.1 研究总结与创新点

7.1.1 研究结论

(1) 研究了科研人员工作倦怠的表征因素，并构建了科研人员工作投入影响机理的理论模型。通过梳理当前科研人员的工作现状及文献综述，本书对工作倦怠的概念范围、成因机理以及科研人员的行业特点、工作特征等进行了归纳，发现科研人员当前工作“躺平”现状体现在情感耗竭、玩世不恭以及低成就感等问题上。通过文献梳理和理论综述，并基于工作倦怠的相关理论与实践，本书研究了影响科研人员工作倦怠的关键因素，架构组织公平、压力知觉、心理资本、社会支持与科研人员工作倦怠诱发机理的理论模型。

（2）表征科研人员工作投入的影响因素及复杂关联性，运用结构方程模型实证检验了科研人员工作投入与倦怠各影响因素作用效果。科研人员的工作状态关乎科研创新绩效的产出，影响工作倦怠的因素中进行筛选适应于科研行业特色和工作特征的关键性因素，对科研人员工作倦怠与组织公平感量表进行二次开发与修订，建立适用于科研人员的工作倦怠与组织公平感测量量表。采用多种方式获取问卷调研，有效问卷 487 份，汇总人口统计学特征，运用结构方程模型对成因机理所涉及的研究假设进行检验。将组织公平的主效应、心理资本和压力知觉为链式中介效应、社会支持作为有调节的中介变量检验，调整工作需求与资源的双路径验证科研人员工作倦怠各影响因素之间的复杂关联性。研究发现，“组织公平→压力知觉→工作倦怠”证实了科研人员对工作环境的公平感是促使心理资本发展的重要因素，“组织公平→心理资本→工作倦怠”证实了个体通过增加心理资本促进工作资源的提升从而缓解工作倦怠。并且，当“组织公平→心理资本”的路径系数呈现下降的发展状态时，“心理资本→工作倦怠”的路径系数降低，间接效应量显著下滑，说明组织公平、心理资本和压力感知与工作倦怠之间存在保护性因素和危险因素相互的作用效果。最后，社会支持在“组织公平感知→工作倦怠情绪”路径和“心理资本→工作倦怠情绪”路径上的调节作用，证明社会支持能够加快科研人员工作倦怠消极情绪的平复与状态的恢复。

（3）通过 BP 人工神经网络训练数据、Netlogo 仿真科研人员工作投入演化与社会网络传播行为进行多主体建模。首先，本书通过 BP 人工神经网络，对调研一手数据进行训练并拟合，检验数据的可适用性和科学性。

其次，确定科研人员主体 Agent 和受众个体 Agent 的属性和行为规则。基于 Netlogo 仿真平台，进行科研人员工作倦怠情绪演化和社会网络传播行为的仿真。研究发现，组织不公平认知的应激后，长期演化对个体带来倦怠情绪的风险有所提升，及时补足心理资源，并通过社会支持的排解加以调节，展示情绪排解能力与所承担压力之间的平衡状态。并且，长期高压的工作时长是科研人员心理资源耗竭的重要因素，如果不及时加以社会支持的排解，并施加奖励，则会影响科研人员工作倦怠与否的行为选择。

(4) 构建科研人员与企业策略选择的博弈模型，设计科研人员工作投入激励评估，对情绪监管和行为规避进行策略优化。科研人员工作投入的个体激励在于“组织公平感知→心理资本→工作倦怠”和“组织公平感知→压力知觉→心理资本→工作倦怠”两条路径。通过对个体组织公平感知评估、心理资本感知评估、压力知觉感知评估，可以全面及时了解科研人员的心理和生理状态，并且应该关注科研人员工作倦怠状态变化，构建情绪恢复机制，及时调整干预策略。此外，构建科研人员与企业策略选择的演化博弈模型，分析并进行策略的优化。研究发现，科研人员的个体干预工作倦怠，能够调节心理资本充裕程度，弱化科研人员对于压力的感知，进一步提升个体的自我调节能力。倦怠情绪的转型与企业监管具有一定的关联性，有针对性的激励是推动科研人员消极倦怠情绪转为积极的工作情绪的动力；企业根据员工倦怠行为选择约束或激励的应对方式，为员工规避倦怠行为提供了有效的管控策略。

7.1.2 创新点

与已有研究相比，本书的创新点如下。

(1) 结合付出—回馈失衡理论和情绪认知评价理论，构建了科研人员的工作倦怠诱发机理模型，丰富了组织行为的管理理论。以往对工作倦怠的研究，要么关注外部资源与内部需求失衡的状态；要么基于个体情绪认知及行为反应，忽视了内部、外部资源所带来的既有损耗也有补充的路径选择，使心理资本对个体认知所产生作用效果不够深入，缺乏对各影响因素作用机制之间关联性的探讨。本书通过调研访谈及问卷调查，明确组织公平感和压力知觉所给科研人员心理应激反应，是导致工作倦怠、影响科研创新绩效和成果产出的重要因素，将社会因素和心理因素嵌入科研人员工作倦怠的理论框架，在心理资本和压力知觉的链式中介效果下，减少工作需求路径的损失与耗竭，提升工作资源路径的增益状态；社会支持作为调节变量作用于工作需求与工作压力形成的损耗路径，形成压力知觉和心理资本为链式中介、社会支持为有调节的中介下独特的科研人员工作倦怠的作用路径。

（2）开发反映科研职业特性的工作倦怠及组织公平感测量量表，为科研人员工作倦怠及组织公平感测量提供心理测量工具。以往工作倦怠的测量关注的重点在于情感耗竭所引发的玩世不恭，最后导致低成就感的形成，忽视了压力对个人生理反应的积淀后给情感耗竭带来的负面影响。并且，以往对工作倦怠的测量量表大多针对服务业的从业人员，无法较为准确地体现科研人员这一群体的工作特性和职业特色。通过理论归纳、深度访谈等研究方法，结合科研人员工作倦怠的症状，识别影响科研人员工作倦怠的关键因素；二次开发并设计量表过程中既考虑工作倦怠的科研人员个体特征，又考虑组织管理等外部因素的人口统计学特征规律，通过要素指标进行重要性和关键性识别，修订科研人员工作倦怠的心理学测量量表，将亚健康、睡眠障碍、负面情绪列入工作倦怠量表，将同事考评加入人际交往公平感的测量，采用信度和效度分析调研数据，对修订量表的有效性和可靠性进行检验，扩展了工作资源与需求理论的应用范畴。

（3）通过 BP 神经网络和 Netlogo 平台，构建科研人员工作倦怠行为的多主体仿真模型，弥补静态研究的不足。研究发现，工作倦怠的长期性和动态性是各因素相互作用的结果，静态检验已不能完全解释个体工作倦怠各影响因素之间的作用效果。如何对变量之间的变化进行动态演绎，是实证研究无法解决的问题。因此，应从动态视角构建科研人员工作倦怠行为的多主体建模，对科研人员工作倦怠形成、扩散以及仿真输出进行动态模拟，明确系统内部重要因子的发展趋势，提出倦怠干预分析及资源优化的策略。从传统管理理念的静态情绪管理的视角进行优化，从动态视角控制外部因素对科研人员工作的干扰，观测工作倦怠的程度以及人员情绪的变化，动静态相结合增强解释力，弥补静态分析的局限性。

（4）结合博弈论，构建了管控科研人员工作倦怠的激励与约束机制模型，为工作投入的激励策略优化提供依据。现有学者对工作倦怠的干预上大多从识别倦怠情绪的影响因素着手，默认员工此时已表现出工作倦怠情况，但从行业发展和社会需求来看，避免工作中产生倦怠、规避倦怠行为带来的风险更符合当今管控的实际。因此，干预个体工作倦怠进行事前预估和事中处理，根据评估结果预警，及时把握工作倦怠的情绪潜伏状态，调整个人意识减少情绪爆发带来的危机。对企业监管工作倦怠进行事中处理及事后调整，采用演化博弈的研究方法，对科研人员与企业策略选择进行双方博弈，分析参数变化，以期监管情绪并促进转型；博弈企业克服员工工作倦怠行为的策略，演绎数值模拟，提出行为规避策略，优化企业激励与约束策略。

7.2 研究局限性与未来展望

针对所提出的问题，本书进行了深入分析和补充，为组织管理理论的扩展提供了支持，并且将工作倦怠的研究领域扩大化，以期为科研人员的人力资源管理提供参考。尽管如此，本书也存在局限性，需要进一步加以完善。

（1）需要探索更多科研人员工作投入的影响因素。

本书在考察科研人员工作倦怠成因机理的过程中，选择压力知觉、社会支持、心理资本作为控制性影响因素。从 JD－R 模型的理论来看，工作倦怠的长期影响因素和影响关系非常复杂。所以有必要对更多的因素开展更加深入的分析研究，如组织文化、社会文化等。而在此过程中，又会涉及开发和检验与工作、职业特性相适应的测量工具，以确保测量的准确性及有效性。

（2）需要发掘更合适的分析统计工具。

研究发现，传统统计工具的局限性愈发突出，已不能满足越来越复杂的模型。随着研究的深入、考虑因素的增多，模型复杂程度的提升将会是不可避免的趋势。在实际情况中，各相关因素可能存在交织的、非线性的、非单方向性的关系，而这也是传统统计工具所无法解决的。已有学者开始应用数据挖掘等新技术来探索心理学领域复杂非线性的交互网络关系。新的数学统计技术可能给未来更为复杂的工作倦怠研究提供更有力的工具支持。

（3）需要通过干预实验对理论模型有效性进行验证。

本书深刻意识到理论模型是为提出科学合理可行的措施及方法提供可能性的参考，而管理学的最终目的在于应用于实践。目前，对于职业健康心理学仍然处于探索阶段，有效验证以及干预手段较少。虽然受制于研究问题，本书难以进行干预实验对理论模型验证，但在一定程度上找到了有效性的验证方法。不过，这种验证方式的精确性依然较低，只能在一定程度上解决组织管理因素的验证性研究问题。努力寻求与科研行业的长期合作与支持，采用更加合理、精确、有效的干预对照实验设计，达到验证理论模型并提出精准改良措施的目的。

参考文献

[1] Maslach C, Jackson S E. The measurement of experienced burnout [J]. Journal of organizational behavior, 1981, 2 (2): 99 – 113.

[2] Demerouti E, Nachreiner F. The specificity of burnout in human services: Fact or artifact [J]. Zeitschrift für Arbeitswissenschaft, 1998 (52): 82 – 89.

[3] 杨莉君，曾晓．幼儿园教师共情对职业倦怠的影响：心理资本的中介作用与教龄的调节作用 [J]. 教师教育研究，2021，5 (33): 84 – 92.

[4] 云祥. 警察工作倦怠研究综述 [J]. 武汉公安干部学院学报，2008，1 (22): 26 – 28.

[5] 邓明明，孙林岩，孙林辉，等．煤矿工人异常心理、工作倦怠与事故倾性研究 [J]. 人类工效学，2014，20 (1): 26 – 30.

[6] 李永鑫，高冬东，申继亮．教师倦怠与自尊、心理健康和离职意向的关系 [J]. 心理发展与教育，2007 (4): 83 – 87.

[7] 李晓艳，周二华．心理资本与情绪劳动策略、工作倦怠的关系研究 [J]. 管理科学，2013，1 (26): 38 – 47.

[8] 鲁锦涛. 情绪调节理论视角下工作特征对工作倦怠的影响机理：基于矿山救护队员样本的实证研究 [D]. 西北工业大学，2018.

[9] 李永鑫，高冬东，申继亮．教师倦怠与自尊、心理健康和离职意向的关系 [J]. 心理发展与教育，2007 (4): 83 – 87.

[10] 程红玲，陈维政．情绪调节对工作倦怠的影响作用分析 [J]. 心理科学进展，2010，6 (18): 971 – 979.

[11] Freudenberger H J. The psychologist in a free clinic setting: An alternative model in health care [J]. Psychotherapy Theory Research & Practice,

1973, 10 (1): 52 -61.

[12] Maslach C, Jackson S E. the measurement of experienced burnout [J]. Journal of Organizational Behavior, 1981, 2 (2): 99 - 113.

[13] Lee R T, Ashforth B E. A further examination of managerial burnout: Toward anintegrated model [J]. Journal of Organizational Behavior, 1993, 1 (14): 3 -20.

[14] Cordes C L, Dougherty T W. A review and an integration of research on job burnout [J]. Academy of Management Review, 1993, 4 (18): 621 -656.

[15] Leiter M P. Burnout as a Function of Communication Patterns. [J]. Group & Organization Management, 1988, 13 (13): 111 - 128.

[16] Maslach C, Schaufeli W B, Leiter M P. Job burnout [J]. Annual review of psychology, 2001, 52 (1): 397 -422.

[17] Cherniss, Cary. Staff burnout: Job stress in the human services [M]. Sage publications, 1987.

[18] Yagil R, Etzion Z, Berlyne G M. The effect of D - aldosterone and spironolactone on the concentration of sodium and potassium in the milk of rats. [J]. Journal of Endocrinology, 1987, 3 (59): 633 -636.

[19] Pines, Aronson E. Burn out: From tedium to personal growth [M]. New york: free press, 1981.

[20] Lee R T, Ashforth B E. A Meta - Analytic Examination of the Correlates of the Three Dimensions of Job Burnout [J]. Journal of Applied Psychology, 1992, 2 (81): 123 - 133.

[21] 陆昌勤．工作倦怠感研究及展望 [J]. 中国心理卫生杂志, 2004, 3 (19): 206 -211.

[22] Maslach C, Jackson S E. Burned - out cops and their families [J]. Psychology Today, 1979, 12 (12): 59 -62.

[23] Schaufeli W B, Leiter M P, Maslach C. Maslach burnout inventory - general survey [J]. The Maslach burnout inventory - test manual, 1996 (3): 22 -26.

［24］ Demerouti E，Mostert K，Bakker A B. Burnout and work engagement：a thorough investigation of the independency of both constructs［J］．Journal of occupational health psychology，2010，3（15）：209－222.

［25］ 李超平，时勘．分配公平与程序公平对工作倦怠的影响［J］．心理学报，2003，5（35）：677－684.

［26］ 李永鑫，吴明证，开封等．工作倦怠的结构研究［J］．心理科学，2005（2）：454－457.

［27］ Chen H，Wu P，Wei W. New perspective on job burnout：Exploring the root cause beyond general antecedents analysis［J］．Psychological Reports，2012，3（110）：801－819.

［28］ Portela N L C，de Oliveira Pedrosa A，Cunha J D S，et al. Burnout syndrome in nursing professionals from urgency and emergency services［J］．Revista de Pesquisa：Cuidado eFundamental Online，2015，3（7）：2749－2760.

［29］ 周密，赵文红，姜玉洁．基于工作要求—资源模型的新生代产业工人工作倦怠的研究——心理韧性的作用［J］．软科学，2016，1（30）：67－71.

［30］ Nori P，Bartash R，Cowman K，et al. Is Burnout Infectious? Understanding Drivers of Burnout and Job Satisfaction Among Academic Infectious Diseases Physicians［J］．Open forum infectious diseases，2019，4（6）：1－4.

［31］ 石长慧，王卓妮，赵延东．研发人员工作压力与工作倦怠的关系——工作自主的调节作用［J］．中国科技论坛，2021（2）：132－140.

［32］ 于坤，刘晓燕．压力源如何影响情绪耗竭变化？职业延迟满足的调节作用［J］．管理评论，2021，33（2）：217－226.

［33］ Drucker P F. Landmarks of tomorrow［J］．American Sociological Review，1959，1（3）：136－139.

［34］ Drucker P F. The Age of Discontinuity［M］．London：Routledge，1969.

［35］ 中华人民共和国国务院. 国家中长期科学和技术发展规划纲要

(2006—2020 年)(中华人民共和国国务院)[J]. 经济管理文摘, 2006 (4): 4-19.

[36] 黄维德, 蔡宁伟. 知识员工敬业行为研究 [J]. 华东经济管理, 2006, 20 (11): 110-112.

[37] Jacky S, Sue N, Harry S, et al. Knowledge management and innovation: networks and networking [J]. Journal of Knowledge Management, 1999, 3 (4): 262-275.

[38] 赵红洲. 科学能力学引论 [M]. 北京: 科学出版社, 1984.

[39] 习近平. 在知识分子, 劳动模范, 青年代表座谈会上的讲话 [J]. 中国工运, 2016 (5): 4-7.

[40] 王芳, 许燕, 蒋奖. 职业枯竭的测量方法 [J]. 心理科学进展, 2005, 6 (13): 8.

[41] Maslach C, Jackson S E, Leiter. Maslach Burnout Inventory Manual - Third Edition [M]. Mind Garden, 1996.

[42] Schaufeli W B, Salanova M, González - romá V, et al. The Measurement of Engagement and Burnout: A Two Sample Confirmatory Factor Analytic Approach [J]. Journal of Happiness Studies, 2002, 1 (3): 71-92.

[43] Rössler W, Ajdacic - Gross, Hengartner M P. Predictors of burnout: results from a prospective community study [J]. European Archives of Psychiatry and Clinical Neuroscience, 2015, 1 (265): 19-25.

[44] Jackson S E, Maslach C. After - effects of job - related stress: Families as victims [J]. Journal of Organizational Behavior, 1982, 1 (3): 63-77.

[45] Hobfoll S E, Shirom A. Stress and burnout in the workplace: Conservation of resources [J]. 1993 (1): 41-61.

[46] Hobfoll S E, Shirom A. Conservation of resources theory: Applications to stress and management in the workplace. [J]. Public Policy & Administration, 2001 (87): 57-80.

[47] 王国香, 刘长江, 伍新春. 教师职业倦怠量表的修编 [J]. 心理发展与教育, 2003, 3 (19): 82-86.

[48] 李媛. MBI 量表的本土化修订及上海市职业倦怠调查与分析 [D]. 2005.

[49] 张奇勇，闫志英，卢家楣．高校教师科研倦怠感问卷的编制与信效度检验 [J]. 心理学探新，2015，1（35）：84－89.

[50] Lingard H. The impact of individual and job characteristics on 'burnout' among civil engineers in Australia and the implications for employee turnover [J]. Construction Management & Economics, 2003, 1 (21): 69－80.

[51] Sara V, Chiara G, Silvia G, et al. The role of colleague incivility in linking work－related stressors and job burnout. A cross－sectional study in a sample of faculty administrative employees. [J]. La Medicina del lavoro, 2021, 3 (112): 209－218.

[52] 徐长江，时勘．工作倦怠：一个不断扩展的研究领域 [J]. 心理科学进展，2003，11（6）：680－685.

[53] Peters J, Büchel C. Episodic future thinking reduces reward delay discounting through an enchancement of prefrontal mediotemporal interactions [J]. 2010, 1 (66): 138－148.

[54] 张崇，郑崇勋，裴晓梅，等．生理性精神疲劳的多参数脑电功率谱分析 [J]. 生物医学工程学杂志，2009，1（26）：162－166.

[55] 王莉莉，陈凤兰．基于脑电的管制员认知行为与疲劳的关系研究 [J]. 中国安全科学学报，2018，7（28）：1－6.

[56] Alasaari J S, Markus L, Ollila H M, et al. Environmental Stress Affects DNA Methylation of a CpG Rich Promoter Region of Serotonin Transporter Gene in a Nurse Cohort [J]. PLoS ONE, 2012, 9 (7): e45813.

[57] 张晗. SLC6A4 基因启动子区特定 CpG 位点甲基化与焦虑、抑郁、倦怠的相关性及其对 ACS 患者预后的影响 [D]. 昆明医科大学，2021.

[58] Marchand, Durand, Juster, et al. Workers' psychological distress, depression, and burnout symptoms: Associations with diurnal cortisol profiles [J]. Scandinavian journal of Work, Environment and Health, 2014, 3 (40): 305－314.

[59] Karasek R. Job Decision Latitude, and Mental Strain: Implications for Job Redesign [J]. Administrative Science Quarterly, 1979, 2 (24): 285-308.

[60] Kamis E. An Epidemiological Approach to Staff Burnout [J]. 1980: 17.

[61] Karger H J. Burnout as Alienation [J]. Social Service Review, 1981, 2 (55): 270-283.

[62] Perlman B, Hartman A E. Burnout: Summary and Future Research [J]. Human Relations, 1982, 4 (35): 283-305.

[63] Harrison W D. A social competence model of burnout [J]. Stress and burnout in the human services professions., 1983 (1): 29-39.

[64] Fischer H J. A psychoanalytic view of burnout [J]. Stress and burnout in the human service professions, 1983 (177): 40-45.

[65] Heifetz L J, Bersani H A. Disrupting the cybernetics of personal growth: Toward a unified theory of burnout in the human services [J]. Stress and burnout in the human service professions, 1983 (46-62).

[66] Johnson J V, Hall E M. work place social support, and cardiovascular disease: a cross - sectional study of a random sample of the Swedish working population. [J]. American Journal of Public Health, 1988, 10 (78): 1336-1342.

[67] Siegrist J. Adverse health effects of high - effort/low - reward conditions [J]. Journal of Occupational Health Psychology, 1996, 1 (1): 27-41.

[68] Demerouti E, Nachreiner F, Bakker A B. The Job Demands - Resources Model of Burnout [J]. Journal of Applied Psychology, 2001, 3 (86): 499-512.

[69] Bakker A B, Demerouti S W B. The socially induced burnout model [J]. Advances in Psychology Research, 2003, 25.

[70] 罗玉越，舒晓兵，史茜. 付出—回馈工作压力模型：西方国家十年来研究的回顾与评析 [J]. 心理科学进展, 2011, 1 (19): 107-116.

[71] Gorgievski J M, Hobfoll S. Work can burn us out or fire us up: Conservation of resources in burnout and engagement [M]. Halbesleben JR B. Handbook of

stress andburnout in health care. NY: Nova Science Publishers, 2008.

[72] Hobfoll S E. Conservation of resources. A new attempt at conceptualizing stress [J]. The American Psychologist, 1989, 3 (44): 513 - 524.

[73] Pearce J L, Gregersen H B. Task interdependence and extrarole behavior: A test of the mediating effects of felt responsibility [J]. Journal of Applied Psychology, 1991, 6 (76): 838 - 844.

[74] Jonge J D, Vegchel V N, Shimazu A. A Longitudinal Test of the Demand - Control Model Using Specific Job Demands and Specific Job Control [J]. International Journal of Behavioral Medicine, 2010, 2 (17): 125 - 133.

[75] Bova N, Jonge J, Guglielmi D. The Demand - Induced Strain Compensation Questionnaire: A Cross - national Validation Study [J]. Stress and Health, 2015, 3 (31): 236 - 244.

[76] Balk Y, Jonge J, Oerlemans W, et al. Balancing Demands and Resources in Sport: Adaptation and Validation of the Demand - Induced Strain Compensation Questionnaire for Use in Sport [J]. Journal of Science and Medicine in Sport, 2018 (17): 237 - 244.

[77] 王清华. 自尊在本科医学生消极完美主义人格特质与学习倦怠之间的中介作用及干预研究 [D]. 中国医科大学, 2021.

[78] Lazarus R S. Progress on a cognitive_x0002_motivational - relational theory of emotion [J]. American Psychologist, 1991, 8 (46): 819 - 834.

[79] 孟昭兰. 情绪心理学 [M]. 北京大学出版社, 2005.

[80] 刘得格, 时勘, 王永丽, 等. 挑战—阻碍性压力源与工作投入和满意度的关系 [J]. 管理科学, 2011, 2 (24): 1 - 9.

[81] KiYoung L, Michelle K, Duffy, et al. The Experience of Being En_x0002_vied at Work: How being Envied Shapes Employee Feelings and Motivation [J]. Personnel Psychology, 2018, 2 (71): 181 - 200.

[82] 田宝, 李旭培, 滕秀杰, 等. 压力情境认知评价与工作倦怠的关系 [J]. 心理科学, 2012, 1 (35): 165 - 170.

[83] Lee C, An M, Noh Y. The effects of emotional display rules on flight

attendants' emotional labor strategy, job burnout and performance [J]. Service business, 2014, 9 (3): 409 - 425.

[84] 李乃文，刘健，牛莉霞. 工作倦怠对安全绩效的影响——负性情绪和心智游移的链式中介作用 [J]. 软科学，2018，10 (32)：71 - 74.

[85] Riolli L, Savicki V. Impact of Fairness, Leadership, and Coping on Strain, Burnout, and Turnover in Organizational Change [J]. International journal of stress management, 2006, 13 (3): 351 - 377.

[86] 徐梦蝶，刘鑫，郑晓明，等. 组织变革意义认知对员工的影响：工作投入和工作倦怠的双中介机制 [J]. 科学学与科学技术管理，2019，5 (40)：134 - 149.

[87] Di Fabio A, Kenny M E. Resources for enhancing employee and organizational well - being beyond personality traits: The promise of Emotional Intelligence and Positive Relational Management [J]. Personality and individual differences, 2019, 151: 109278.

[88] 张兰霞，韦彩云，杨钦帅，等. 知识型员工工作家庭冲突对创造力的影响——一个被调节的中介效应模型 [J]. 东北大学学报：自然科学版，2020，5 (41)：747 - 752.

[89] Gnül Z K, Ceyhun G I. The impact of job characteristics on burnout: The role of work family conflict and the moderating role of job satisfaction [J]. International Journal ofAcademic Research in Management, 2014, 3 (3): 291 - 309.

[90] 佟瑞鹏，王露露，杨校毅，等. 社会心理风险因素对工人行为安全影响机制研究 [J]. 中国安全科学学报，2020，8 (30)：18 - 24.

[91] Heather K, Spence, Laschinger, et al. The influence of personal dispositional factors and organizational resources on workplace violence, burnout, and health outcomes in new graduate nurses: A cross - sectional study [J]. International Journal of Nursing Studies, 2012, 3 (49): 282 - 291.

[92] 金国敏，罗献明，李丹. 精神科专科医院护士工作场所暴力经历与工作倦怠和自悯的关系 [J]. 中国心理卫生杂志，2019，10 (33)：795 - 797.

[93] Leiter M P, Maslach C. The impact of interpersonal environment on burnout and organizational commitment [J]. Journal of organizational behavior, 1988, 9 (4): 297 - 308.

[94] 王成军，朱陈云. 角色压力对顾客接触型员工工作倦怠的影响——社会支持的调节作用 [J]. 企业经济，2018，9 (37): 125 - 132.

[95] Kahn R L, Wolfe D M, Quinn R P, et al. Organizational stress: studies in role conflict and ambiguity [J]. American Journal of Sociology, 1964, 10 (1): 620 - 621.

[96] 徐洋洋，林新奇. 职场孤独感如何影响员工绩效？——基于工作要求和资源理论的视角 [J]. 经济管理，2021，43 (6): 69 - 83.

[97] Bowen P, Edwards P, Lingard H, et al. Occupational stress and job demand, control and support factors among construction project consultants [J]. International Journal of Project Management, 2014, 7 (32): 1273 - 1284.

[98] 郑建君. 基层公务员角色压力，工作倦怠与生活满意度的关系——基于 Bootstrap 方法的中介模型检验 [J]. 江西师范大学学报（哲学社会科学版），2016，5 (49): 51 - 58.

[99] Larson M, Luthans F. Potential Added Value of Psychological Capital in Predicting Work Attitudes [J]. Journal of leadership & organizational studies, 2006, 13 (2): 75 - 92.

[100] 包元杰，Dolan Simon. 价值观匹配的作用机制研究：基于自我概念理论的分析 [J]. 中国人力资源开发，2016 (13): 55 - 64.

[101] Wang L. The Effects of School Organizational Fairness on Teachers' Job Burnout [J]. Psychological Science, 2009, 32 (6): 1494 - 1496.

[102] 颜爱民，胡仁泽，徐婷. 新生代员工感知的高绩效工作系统与工作幸福感关系研究 [J]. 管理学报，2016，4 (13): 542 - 550.

[103] Jawahar I M, Stone T H, Kisamore. Role conflict and burnout: The direct and moderating effects of political skill and perceived organizational support on burnout dimensions [J]. International Journal of Stress Management, 2007, 2 (14): 142 - 159.

[104] 张军成，凌文辁. 组织政治知觉对研发人员工作态度的影响——基于资源保存理论的实证分析 [J]. 科学学与科学技术管理，2013，2 (34)：134 - 143.

[105] 林琼，熊节春. 公共服务动机对公务员工作倦怠的影响 [J]. 江西社会科学，2018，5 (38)：235 - 242.

[106] Tan B，Abhiram K，Lim L，et al. Burnout and Associated Factors Among Health Care Workers in Singapore During the COVID - 19 Pandemic [J]. Journal of the American Medical Directors Association，2020，12 (21)：1751 - 1758.

[107] Cano - García F J，Padilla - Muñoz E M，Carrasco - Ortiz M Á. Personality and contextual variables in teacher burnout [J]. Personality and individual differences，2005，38 (4)：929 - 940.

[108] 王莉. 大五人格特质与矿工工作倦怠的关系研究 [J]. 中国安全科学学报，2015，5 (25)：20 - 24.

[109] Kalus A R，Cregan C. Cosmetic facial surgery：The influence of self - esteem on job satisfaction and burnout [J]. Asia Pacific Journal of Human Resources，2017，3 (55)：320 - 336.

[110] Kevin D，Cofer S，Robert H，et al. Burnout is Associated With Emotional Intelligence but not Traditional Job Performance Measurements in Surgical Residents [J]. Journal of Surgical Education，2018，5 (75)：1171 - 1179.

[111] 辛杰，吴创. 企业家职业倦怠及基于社会责任的消解前因——情商与领导风格的调节作用 [J]. 科学学与科学技术管理，2015，7 (36)：155 - 166.

[112] Zhang Y，Gan Y. Perfectionism，academic burnout and engagement among Chinese college students：A structural equation modeling analysis [J]. 2007，6 (43)：1529 - 1540.

[113] 于维娜，Tarnoff Karen Ann，王占浩，等. "严"师出"高"徒？导师完美主义对徒弟创造力的双元影响路径 [J]. 科技进步与对策，2021，04 (38)：141 - 150.

［114］ Pedersen A F，Nrxe K B，Vedsted P. Influence of patient multimorbidity on GP burnout：a survey and register - based study in Danish general practice ［J］. British Journal of General Practice，2020，1 （70）：p20X - p707837X.

［115］ Ramos R，Jenny G，Bauer G. Age - related effects of job characteristics on burnout and work engagement ［J］. Occupational Medicine，2016，3 （66）：230 - 237.

［116］ 张婷，温子嫣. 基于 Maslach 职业倦怠理论的基层公务员职业倦怠调查分析—以西安市阎良区为例 ［J］. 统计与信息论坛，2012，10 （27）：108 - 112.

［117］ 阎光才. 高等学校中年教师的职业生涯表现与困顿 ［J］. 教育研究，2020，07 （40）：95 - 108.

［118］ 王亚群，覃红霞. 高校辅导员职业倦怠归因探究——社会结构与性别的视角 ［J］. 四川师范大学学报（社会科学版），2018，2 （45）：117 - 123.

［119］ Katharine R，Parkes. Personality and coping as moderators of work stress processes：Models，methods and measures ［J］. Work & Stress，1994，2 （8）：110 - 129.

［120］ Shinn M，Rosario M，Morch H. Coping with job stress and burnout in the humanservices ［J］. Journal of Personality & Social Psychology，1984，4 （46）：864 - 876.

［121］ Bolger，Niall，Zuckerman，et al. A framework for studying personality in the stress process ［J］. Journal of Personality & Social Psychology，1995，5 （69）：890 - 902.

［122］ Hackman J R，Lawler E E. Employee reactions to job characteristics ［J］. Journal of Applied psychology，1971，3 （55）：259 - 286.

［123］ 严瑞丽，丁栋虹，何建华. 任务不确定性，工作控制与内部创业行为关系研究——工作繁荣的中介效应和心理资本的调节效应 ［J］. 科技进步与对策，2021，11 （38）：143 - 151.

［124］ Kokkinos C. Job stressors，personality and burnout in primary school teachers [J]. British Journal of Educational Psychology, 2011, 1 (77): 229 - 243.

[125] 王燕. 工作倦怠的跨行业调查和比较研究 [D]. 贵州师范大学, 2005.

[126] 马倩. 80 后员工工作特征与工作倦怠关系研究——以组织支持感为调节变量 [D]. 首都经济贸易大学, 2015.

[127] C M, E J S. Burned - out cops and their families [J]. Psychology Today, 1979, 12 (12): 59 - 62.

[128] Whitehead J T. Job burnout and job satisfaction among probation managers [J]. Journal of Criminal Justice, 1986, 1 (14): 25 - 35.

[129] 叶宝娟, 李露, 夏扉, 等. 农村幼儿教师的组织公平感与其职业倦怠的关系: 心理授权的中介作用与家庭支持的调节作用 [J]. 心理科学, 2020, 1 (43): 125 - 131.

[130] Lambert E G, Altheime R I, Hogan N L. Exploring the Relationship Between Social Support and Job Burnout Among Correctional Staff [J]. Criminal Justice and Behavior, 2010, 11 (37): 1217 - 1236.

[131] 谢正立, 邓猛, 李玉影, 等. 融合教育教师职业压力对职业倦怠的影响: 社会支持的中介作用 [J]. 中国特殊教育, 2021, 3: 46 - 52.

[132] Leung M Y, Chan Y S, Chong A. Developing Structural Integrated Stressor - Stress Models for Clients'and Contractors' Cost Engineers [J]. Journal of Construction Engineering & Management, 2008, 8 (134): 635 - 643.

[133] Leung M Y, Chan Y S, Yu J. Integrated Model for the Stressors and Stresses of Construction Project Managers in Hong Kong [J]. Journal of Construction Engineering & Management, 2009, 2 (135): 126 - 134.

[134] Leung M Y, Chan Y S, Yu J. Preventing construction worker injury incidents through the management of personal stress and organizational stressors [J]. Accident Analysis & Prevention, 2012, 9 (48): 156 - 166.

[135] Day A L, Livingstone H A. Chronic and acute stressors among military personnel: do coping styles buffer their negative impact on health? [J].

Journal of Occupational Health Psychology, 2001, 4 (6): 348 – 360.

[136] Pinto J K, Patanakul P, Pinto M B. Project Personnel, Job Demands, and Workplace Burnout: The Differential Effects of Job Title and Project Type [J]. IEEE Transactions on Engineering Management, 2016, 1 (69): 91 – 100.

[137] Linden D V D, Keijsers G P J, Eling P, et al. Work stress and attentional difficulties: Aninitial study on burnout and cognitive failures [J]. Work & Stress, 2005, 1 (19): 23 – 36.

[138] Deligkaris P, Panagopoulou E, Montgomery A J, et al. Job burnout and cognitive functioning: a systematic review [J]. Work & Stress, 2014, 2 (28): 107 – 123.

[139] Zapf D, Holz M. On the positive and negative effects of emotion work inorganizations [J]. European Journal of Work & Organizational Psychology, 2006, 1 (15): 1 – 28.

[140] Baddeley A. The episodic buffer: a new component of working memory? [J]. Trends inCognitive Sciences, 2000, 11 (4): 417 – 423.

[141] Peggy Q, Bérengère G, Audrey N, et al. The relationship between working memoryand episodic memory disorders in transient global amnesia [J]. Neuropsychologia, 2006, 12 (44): 2508 – 2519.

[142] 李永鑫，周广亚．应激、倦怠与抑郁的关系研究 [J]．中国临床心理学杂志，2006，05 (14)：472 – 474.

[143] Bianchi R, Mayor E, Schonfeld I S. Burnout – depression overlap: A review [J]. Psychology Review, 2015 (36): 28 – 41.

[144] Glass D C, McKnight J D. Perceived control, depressive symptomatology, andprofessional burnout: A review of the evidence [J]. Psychology and Health, 1996, 1 (11): 23 – 48.

[145] 裴菊红，豆欣蔓，贺莉．急诊科护士述情障碍和抑郁对职业倦怠影响的路径分析 [J]．解放军护理杂志，2021，5 (38)：25 – 28.

[146] 乔红梅，李葆华，李薇，等．重症监护与普通病房护士焦虑抑郁

症状及职业倦怠比较［J］. 中国心理卫生杂志，2020，5（34）：191－195.

［147］张鼎昆，方俐洛，凌文辁. 自我效能感的理论及研究现状［J］. 心理科学进展，1999，1（7）：39－43.

［148］Voss Horrell S C，Holohan D R，Didion L M，et al. Treating traumatized OEF/OIF veterans：How does trauma treatment affect the clinician?［J］. Professional Psychology：Research and Practice，2011，1（42）：79－86.

［149］Lee R T，Seo B，Hladkyj S，et al. Correlates of physician burnout across regions and specialties：a meta－analysis［J］. Human Resources for Health，2013，1（11）：48.

［150］Lusczynska A，Scholz U，Schwarzer R. The general self－efficacy scale：multicultural validation studies［J］. The Journal of Psychology，2005，5（139）：439－457.

［151］Blecharz J，Luszczynska A，Scholz U，et al. Predicting performance and performance satisfaction：Mindfulness and beliefs about the ability to deal with social barriers insport［J］. Anxiety，Stress，& Coping，2014，3（27）：270－287.

［152］Csikszentmihalyi M F. low and the foundations of positive psychology［M］. DordrechtSpringer，2014.

［153］Bakker A B，Van der Zee K I，Lewig K A，et al. The relationship between the Big Five personality factors and burnout：a study among volunteer counselors［J］. J Soc Psychol，2006，146（1）：31－50.

［154］Bakker A B. The work－related flow inventory：Construction and initial validation of the WOLF［J］. Journal of Vocational Behavior，2008，3（72）：400－414.

［155］Datu J A D，Mateo N J. Work－Related Flow Dimensions differentially Predict Anxiety，Life Satisfaction，and Work Longevity among Filipino Counselors［J］. Current Psychology，2015，2（36）：203－208.

［156］段文杰. 正念研究的分歧：概念与测量［J］. 心理科学进展，2014，10（22）：1616－1627.

[157] Zinn J K. Mindfulness – based interventions in context: past, present, and future [J]. Clinical Psychology: Science and Practice, 2003, 2 (10): 144 – 156.

[158] Kabat – Zinn J. An outpatient program in behavioral medicine for chronic pain patients based on the practice of mindfulness meditation: Theoretical considerations andpreliminary results. [J]. General Hospital Psychiatry, 1982, 1 (4): 33 – 47.

[159] Cohen – Katz J, Wiley D S, Capuano T, et al. The effects of mindfulness – based stress reduction on nurse stress and burnout, part Ⅱ: A quantitative and qualitative study [J]. Holistic Nursing Practice, 2004, 1 (19): 26 – 35.

[160] Moody K, Kramer D, Santizo R, et al. Helping the helpers: mindfulness training forburnout in pediatric oncology – a pilot program [J]. Journal of Pediatric Oncology Nursing, 2013, 5 (30): 275 – 284.

[161] Goodman M J, Schorling J B. A m indfulness course decreases burnout and improveswell – being among healthcare providers [J]. The International Journal of Psychiatry in Medicine, 2012, 2 (43): 119 – 128.

[162] Bazarko D, Cate R A, Azocar F, et al. The impact of an innovative m indfulness – based stress reduction program on the health and well – being of nurses employed in a corporate setting [J]. Journal of Workplace Behavioral Health, 2013, 2 (28): 107 – 133.

[163] Maslach C, Jackson S E. Maslach burnout inventory (research edition) [M]. Palo Alto, CA: Consulting Psychologists Press, 1981.

[164] Aronsson G, Theorell T, Grape T, et al. A systematic review including meta – analysis of work environment and burnout symptoms [J]. BMC Public Health, 2017, 17 (1): 264.

[165] 代丽芳. 煤炭企业一线员工消极情绪来源及对策研究 [J]. 农家参谋, 2020 (9): 195 – 225.

[166] 栗继祖, 续婷妮. 职业倦怠对煤矿安全绩效的影响 [J]. 现代职业安全, 2019, 212 (4): 88 – 89.

[167] 邓慧君，林昕，李富业. 应对方式在煤矿工人职业倦怠与职业紧张关系中的中介作用 [J]. 环境与职业医学，2020，37 (12)：1149 - 1155.

[168] 李永鑫，赵娜. 工作—家庭支持的结构与测量及其调节作用 [J]. 心理学报，2009 (9)：863 - 874.

[169] 全国科技工作者状况调查课题组. 第四次全国科技工作者状况调查报告 (2017)：综合篇 [M]. 北京：中国科学技术出版社，2018.

[170] 黄玮，项国鹏，杜运周，等. 越轨创新与个体创新绩效的关系研究——地位和创造力的联合调节作用 [J]. 南开管理评论，2017，20 (1)：143 - 154.

[171] Durkheim E. The Rules of Sociological Method [M]. London: Macmillan Education UK, 1938.

[172] Caplan G. Support Systems and Community Mental Health: Lectures on Concept Development [J]. Contemporary Sociology, 1974, 5 (2): 577 - 579.

[173] Payne R, Fletcher B C. Job demands, supports, and constraints as predictors of psychological strain among schoolteachers [J]. Journal of Vocational Behavior, 1983, 22 (2): 136 - 147.

[174] Cassel J. Psychosocial processes and "stress": theoretical formulation [J]. Int J Health Serv, 1974, 4 (3): 471 - 482.

[175] Cobb S. social Support as a Moderator of Life Stress [J]. Psychosomatic Medicine, 1976, 38 (5): 300 - 314.

[176] Dittrich P, Raschke K. Malate metabolism in isolated epidermis of Commelina communis L. in relation to stomatal functioning [J]. Planta, 1977, 134 (1): 77 - 81.

[177] Cohen S, Wills T A, House B J. Stress, Social Support, and the Buffering Hypothesis [J]. Psychological bulletin, 1985, 98 (2): 310 - 357.

[178] Sarason B R, Pierce G R, Shearin E N, et al. Perceived Social Support and Working Models of Self and Actual Others [J]. Journal of personality and social psychology, 1991, 60 (2): 273 - 287.

[179] Wellman B, Wortley S. Different Strokes from Different Folks: Com-

munity Ties and Social Support [J]. The American journal of sociology, 1990, 96 (3): 558 -588.

[180] Farmer P. Social scientists and the new tuberculosis [J]. Social science & medicine, 1997, 44 (3): 347 -358.

[181] Demaray M K, Malecki C K. Importance Ratings of Socially Supportive Behaviors by Children and Adolescents [J]. School psychology review, 2003, 32 (1): 108 -131.

[182] Atri A, Sharma M, Cottrell R. Role of social support, hardiness, and acculturation as predictors of mental health among international students of Asian Indian origin [J]. Int Q Community Health Educ, 2006, 27 (1): 59 -73.

[183] Zerach G, Elklit A. Attachment and social support mediate associations between Polyvictimization and psychological distress in early adolescence [J]. Int J Psychol, 2019, 55 (3): 380 -391.

[184] Leader G, Barrett A, Ferrari C, et al. Quality of life, gastrointestinal symptoms, sleep problems, social support, and social functioning in adults with autism spectrum disorder - ScienceDirect [J]. Research in Developmental Disabilities, 2021, 112 (5): 1 -13.

[185] Juggling B L. he Unexpected Advantages of Balancing Career and Home for Women and Their Families [M]. USA: Library Journal, 1991.

[186] Skok A, Harvey D, Reddihough D. Perceived stress, perceived social support, and wellbeing among mothers of school - aged children with cerebral palsy [J]. J Intellect Dev Disabil, 2006, 31 (1): 53 -57.

[187] 江承晓，刘嘉蕙．青少年压力调适，情绪管理与心理健康促进之探讨 [J]. 嘉南学报（人文类），2008 (34): 595 -607.

[188] 胡夏娟. 大学生压力知觉、复原力和心理幸福感的关系研究 [D]. 石家庄：河北师范大学，2009.

[189] Csikszentmihalyi M, Seligman M. Positive psychology [J]. American Psychologist, 2000, 55 (1): 5 -14.

[190] Luthans F, Youssef C M. Human, Social, and Now Positive Psy-

chological Capital Management: Investing in People for Competitive Advantage [J]. Organizational dynamics, 2004, 33 (2): 143 - 160.

[191] Hosen R. Education and capital development: Capital as durable personal, social, economic and political influences on the happiness of individuals [J]. Education, 2003, 123 (3): 496 - 513.

[192] Goldsmith A H, Veum J R, Darity JR W. The impact of psychological and human capital on wages [J]. Economic inquiry, 1997, 35 (4): 815 - 829.

[193] Tettegah S. Teachers, Identity, Psychological Capital and Electronically Mediated Representations of Cultural Consciousness: Proceedings of ED - MEDIA 2002—World Conference on Educational Multimedia, Hypermedia & Telecommunications, Denver, Colorado, USA, 2002 [C]. Association for the Advancement of Computing in Education.

[194] Avolio B J, Gardner W L, Walumbwa F O, et al. Unlocking the mask: a look at the process by which authentic leaders impact follower attitudes and behaviors [J]. The Leadership quarterly, 2004, 15 (6): 801 - 823.

[195] Luthans F, Avolio B J, Walumbwa F O, et al. The Psychological Capital of Chinese Workers: Exploring the Relationship with Performance [J]. Management and Organization Review, 2005, 1 (2): 249 - 271.

[196] Avolio B J, Luthans F. The high impact leader: Moments matter in accelerating authentic leadership development [M]. New York: McGraw - Hill, 2006.

[197] Bandura A, Caprara G V, Barbaranelli C, et al. Role of Affective Self - Regulatory Efficacy in Diverse Spheres of Psychosocial Functioning [J]. Child Development, 2003, 74 (3): 769 - 782.

[198] Lipscomb M F, Masten B J. Dendritic Cells: Immune Regulators in Health and Disease [J]. Physiological Reviews, 2002, 82 (1): 97 - 130.

[199] Avey J B, Patera J L, West B J. The Implications of Positive Psychological Capital on Employee Absenteeism [J]. Journal of leadership & organizational studies, 2006, 13 (2): 42 - 60.

[200] Luthans F, Youssef C M, Avolio B J. sychological capital: Developing the human capital edge [M]. Oxford, UK: Oxford University Press, 2007.

[201] Anthony E J. Risk, vulnerability, and resilience: An overview [M] //Anthony E, Cohler B. The invulnerable child. New York, NY: Guilford Press, 1987: 3 – 48.

[202] Spink A, Cole C. New Directions in Human Information Behavior (Information Science and Knowledge Management) [M]. New York: Springer – Verlag, Inc, 2006.

[203] Kumpfer K L. Factors and Processes Contributing to Resilience [M] //Glantz M D, Johnson J L. Resilience and Development. Boston, MA: Springer, 2002: 179 – 224.

[204] Luo M M, Chea S. Cognitive appraisal of incident handling, affects, and post – adoption behaviors: A test of affective events theory [J]. International journal of information management, 2018, 40 (5): 120 – 131.

[205] 石海梅, 杨文博, 于海琴. 高校教师工作特征、组织公平感与支持感对职业倦怠的影响研究 [J]. 心理研究, 2013, 6 (6): 66 – 70.

[206] Sanfey A G, Rilling J K, Aronson J A, et al. The neural basis of economic decision – making in the Ultimatum Game [J]. Science, 2003, 300 (5626): 1755 – 1758.

[207] 聊媛. 组织公正对职业倦怠和离职意向的影响: 延迟满足的调节作用 [D]. 北京: 北京大学, 2011.

[208] 马庆国. 认知神经科学, 神经经济学与神经管理学 [J]. 管理世界, 2006 (10): 139 – 149.

[209] 邓理, 浦徐进, 王维懿. "双一流" 背景下高校科研管理队伍的职业倦怠研究 [J]. 科技管理研究, 2018, 38 (17): 113 – 118.

[210] 王大胜. 基于社会支持的职业倦怠研究 [D]. 武汉: 武汉大学, 2011.

[211] Leventhal G S. What should be done with equity theory? New approaches to the study of fairness in social relationships [M] //Gergen K J, Green-

berg M S, Willis R H. Social exchange: Advances in theory and research. New York: Plenum Press, 1980: 52.

[212] Ybema J F. Lack of fairness and reward for efforts can lead to burnout and poor job satisfaction [R]. Loughlinstown: European Foundation for the Improvement of Living and Working Conditions (Eurofound), 2008.

[213] Matta F K, Erol – Korkmaz H T, Johnson R E, et al. Significant work events and counterproductive work behavior: The role of fairness, emotions, and emotion regulation [J]. Journal of organizational behavior, 2014, 35 (7): 920 –944.

[214] Gabris G T, Ihrke D M. Does Performance Appraisal Contribute to Heightened Levels of Employee Burnout? The Results of One Study [J]. Public personnel management, 2001, 30 (2): 157 – 172.

[215] Quirk R, Rodin H, Linzer M. Targeting Causes of Burnout in Residency: An Innovative Approach Used at Hennepin Healthcare [J]. Acad Med, 2021, 96 (5): 690 –694.

[216] 李超平，时勘．优势分析在组织行为学研究中的应用——组织公平与工作倦怠关系的实证研究 [J]. 数理统计与管理，2005，24 (6): 47 –51.

[217] 李金波，许百华，左伍衡．影响工作倦怠形成的组织情境因素分析 [J]. 中国临床心理学杂志，2006，14 (2): 146 –149.

[218] 李宁琪，易小年．组织公平、辱虐管理及员工工作倦怠关系实证研究 [J]. 科技与管理，2010，12 (4): 46 –49.

[219] Perrewe P L, Ganster D C. The impact of job demands and behavioral control on experienced job stress [J]. Journal of organizational behavior, 1989, 10 (3): 213 –229.

[220] Srivastava S C, Chandra S, Shirish A. Technostress creators and job outcomes: theorising the moderating influence of personality traits [J]. Information Systems Journal, 2015, 25 (4): 355 –401.

[221] Li Q, Wang S, Zhang Y. Effect of occupational stress on occupa-

tional burnout of teachers: A path analysis [J]. Journal of Educational Studies, 2009, 5 (5): 78 - 82.

[222] 刘世宏，许晓璠，章益磊，等. 同伴压力知觉与青少年自杀意念：侵入性反刍和回避应对的链式中介作用 [J]. 中国临床心理学杂志，2019，27 (2)：321 - 325.

[223] Cheung F, Tang C S, Tang S. Psychological capital as a moderator between emotional labor, burnout, and job satisfaction among school teachers in China [J]. International journal of stress management, 2011, 18 (4): 348 - 371.

[224] Pu J, Hou H, Ma R, et al. The effect of psychological capital between work - family conflict and job burnout in Chinese university teachers: Testing for mediation and moderation [J]. J Health Psychol, 2017, 22 (14): 1799 - 1807.

[225] Baron R M, Kenny D A. The moderator - mediator variable distinction in social psychological research: conceptual, strategic, and statistical considerations [J]. J Pers Soc Psychol, 1986, 51 (6): 1173 - 1182.

[226] Kim D, Shin J, Seo M, et al. Enjoy the pain that you cannot avoid: Investigation on the relationship between developmental job experience and employees' innovative behavior [J]. Journal of business research, 2021, 126: 363 - 375.

[227] 方伟. 工作要求—资源模型与工作倦怠：心理资本调节作用的实证研究 [D]. 北京：中国人民大学，2008.

[228] 张阔，卢广新，王敬欣. 工作压力与工作倦怠关系中心理资本作用的路径模型 [J]. 心理与行为研究，2014，12 (1)：91 - 96.

[229] 蔡笑伦，叶龙，王博. 心理资本对职业倦怠影响研究——以心理健康为中介变量 [J]. 管理世界，2016 (4)：184 - 185.

[230] 侯二秀，陈树文，长青. 知识员工心理资本对创新绩效的影响：心理契约的中介 [J]. 科学学与科学技术管理，2012，33 (6)：149 - 155.

[231] House J S. Work stress and social support [J]. Addison - Wesley Pub. Co, 1981, 1 (1): 141 - 148.

[232] Cohen S, Mckay G. Social support, stress, and the buffering hypothesis: A theoretical analysis [M] //Baum A, Taylor S E, Singer J E. Handbook of Psychology and Health (Volume Ⅳ). Hillsdale: Routledge, 1984: 253-267.

[233] 刘蓉晖，牛培锑，张振铎．社会支持水平对“工作—家庭”增益影响分析 [J]．统计与决策，2017 (4)：127-129.

[234] Kerres Malecki C, Kilpatrick Demary M. Measuring perceived social support: Development of the child and adolescent social support scale (CASSS) [J]. Psychology in the schools, 2002, 39 (1): 1-18.

[235] 陈龙，陈明，闫晓明，等．如何缓冲表层扮演的耗损效应？工作支持和睡眠时间的调节作用 [J]．中国人力资源开发，2019，36 (10)：62-79.

[236] Halbesleben J R. Sources of social support and burnout: a meta-analytic test of the conservation of resources model [J]. J Appl Psychol, 2006, 91 (5): 1134-1145.

[237] 陈林兴．高校教师工作压力感与上级的社会支持关系的实证研究 [J]．中国卫生统计，2006，24 (3)：280-282.

[238] 吕邹沁，凌辉．中小学教师工作压力、社会支持与职业倦怠的关系 [J]．中国健康心理学杂志，2014，22 (9)：1344-1348.

[239] 耿东丽．护士工作压力、社会支持与工作倦怠关系的研究 [J]．社会心理科学，2008，23 (2)：61-63.

[240] 叶宝娟，胡笑羽，杨强，等．领悟社会支持、应对效能和压力性生活事件对青少年学业成就的影响机制 [J]．心理科学，2014 (2)：342-348.

[241] 张林，刘璐，陈文成．高中教师职业压力、社会支持与职业倦怠的典型相关 [J]．中国健康心理学杂志，2009，17 (9)：1112-1115.

[242] 徐礼平，李林英．中国诺贝尔奖获得者心理资本与创新绩效关系——屠呦呦个案剖析 [J]．科技进步与对策，2016，33 (7)：1-6.

[243] 张宜凝，乔正学，周佳玮，等．大学生心理资本与手机成瘾：

压力知觉、负性情绪的中介作用和社会支持的调节作用［J］. 中华行为医学与脑科学杂志，2021，30（3）：250－255.

［244］夏扉. 心理资本对教师职业倦怠影响研究——基于528名在岗教师的调研［J］. 江西社会科学，2017，37（7）：250－256.

［245］Mason M，Mennis J，Russell M，et al. Adolescent Depression and Substance Use：the Protective Role of Prosocial Peer Behavior［J］. J Abnorm Child Psychol，2019，47（6）：1065－1074.

［246］McEwen B S. Allostasis and Allostatic Load Implications for Neuropsychopharmacology［J］. Neuropsychopharmacology，2000，22（2）：108－124.

［247］谢雁鸣，刘保延，何丽云. 亚健康状态的概念研究［J］. 中国中医基础医学杂志，2006，11（12）：801－802.

［248］Sandström A，Rhodin I N，Lundberg M，et al. Impaired cognitive performance in patients with chronic burnout syndrome［J］. Biological Psychology，2005，69（3）：271－279.

［249］陈希，王春梅，沈秀梅等. 正念减压对精神科护士负性情绪及职业倦怠的影响［J］. 山东医学高等专科学校学报，2020，3（42）：47－49.

［250］杨柳，姜文迪，蔡文鹏，等. 军医大学学员负性情绪与倦怠的关系：疲劳的中介效应［J］. 第二军医大学学报，2019，40（5）：554－559.

［251］李乃文，刘健，牛莉霞. 工作倦怠对安全绩效的影响——负性情绪和心智游移的链式中介作用［J］. 软科学，2018，10（32）：71－74.

［252］Backhaus J，Junghanns K，Hohagen F. Sleep disturbances are correlated with decreased morning awakening salivary cortisol［J］. Psychoneuroendocrinology，2004，29（9）：1184－1191.

［253］Ter An－P Erez G，Arana－Lechuga Y，Esqueda－Le On E，et al. Steroid hormones and sleep regulation［J］. Mini reviews in medicinal chemistry，2012，12（11）：1040－1048.

［254］Cohen S，Kamarck T，Mermelstein R. A Global Measure of Perceived Stress［J］. Journal of Health and Social Behavior，1983，24（4）：385－396.

［255］Jensen S M，Luthans F. Entrepreneurs as authentic leaders：impact on employees' attitudes [J]. Leadership & Organization Development Journal, 2006, 27 (7/8): 646 – 666.

[256] Larson B T, Robertson D W, Huidobro C, et al. Interstitial temperature mapping during Prolieve transurethral microwave treatment: Imaging reveals thermotherapy temperatures resulting in tissue necrosis and patent prostatic urethra [J]. Urology, 2006, 68 (6): 1206 – 1210.

[257] Luthans F., Youssef C. M., Avolio B. J. 心理资本：打造人的竞争优势 [M]. 北京：中国轻工业出版社，2008.

[258] 柯江林，孙健敏，李永瑞. 心理资本：本土量表的开发及中西比较 [J]. 心理学报，2009，41 (9)：875 – 888.

[259] 宋洪峰，茅天玮. 心理资本量表在大学生群体中的修订与信效度检验 [J]. 统计与决策，2012 (21)：106 – 109.

[260] 仲理峰，王震，李梅，等. 变革型领导、心理资本对员工工作绩效的影响研究 [J]. 管理学报，2013，10 (4)：536 – 544.

[261] 梁慕家. 女性员工的组织公平与工作倦怠的关系研究及组织支持感的中介作用 [D]. 北京：北京师范大学，2009.

[262] 俞彬彬，钟建安. 情绪智力、组织公平和组织公民行为关系的研究 [J]. 心理科学，2008，31 (2)：475 – 478.

[263] Colquitt, Jason A. On the dimensionality of organizational justice: a construct validation of a measure [J]. The Journal of Applied Psychology, 2001, 3 (86): 386 – 400.

[264] 刘亚，龙立荣，李晔. 组织公平感对组织效果变量的影响 [J]. 管理世界，2003 (3)：126 – 132.

[265] Gorsuch R L. Three methods for analyzing limited time – series (N of 1) data. [J]. Behavioral Assessment, 1983, 7 (2): 141 – 154.

[266] 吴明隆. SPSS 统计应用实务 [M]. 北京：中国铁道出版社，2000.

[267] Daniel L G, Lee H B. A First Course in Factor Analysis [M]. New York: Psychology Press, 1992.

[268] Maslach C, Leiter M. The truth about burnout [M] //Otazo K, Times F. The Truth About Being a Leader: . and Nothing But the Truth (The Prentice Hall Truth About Business Series). New Jersey: Prentice - Hall, Inc, 1997.

[269] Brotheridge, Celeste M. The Role of Fairness in Mediating the Effects of Voice and Justification on Stress and Other Outcomes in a Climate of Organizational Change [J]. International Journal of Stress Management, 2003, 10 (3): 253 -268.

[270] Moliner C, Martinez - Tur V, Ramos J, et al. Linking organizational justice to burnout: are men and women different? [J]. Psychol Rep, 2005, 96 (3 Pt 1): 805 -816.

[271] Bies R J. Interactional justice: Communication criteria of fairness [J]. Research on negotiation in organizations, 1986, 1 (1): 43 -55.

[272] Alarcon G, Eschleman K J, Bowling N A. Relationships between personality variables and burnout: A meta - analysis [J]. Work & Stress, 2009, 23 (3): 244 -263.

[273] Awa W L, Plaumann M, Walter U. Burnout prevention: a review of intervention programs [J]. Patient education and counseling, 2010, 2 (78): 184 - 190.

[274] 杨帆. 基于组织公平视角的承包商施工项目经理工作倦怠研究 [D]. 北京: 清华大学, 2017.

[275] Selye H. The stress of life [M]. New York: McGraw - Hill, 1956.

[276] 周文莉, 顾远东, 彭纪生. 政府审计人员的工作压力对职业倦怠的影响: 心理契约与领导成员交换的作用 [J]. 管理评论, 2020, 32 (9): 229 -238.

[277] 李越超, 刘伟, 李力, 等. 疾病易感知觉对焦虑的影响: 确定控制感的中介及社会支持的调节 [J]. 中国健康心理学杂志, 2021, 29 (11): 1688 -1693.

[278] Lux T. Herd Behaviour, Bubbles and Crashes [J]. The Economic

Journal, 1995, 105 (431): 881 - 896.

[279] Iori G. A microsimulation of traders activity in the stock market: the role of heterogeneity, agents' interactions and trade frictions [J]. Journal of Economic Behavior & Organization, 2002, 49 (2): 269 - 285.

[280] Chen S, Chang C, Du Y. Agent - based economic models and econometrics [J]. The Knowledge Engineering Review, 2012, 27 (2): 187 - 219.

[281] Arthur W B, Holland J H, Lebaron B, et al. Asset Pricing Under Endogenous Expectations in an Artificial Stock Market [J]. The economy as an evolving complex system Ⅱ, 1996: 27.

[282] Gigerenzer G. Fast and frugal heuristics: The tools of bounded rationality [J]. Blackwell handbook of judgment and decision making, 2004, 62: 88.

[283] Adam C, Gaudou B. BDI agents in social simulations: a survey [J]. The Knowledge Engineering Review, 2016, 31 (3): 207 - 238.

[284] Kim G, Markowitz H M. Investment rules, margin, and market volatility [J]. The Journal of Portfolio Management, 1989, 16 (1): 45 - 52.

[285] Brenner T. Agent Learning Representation - Advice in Modelling Economic Learning [J]. Handbook of Computational Economics, 2006, 2 (5): 895 - 947.

[286] Vriend N J. An illustration of the essential difference between individual and social learning, and its consequences for computational analyses [J]. Journal of Economic Dynamics and Control, 2000, 24 (1): 1 - 19.

[287] 白冰，邓修权，郭志琼，等. 网络社会实践社区知识协同演化机理研究——基于 Swarm 仿真平台 [J]. 情报杂志，2014，33 (6): 201 - 207.

[288] 孟庆佳，杨晓东，樊志海，等. Swarm 仿真系统在农机评价体系中的应用 [J]. 农机化研究，2013，35 (6): 190 - 192.

[289] Qing - xun Z, Jing Z, Hong - li X, et al. Monte Carlo Simulation of Electron Swarm in the Diamond Film Growth via EACVD [J]. Plasma Science and Technology, 2003, 5 (2): 1729 - 1734.

[290] 李献士，李健．流域生态共同治理模式的 SWARM 仿真模型设计 [J]．生态经济，2013 (11)：170 - 172.

[291] Bommel P, Becu N, Page C L, et al. Cormas: An Agent - Based Simulation Platform for Coupling Human Decisions with Computerized Dynamics [J]. Simulation and Gaming in the Network Society, 2016 (9): 387 - 410.

[292] Le Page C, Bousquet F, Bakam I, et al. CORMAS: A multiagent simulation toolkit to model natural and social dynamics at multiple scales [EB/OL]. [December 22 2021]. https://www.researchgate.net/publication/228564153_CORMAS_A_multiagent_simulation_toolkit_to_mo.

[293] Bousquet F, Bakam I, Proton H, et al. Cormas: Common - pool resources and multi - agent systems [M]. Berlin, Heidelberg: Springer Berlin Heidelberg, 1998.

[294] 任占伟. 不确定性环境下协同商务多主体仿真及实现模式研究 [D]. 重庆：重庆大学，2008.

[295] 刘祖德，蒋畅和．基于 NetLogo 的安全生产与经济发展关系研究 [J]. 安全与环境学报，2013，13 (4)：216 - 220.

[296] 耿柳娜，李艳．合作行为的 NetLogo 计算机仿真研究 [J]. 现代远距离教育，2011 (1)：66 - 69.

[297] 刘永丹. 基于 Netlogo 的微信群舆情演化模型实现 [J]. 无线互联科技，2013 (11)：197 - 198.

[298] Sklar E. NetLogo, a Multi - agent Simulation Environment [J]. Artificial Life, 2007, 13 (3): 303 - 311.

[299] Kahn K. An Introduction to Agent - Based Modeling: Modeling Natural, Social, and Engineered Complex Systems with NetLogo [J]. Physics Today, 2015, 68 (8): 55.

[300] 王雪鑫，许得杰，曾俊伟，等．基于 Anylogic 仿真的兰州西站客运枢纽换乘衔接优化研究 [J]. 铁道运输与经济，2019，41 (3)：100 - 105.

[301] 陈祥儒，李建华，陈伟．基于 AnyLogic 的人流增多地铁站系统再优化 [J]. 科学技术与工程，2020，20 (33)：344 - 348.

[302] 周伟，肖英杰，吴善刚，等．基于 Anylogic 的耙吸装驳作业船舶交通组织仿真 [J]. 中国航海，2019，42 (2)：42－46.

[303] 杨芳，邹毅峰，戴恩勇．基于 Anylogic 的果蔬冷链系统配送中心物流运作优化 [J]. 中南林业科技大学学报，2016，36 (7)：141－148.

[304] 郭雪清，宋莉莉．基于 Repast 的细菌趋化性仿真模型研究 [J]. 电子设计工程，2012，20 (8)：55－58.

[305] 赵秀美. 基于 Repast 仿真平台的水资源优化配置研究 [D]. 天津：天津大学，2008.

[306] 辛玉红，江炳辉．基于 Agent 的供应链演化及 Repast S 仿真 [J]. 科技管理研究，2011，31 (8)：80－84.

[307] McFadzean D, Stewart D, Tesfatsion L. A computational laboratory for evolutionary trade networks [J]. IEEE Transactions on Evolutionary Computation, 2001, 5 (5): 546－560.

[308] 平健. 基于 NetLogo 的政府应急组织合作关系演化趋势仿真研究 [J]. 软科学，2018，32 (2)：124－129.

[309] 王良，刘潇，秦隆皓，等．基于 Netlogo 的中国 ETF 基金套利研究 [J]. 管理工程学报，2020，34 (1)：164－176.

[310] 曹鹭，Jacobson Michael J.，徐光涛．虚拟世界及基于代理的模型学习科学探究——计算机化科学探究模型浅析．计算机化科学探究模型浅析 [J]. 中国电化教育，2017，27 (7)：13－17.

[311] 沈浩，杜新秀，刘祎．基于认知评价的非常规突发事件个体应激研究 [J]. 中国安全科学学报，2015，25 (1)：29－33.

[312] Plutchik R. A general psycho－evolutionary theory of emotion [J]. Emotion Theory Research & Experience, 2000, 21 (4－5): 529－553.

[313] Dahl H. Book Review: EMOTION: THEORY, RESEARCH, AND EXPERIENCE. VOL. 5. Edited by Robert Plutchik and Henry Kellerman. San Diego: Academic Press, 1990, 275 pp [J]. Journal of the American Psychoanalytic Association, 1997, 45 (3): 969－972.

[314] Plutchik R. Emotion: A Psycho－evolutionary Synthesis [M].

New York: Harper & Row, 1980.

[315] 乔建中，高四新. 普拉契克的情绪进化理论 [J]. 心理学报, 1991, 23 (4): 433-440.

[316] Luck M, D'Inverno M. A Conceptual Framework for Agent Definition and Development [J]. The Computer Journal, 2001, 44 (1): 1-20.

[317] Lazarus R S. Emotion and Adaptation [M]. Oxford: Oxford University Press, 1991.

[318] 杨廷忠，黄晶晶，吴秀娟，等. 城市居民社会转型心理压力研究 [J]. 中国行为医学科学, 2007, 16 (4): 331-333.

[319] 吴辉，谷桂珍，李富冉，等. 工作单调性和社会支持与每日紧张感的关联研究 [J]. 中华预防医学杂志, 2020, 54 (11): 1202-1206.

[320] 张军伟，龙立荣，王桃林. 高绩效工作系统对员工工作绩效的影响：自我概念的视角 [J]. 管理评论, 2017, 29 (3): 136-146.

[321] Tichy N M, Tushman M L, Fombrun C. Social network analysis for organizations [J]. Academy of management review, 1979, 4 (4): 507-519.

[322] Kermack W O, McKendrick A G. Contributions to the mathematical theory of epidemics IV. Analysis of experimental epidemics of the virus disease mouse ectromelia [J]. Journal of Hygiene, 1937, 37 (2): 172-187.

[323] Figueroa M E. A Theory-Based Socioecological Model of Communication and Behavior for the Containment of the Ebola Epidemic in Liberia [J]. Journal of Health Communication, 2017, 22 (sup1): 5-9.

[324] 张爱兵，陈建，王正军，等. BP网络模型和LOGIT模型在森林害虫测报上的应用初报——以安徽省潜山县马尾松毛虫为例 [J]. 生态学报, 2001, 1 (12): 2159-2165.

[325] 贾广社，何长全，陈玉婷，等. 跨层次视角下建筑工人安全行为预警 [J]. 同济大学学报：自然科学版, 2019, 4 (47): 568-574.

后　记

行文至此，落笔为终。匆匆四年弹指一挥间，回望过去，初入师门的我“拔剑四顾心茫然”，秉承曾国藩先生所言“景行行止，高山仰止，虽不能至，心向往之”的心态，以“千磨万击还坚劲，任尔东西南北风”的信念，感慨“行路难，行路难，多歧路，今安在?”时至今日，仍颇有感触，虽体会到“长风破浪会有时，直挂云帆济沧海”的喜悦，也领悟到探索科学的过程是“路漫漫其修远兮，吾将上下而求索”。目光所至，已成为回忆；心之所念，皆成为过往。感谢时光荏苒，向所有帮助、关心、支持我的人表达最为真挚的谢意。

家人、老师、同学和朋友们的帮助与支持给予我力量，让我进步与成长。尤其是我的导师赵景峰教授，王延荣教授和我的父母，你们是我求学道路上照亮前行方向的光芒，是我坚强的后盾，是支持我前行的动力。感谢我的导师赵老师，在学术研究上，赵老师严谨的学术态度、渊博的专业知识，精益求精的工作作风对我影响深远，在论文的选题以及撰写的过程中，赵老师提出了很多宝贵的建议，让我得以完成学业的进步；在生活上，赵老师朴实无华、平易近人的人格魅力给予我精神的安慰与鼓励，在我遇到困难与瓶颈的时候，赵老师总是宽慰我并给我提出建议。赵老师不仅授我以文，而且教我做人，虽历时四载，却赋予我终身受益无穷之道。在此向赵老师表示深切的谢意，感谢您的支持与帮助。

感谢王延荣教授、李纲教授、方润生教授、桂黄宝教授、张国兴教授、杨雪教授、黄志启老师、杨洋老师、徐贵宏老师等老师们对我论文写作的指导与帮助。

感谢仝凤鸣博士、梁松博士、张亚琼博士、张静博士、苏钊贤博士、李一婧博士、姚晓超博士、马会杰博士、李浩文博士、郑野博士、范天雨博士、李博博士、赵一博士、王韵博士、李俊朋师弟、安迪师弟、黄亚楠师妹等，谢谢你们的帮助与鼓励，让我的博士学习生活充满了干劲与欢乐。

感谢我的家人，爸爸妈妈常说“放宽心，你的身后有我们”，感谢我的姨妈们、表妹，全心全意支持帮助我，照顾孩子的成长；感谢我的老公，陪伴我支持我鼓励我的学习，感谢你们对我的支持与理解。欲报之德，昊天罔极。

最后，诚挚感谢论文评审及答辩阶段给予我论文宝贵意见的各位专家、学者。

感谢大家的帮助与支持，我将会不忘初心、牢记使命，在探索科学的道路上勇往直前。

附录 A

科研人员工作投入访谈提纲

一、访谈目的

了解影响工作倦怠的工作经历，了解科研人员对工作投入与倦怠的理解和认知，了解科研人员生理和心理健康状况。

二、访谈方式

焦点小组访谈、深度访谈

三、访谈对象

从事一线工作的科研人员和管理人员

四、访谈提纲

导语：尊敬的科研工作者，非常感谢您的再次合作！本访谈仅限个人研究所用，请您畅所欲言，所有的谈话内容将为您绝对保密。

（一）科研人员的工作经历

1. 作为一名科研工作者，能谈谈您对科研这一职业的具体感触吗？

2. 您在参加科研项目中的评审或检验时，可以自由发表学术见解吗？

3. 您在从事科研工作时是否觉得压力很大？压力大的表现或感知是什么状态？

4. 您认为科研工作最大的压力来源是什么呢？你认为导致这种压力的最主要原因什么？您如何看待当前的科学评价制度？

5. 您认为工作压力会给您的科研工作、家庭生活带来哪些影响？

6. 您作为一名科研工作者，您认为自己目前的（工作精力、成就感、工作热情）如何？导致这种状况的原因何在？如何改善这种状况，您有什么想法吗?

7. 您是否在从事科研工作中觉得疲惫、无成就感或者缺乏创造力?

8. 您在科研工作中产生了工作倦怠时如何应对?

9. 您认为家庭给予的情感支持会影响到您的科研工作吗?

10. 您所在的单位对科研人员心理健康的关注程度如何?

11. 工作整体环境在多大程度上激起您的创新动力?为什么?

12. 科研工作之余,您有充沛的精力照顾您的家人或参加您所喜欢的娱乐活动吗?

13. 您认为自己是什么心态的人?这会影响到科研工作吗?

14. 您认为组织和您本人的目标一致是否会影响到科研工作?

15. 您认为您所在的单位在分配、程序、人际交往、信息共享中是否公平?

16. 您认为单位采用什么样的措施能够激发你的创造力和积极性?

17. 感谢您的支持与合作!对于工作倦怠,您还有什么需要沟通?

(二)工作倦怠认知访谈

1. 您认为您从事科研项目的工作,曾经/现在有倦怠的感觉或者经历吗?

□有 □没有

2. 根据您的经验,您或者同事出现工作倦怠的表现有哪些,或者说您认为什么样的表现算是工作倦怠,请您一一列举。

3. 根据您的经验,您或者同事出现工作倦怠的原因有哪些,请您一一列举。

4. 根据您的经验,您或者同事出现工作倦怠的缓解方法有哪些,请您一一列举。

描述并介绍工作倦怠:

由于工作者长期在对其情绪资源过度要求的工作环境下产生的衰竭,其中包括生理、情绪、和精神上三方面的衰竭。

情感耗竭——在工作过程中,个体在处理所遇到的难题和要求时,会感到能力不足和精疲力竭，最终导致情绪资源的丧失，具体表现为疲劳、烦躁、紧张和易怒；

去人格化——个体对待工作和同事冷淡、疏远和漠不关心；

低成就感——在工作过程中，个体对工作感受到低成就、无意义，以及缺乏成功体验。

5. 您是否能理解以上三个定义？

□是　　　　□否

如若不能，请您对以上定义的表述提出修改意见：

6. 您认为以上四个定义是否存在歧义或者交集？

□是　　　　□否

如果是，请您对以上定义的调整提出修改意见

7. 您认为在您考虑工作倦怠的表现时，以上三个维度是否已经涵盖了您能考虑到的所有角度？您是否还有补充？

8. 根据您的科研工作经历，您认为情感耗竭的表现包括哪些方面？可以举例说明

9. 根据您的科研工作经历，您认为疏离的表现应当包括哪些方面？可以举例说明

10. 根据您的科研工作经历，您认为低成就感应当包括哪些方面？可以举例说明

（三）科研人员工作感受及工作状态

1. 您所在科研项目的进度相比计划完成该项目的日期而言：

□落后较多　□落后　□持平　□提前　□提前较多

2. 您平均一周的工作时间长度为：　　小时

3. 您平时每天的平均睡眠时长为：　　小时

4. 您最近一周的整体睡眠质量如何？

□非常好，早上起来精神饱满　□不错，早上起来精神还行

□一般，起床之后还需要一段时间调整　□较差，感觉还没睡醒

□很差，一天无精打采

5. 请根据您的情况对以下症状发生的频率对自身状况进行打分：

症状	发生频率				
	1 从未发生……………………………………5 经常发生				
心率加快	□ 1	□ 2	□ 3	□ 4	□ 5
血压升高	□ 1	□ 2	□ 3	□ 4	□ 5
激动易怒	□ 1	□ 2	□ 3	□ 4	□ 5
消化不良	□ 1	□ 2	□ 3	□ 4	□ 5
溃疡	□ 1	□ 2	□ 3	□ 4	□ 5
身体易受伤	□ 1	□ 2	□ 3	□ 4	□ 5
易疲劳	□ 1	□ 2	□ 3	□ 4	□ 5
心脏疾病	□ 1	□ 2	□ 3	□ 4	□ 5
呼吸问题	□ 1	□ 2	□ 3	□ 4	□ 5
汗量增加	□ 1	□ 2	□ 3	□ 4	□ 5
皮肤功能失调	□ 1	□ 2	□ 3	□ 4	□ 5
头痛	□ 1	□ 2	□ 3	□ 4	□ 5
肌肉颤抖	□ 1	□ 2	□ 3	□ 4	□ 5
癌症	□ 1	□ 2	□ 3	□ 4	□ 5

结束语：再次强调保密访谈内容，并感谢被访谈者对该课题的支持。

五、配备所需的设备

1. 访谈提纲。

2. 带录音功能的手机或录音笔。

3. 记事本、中性笔、笔记本电脑等。

附录 B

科研人员工作投入测量量表开发调查问卷

尊敬的科研人员：

您好！

十分感谢您能抽出宝贵的时间完成此次调研的测试问卷。本调研邀请您根据工作经验和实际工作经历进行反馈，评估工作中的倦怠状态，用来分析和识别影响因素，为设计科研人员工作倦怠的管控机制奠定基础。

向您保证此调研为不记名，仅仅用于学术研究，保障您的个人信息不被泄露，也不会向贵单位反馈，请您不要有任何疑虑。

您对工作倦怠的真实反馈将会对科研人员职业健康及心理健康的研究和管控作出重要贡献，再次感谢您的配合！

问卷说明：本问卷包括三部分，第一部分为个人基本信息调查，第二部分为外部环境的动态变化带来的倦怠困扰程度，第三部分为工作倦怠测试量表的表现调研。

第一部分：个人基本信息

1. 所在单位：________________

2. 个人职务：________________

3. 从事科研工作的工龄：

□ 3～5 年　□ 6～10 年　□ 11～15 年

□ 16～20 年　□ 20 年以上

4. 您的职称是：________________

5. 工作单位性质：

□高校　□事业单位　□地方政府

□科研机构　□医院　□其他

6. 工作单位科研类型：

□课题研究　□技术创新　□产品研发

□政策制定　□其他

7. 科研人员的编制为：

□合同聘用制　□项目承包制　□股份合作制

□事业编制

8. 单位内，科研人员的压力水平、躺平状态、内卷程度、倦怠情况、组织支持感知以及离职率如何？

8.1　工作压力水平

□低　□较低　□基本一致

□较高　□高

8.2　躺平现象

□不明显　□较不明显　□一般

□较明显　□非常明显

8.3　内卷程度

□低　□较低　□基本一致

□较高　□高

8.4　工作倦怠情况

□不明显　□较不明显　□一般

□较明显　□非常明显

8.5　组织给予的支持程度

□低　□较低　□基本一致

□较高　□高

8.6　离职率

□低　□较低　□基本一致

□较高　□高

9. 自身健康评价：

☐非常不健康　　☐不太健康　　☐一般

☐比较健康　　☐非常健康

第二部分：外部环境的动态变化带来的倦怠困扰程度

本研究的目的是找出科研人员工作倦怠的影响因素，开发出适合科研人员的工作倦怠量表，外部环境作为自变量从家庭环境、信息化互联网环境、政策环境、工作场景分析个人、团队、组织、环境给科研人员带来的心理变化和倦怠状态。根据题项内容尽可能地不要有遗漏，进行1～5的评分。

环境	困扰程度				
	1 非常不同意……………………5 非常同意				
1 夫妻关系	☐ 1	☐ 2	☐ 3	☐ 4	☐ 5
2 子女问题	☐ 1	☐ 2	☐ 3	☐ 4	☐ 5
3 个人情绪	☐ 1	☐ 2	☐ 3	☐ 4	☐ 5
4 应对复杂社会关系，处理人际关系网	☐ 1	☐ 2	☐ 3	☐ 4	☐ 5
5 需要在科研工作时间之外参与应酬	☐ 1	☐ 2	☐ 3	☐ 4	☐ 5
6 被迫违背道德和法律规范	☐ 1	☐ 2	☐ 3	☐ 4	☐ 5
7 工作场地不固定	☐ 1	☐ 2	☐ 3	☐ 4	☐ 5
8 线上线下的科研工作时间超出了标准上班时间	☐ 1	☐ 2	☐ 3	☐ 4	☐ 5
9 科研工作占用了我的个人时间，无法保证休假	☐ 1	☐ 2	☐ 3	☐ 4	☐ 5
10 科研项目中成员流动性大，人才流失	☐ 1	☐ 2	☐ 3	☐ 4	☐ 5
11 相关的负面舆论的影响	☐ 1	☐ 2	☐ 3	☐ 4	☐ 5
12 国家对知识管理与科技创新的支持政策	☐ 1	☐ 2	☐ 3	☐ 4	☐ 5
13 国家自然科学奖取消 SCI 他引次数	☐ 1	☐ 2	☐ 3	☐ 4	☐ 5
14 国家的补助，物质奖励	☐ 1	☐ 2	☐ 3	☐ 4	☐ 5
15 互联网大数据、人工智能 AI 环境的变化	☐ 1	☐ 2	☐ 3	☐ 4	☐ 5

第三部分：科研人员工作倦怠表现

指导语：从事一线的科研工作中，您是否有情感耗竭、玩世不恭或低成就感的工作感受或体验？

根据您的实际情况，在所在维度下设的题项中进行勾选最贴近您自身工作感受的选项。注：选择题只能选择一个最符合自身的答案，凭直觉尽快作答即可。对于从未考虑的题项，尽可能做出选择，请不要遗漏。

维度	题项	编号	非常不符合	较不符合	基本符合	较符合	非常符合
情感耗竭	做科研工作有时让我情绪低落	JB1	1	2	3	4	5
	下班的时候我感觉精疲力竭	JB2	1	2	3	4	5
	早上起床时我感到很疲劳，但仍要面对当天的工作	JB3	1	2	3	4	5
	我不能有效地处理科研项目中出现的各种问题	JB4	1	2	3	4	5
	科研工作让我觉得压力很大，有快要崩溃的感觉	JB5	1	2	3	4	5
	下班后我很难保证睡眠时间和质量	JB6	1	2	3	4	5
玩世不恭	我觉得我在为科研项目的完成贡献很多力量	JB7	1	2	3	4	5
	自从干这工作，我对科研工作越来越不感兴趣	JB8	1	2	3	4	5
	我对科研工作不像以前那样有干劲	JB9	1	2	3	4	5
	在我看来，我擅长科研项目中属于我份额的部分	JB10	1	2	3	4	5
	当完成科研中的一些任务时，我感到非常高兴	JB11	1	2	3	4	5
低成就感	我感到我完成了很多有价值的科研工作	JB12	1	2	3	4	5
	我愿意从事我的科研工作，并不讨厌	JB13	1	2	3	4	5
	我对自己的科研工作是否有贡献越来越不关心	JB14	1	2	3	4	5
	我能有效地完成我的科研项目内工作	JB15	1	2	3	4	5
	我怀疑我工作的意义	JB16	1	2	3	4	5

——问卷已全部结束——

感谢您的参与

附录 C

科研人员工作投入作用机理调查问卷

尊敬的科研工作者：

您好！

首先真诚感谢您参与本次问卷调查以及对本课题的帮助和支持，我是华北水利水电大学管理与经济学院的博士，目前正在做科研人员组织公平、压力知觉、心理资本以及社会支持对工作倦怠的影响机制调研，非常感谢您能贡献自己的宝贵时间参与此次问卷调查。本调查旨在通过抽样调查，获取关于科研人员工作倦怠的第一手资料，希望得到您真实的想法，从而帮助组织改进和提升管理工作。

本次调查的目的在于汇总问卷并获得一手数据，仅用于本课题的研究，并不会泄露您的个人信息，请放心。采用不记名方式，各题项的选择根据自己的主观意愿填写，没有正确与错误之分。其中，问答题属于开放式问答，根据自身情况进行回答即可；选择题每题有 5 个选择：1. 非常不符合；2. 较不符合：3. 基本符合；4. 较符合；5. 非常符合，根据直觉与感受，在选项后勾选。

注：选择题只能选择一个最符合自身的答案，凭直觉尽快作答即可。对于从未考虑的题项，尽可能做出选择，请不要遗漏。

感谢您的支持和配合，谢谢！

问卷说明：

本问卷主要包括了六个部分，第一部分为个人基本信息调查，第二部分为科研人员工作倦怠调研，第三部分为压力知觉感知调研，第四部分为心理资本感知调研，第五部分为社会支持感知调研，第六部分为组织公平感知调研。

第一部分：个人基本信息

一、个人基本信息填写

1. 所在单位类型：

□国企　□私企　□个人　□其他

2. 性别：

□男　□女

3. 婚姻状况：

□已婚有子女　□已婚无子女　□未婚　□其他

4. 年龄：

□ 30岁以下　□ 31~40岁　□ 41~50岁　□ 51~60岁

□ 60岁以上

5. 教育程度：

□本科　□硕士研究生　□博士研究生

6. 工龄：

□ 5年以下　□ 5~15年　□ 15~25年　□ 25年以上

7. 职称：

□助教　□讲师　□副教授　□教授

□初级　□中级　□副高级　□正高级

8. 科研工作所属学科：

□文科　□哲学　□经济学　□法学

□教育学　□文学　□历史学　□理学

□工学　□农学　□医学　□军事学

□管理学　□艺术学　□其他

9. 您对自己的身体健康总体评价：

□非常不健康　□不太健康　□一般　□比较健康

□非常健康

二、科研完成情况

1. 近 5 年内，您注册专利的数量情况？
2. 近 5 年内，您获得知识产权或专著的数量？
3. 近 5 年内，您核心论文录用数量？

期刊类型	数量
高水平学术期刊（SCI 三区及以上）	
SCIE、EI、SSCI 和 A&HCI 收录	
核心学术期刊	
一般学术期刊	

4. 近 5 年内，您参与科研项目的情况？

级别	数量
国际级	
国家级	
省部级	
市厅级	
其他	

第二部分：科研人员工作倦怠量表

指导语：从事一线的科研工作中，您是否有以下工作感受或体验？请按照您的实际情况勾选符合的选项。

维度	题项	编号	非常不符合	较不符合	基本符合	较符合	非常符合
情感耗竭	做科研工作有时让我情绪低落	JB1	1	2	3	4	5
	下班的时候我感觉精疲力竭	JB2	1	2	3	4	5
	早上起床时，我感到很疲劳，但仍要面对当天的工作	JB3	1	2	3	4	5
	我认为自己处于亚健康状态，身体虚弱	JB4	1	2	3	4	5

续表

维度	题项	编号	非常不符合	较不符合	基本符合	较符合	非常符合
情感耗竭	在科研工作中我总是表现出负面情绪	JB5	1	2	3	4	5
	科研工作让我觉得压力很大，有快要崩溃的感觉	JB6	1	2	3	4	5
	下班后我很难保证睡眠时间和质量	JB7	1	2	3	4	5
玩世不恭	我怀疑我工作的意义	JB8	1	2	3	4	5
	自从开始干这份工作，我对科研工作越来越不感兴趣	JB9	1	2	3	4	5
	我对科研工作不像以前那样有干劲	JB10	1	2	3	4	5
	在我看来，我擅长于科研项目中属于自己份额内的部分	JB11	1	2	3	4	5
	我能有效地完成我的科研项目内工作	JB12	1	2	3	4	5
	我经常自嘲我的工作是不是真的作出什么贡献	JB13	1	2	3	4	5
	我感到我完成了很多有价值的工作	JB14	1	2	3	4	5
低成就感	当解决工作上的一些难题后，我感到非常兴奋	JB15	1	2	3	4	5
	在我看来，我擅长于自己的这份工作	JB16	1	2	3	4	5
	我觉得我在为科研项目的完成贡献很多力量	JB17	1	2	3	4	5
	当达到科研项目中设定的目标时，我非常高兴	JB18	1	2	3	4	5
	我不能有效地处理科研项目中出现的各种问题	JB19	1	2	3	4	5

第三部分：压力知觉量表

指导语：从事一线的科研工作中，您是否有以下压力感知或反馈？请按照您的实际情况勾选符合的选项。

维度	题项	编号	非常不符合	较不符合	基本符合	较符合	非常符合
角色模糊	我明确完成自己工作所需采取的步骤	MH1	1	2	3	4	5
	我确知上级领导对我工作设定的预期绩效目标	MH2	1	2	3	4	5
	执行工作时，我并不了解自己所在岗位的职责	MH3	1	2	3	4	5
	我需在模糊的指示下工作	MH4	1	2	3	4	5

续表

维度	题项	编号	非常不符合	较不符合	基本符合	较符合	非常符合
角色冲突	我常陷入不同领导对工作要求的冲突中	CT1	1	2	3	4	5
	我常陷入不同的同事们对工作要求的冲突中	CT2	1	2	3	4	5
	对于我所需完成的工作，我的直属领导和同事们都有一致的看法	CT3	1	2	3	4	5
	我的主管领导在下达工作指示时具有一致性	CT4	1	2	3	4	5
工作负荷	我有充足的时间去完成自己的每一项工作	FH1	1	2	3	4	5
	我的工作负荷并不会太重	FH2	1	2	3	4	5
	我必须非常辛劳地工作	FH3	1	2	3	4	5
	我必须以非常快速的节奏才能完成工作	FH4	1	2	3	4	5
资源不足	在工作环境中，我并未具有充足空间来完成我的工作	ZY1	1	2	3	4	5
	我不易获得工作所需的各项资源	ZY2	1	2	3	4	5
	我有足够的设备来完成我的工作	ZY3	1	2	3	4	5
	我有足够的支持服务来完成我的工作	ZY4	1	2	3	4	5

第四部分：心理资本量表

指导语：从事一线的科研工作中，您是否有以下心理认知或感受？请按照您的实际情况勾选符合的选项。

维度	题项	编号	非常不符合	较不符合	基本符合	较符合	非常符合
自我效能	我有自信认为自己有能力解决问题	ZW1	1	2	3	4	5
	在我工作领域我相信自己可以陈述清楚	ZW2	1	2	3	4	5
	我笃定自己对项目的付出是有贡献的	ZW3	1	2	3	4	5
	在我的专业工作领域，我笃信能够完成任务	ZW4	1	2	3	4	5
	我确信自己可以与利益相关者建立良好关系，并商议事宜	ZW5	1	2	3	4	5
	我肯定自己的能力，能够与同事陈述实情	ZW6	1	2	3	4	5
	我忽视生活中的不愉快	ZW7	1	2	3	4	5

续表

维度	题项	编号	非常不符合	较不符合	基本符合	较符合	非常符合
希望	在工作进入瓶颈，我有办法挣脱	XW1	1	2	3	4	5
	我能精力充沛地应对工作任务	XW2	1	2	3	4	5
	对待困难有解决方案	XW3	1	2	3	4	5
	我自信地认可自己工作的成就	XW4	1	2	3	4	5
	我能突破自己完成目标	XW5	1	2	3	4	5
	我可以很好地应对压力	XW6	1	2	3	4	5
韧性	面对挫折我很难复原原有状态	RX1	1	2	3	4	5
	我义无反顾地应对工作中的挑战	RX2	1	2	3	4	5
	无法推脱的工作我可以单独胜任	RX3	1	2	3	4	5
	我对工作压力的承受能力较强	RX4	1	2	3	4	5
	由于磨难经历，我能很好地应对困难	RX5	1	2	3	4	5
	我认为我可以完成工作中的大部分事项	RX6	1	2	3	4	5
乐观	对于模棱两可的工作事情，我倾向于有希望	LG1	1	2	3	4	5
	该出错的事情是避免不了的	LG2	1	2	3	4	5
	对待工作我总是往好的方面看	LG3	1	2	3	4	5
	我对未来的规划是向往的	LG4	1	2	3	4	5
	我认为我工作中的事情进展并不顺利	LG5	1	2	3	4	5
	我坚信“黑暗的背后就是光明，不用悲观”	LG6	1	2	3	4	5

第五部分：社会支持量表

指导语：从事一线的科研工作中，您是否有以下工作经历或感受？请按照您的实际情况勾选符合的选项。

维度	题项	编号	非常不符合	较不符合	基本符合	较符合	非常符合
领导支持	在我遇到问题时领导会提供帮助	LD1	1	2	3	4	5
	我能够与领导谈论自己的困惑	LD2	1	2	3	4	5
	当我有困难时领导会安慰我	LD3	1	2	3	4	5
	生活中领导关心我的感情和我的家庭	LD4	1	2	3	4	5

续表

维度	题项	编号	非常不符合	较不符合	基本符合	较符合	非常符合
家庭支持	我的家庭能为我提供具体的帮助	JT1	1	2	3	4	5
	在需要时我能够从家庭获得感情上的帮助和支持	JT2	1	2	3	4	5
	我的家庭能心甘情愿协助我做出各种决定	JT3	1	2	3	4	5
	我能与自己的家庭谈论我的难题	JT4	1	2	3	4	5
同伴支持	当我遇到困难或挫折时，同伴会真正帮助我	TS1	1	2	3	4	5
	我和同伴相互协助，互相尊重信任彼此	TS2	1	2	3	4	5
	我和同伴相互分享自己的快乐与烦恼	TS3	1	2	3	4	5
	我能与同伴讨论自己的难题	TS4	1	2	3	4	5
领导支持	在我遇到问题时领导会提供帮助	LD1	1	2	3	4	5
	我能够与领导谈论自己的困惑	LD2	1	2	3	4	5
	当我有困难时领导会安慰我	LD3	1	2	3	4	5
	生活中领导关心我的感情和我的家庭	LD4	1	2	3	4	5

第六部分：组织公平感量表

指导语：从事一线的科研工作中，您是否有以下工作经历或感受？请按照您的实际情况勾选符合的选项。

维度	题项	编号	非常不符合	较不符合	基本符合	较符合	非常符合
程序公平	分配的过程有根据	CX1	1	2	3	4	5
	分配过程可公示、较透明	CX2	1	2	3	4	5
	按照分配制度履行	CX3	1	2	3	4	5
	分配制度的制定民主化	CX4	1	2	3	4	5
	实行分配制度人人平等	CX5	1	2	3	4	5
	分配制度保障大部分人的利益	CX6	1	2	3	4	5
人际公平	领导、同事对我一视同仁	RJ1	1	2	3	4	5
	我所完成的工作得到一致认同	RJ2	1	2	3	4	5
	领导和同事能够客观评价对我的印象	RJ3	1	2	3	4	5
	领导和同事给我提供工作上的援助	RJ4	1	2	3	4	5
	我受到了领导和同事的尊重	RJ5	1	2	3	4	5

续表

维度	题项	编号	非常不符合	较不符合	基本符合	较符合	非常符合
信息公平	领导有耐心地解释分配结果	XX1	1	2	3	4	5
	领导阐明分配程序和过程的问题	XX2	1	2	3	4	5
	我认可领导的解释说明	XX3	1	2	3	4	5
	领导及时交流并重视员工对分配的建议	XX4	1	2	3	4	5
分配公平	薪酬能反映我的工作付出	FP1	1	2	3	4	5
	同等工作表现下，薪资待遇合理	FP2	1	2	3	4	5
	同职务相比，收入报酬合理	FP3	1	2	3	4	5
	工作任务量而言，报酬合理	FP4	1	2	3	4	5
	个人工作状态比较，薪酬是合理的	FP5	1	2	3	4	5
	拥有权利和履行义务相对应	FP6	1	2	3	4	5

——问卷结束——

感谢参与